Entscheidungshilfen für statistische Auswertungen

Gerhard Marinell

Entscheidungshilfen für statistische Auswertungen

mit 81 Abbildungen
und 12 Tabellen

R. Oldenbourg Verlag München Wien 1973

Gesamtherstellung: Verlagsdruckerei E. Rieder, Schrobenhausen.

ISBN: 3-486-39521-1

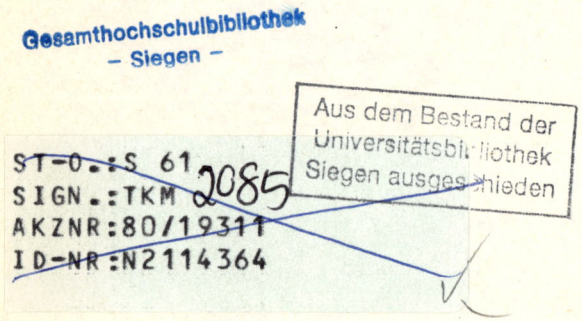

Vorwort

In den letzten 50 Jahren wurden die statistischen Methoden stark ausgebaut und verfeinert. Unser Jahrhundert wird daher manchmal als das der Statistik bezeichnet. Mehr und mehr erkennt man, daß die Statistik ein unentbehrliches Werkzeug zur Prüfung wissenschaftlicher Hypothesen und zur Begründung von Entscheidungen ist. Naturwissenschaftler, Ärzte, Pharmazeuten, Ingenieure, Volks- und Betriebswirte, Soziologen, Psychologen, ... bedienen sich heute statistischer Methoden - ohne selbst Statistiker zu sein!

Es gibt ausgezeichnete Lehrbücher der Statistik, welche ein wohldurchdachtes, schlüssiges Gesamtsystem der Statistik hinstellen. Das Studium eines solchen Lehrbuches ist jedem Anwender der Statistik zu empfehlen, der über die Denkweisen moderner Wissenschaft und über die Grundlagen eigener praktischer Tätigkeit Bescheid wissen möchte.

In der Praxis geht es allerdings eher darum, geeignete Verfahren zu finden, um aufgrund gegebener Daten Fragen zu beantworten, Hypothesen zu prüfen, Entscheidungen zu fällen. Es ist wichtiger, schnell das geeignete Verfahren zu finden, als jedesmal die mathematische Begründung neu zu durchdenken. An den Praktiker, der eine Entscheidungshilfe für statistische Auswertungen sucht, wendet sich dieses Buch. Er wird nicht durch eine Vielzahl statistischer Formeln verwirrt, sondern Schritt für Schritt durch sinnvolle Fragestellungen zum geeigneten Auswertungsverfahren geführt. Das Buch ist im Grunde ein einziges, großes, von ausführlich durchgerechneten Beispielen begleitetes Entscheidungsdiagramm. Der Praktiker, der dieses Diagramm benutzen kann und versteht, hat gelernt, die Aussagekraft gegebener Daten richtig auszunützen. Frei lich hat er damit noch nicht alles gelernt, was für die Praxis relevant sein könnte. Statistische Analysen, die umfangreiche Berechnungen verlangen, wie Regressions-, Varianz- und Faktorenanalyse, sind hier nicht berücksichtigt. Auch die Beschaffung jeweils optimaler Daten, das Planen von Versuchen und Stichproben, ist nicht Gegenstand dieser Einführung. Mit der Analyse gegebener Daten behandelt dieses Buch immerhin ein Kerngebiet der Statistik-Anwendung.

Allen Kollegen die mich bei der Gestaltung des Manuskripts beraten haben, sei herzlich gedankt. Mag. R. Eisner hat die Diagramme gezeichnet und die Korrekturen überwacht und H. Zechtl hat sich geduldig und zuverlässig durch komplizierte Korrekturanweisungen durchgeschrieben. Ihnen allen danke ich, jedoch fallen mir allein alle Unzulänglichkeiten des Buches zur Last. Insbesondere gilt auch mein Dank Herrn Dr. Th. Cornides vom Oldenbourg Verlag für die erfreuliche Zusammenarbeit, die wertvollen Hinweise und die gefällige Gestaltung des Buches.

Innsbruck, im Frühjahr 1973 Gerhard Marinell

Inhaltsübersicht

III. Ordinale Statistik

IV. Metrische Statistik

V. Tabellenanhang

I. Einführung

1. Verteilungen

Durch die Verteilung ist das anzuwendende statistische Verfahren weitgehend bestimmt. Was versteht man aber unter einer statistischen Verteilung? Zur Definition dieses Begriffes benötigt man drei weitere statistische Vokabeln: statistische Masse, Einheit und Merkmal.

Eine statistische Einheit ist ein begrifflich fixierter Tatbestand, der zählbar ist. Ein Haus ist z. B. dann eine statistische Einheit, wenn eindeutig feststeht, was man unter diesen Tatbestand subsummiert: Die Villa, das Landhaus, den Wolkenkratzer, das Hotel, das Schilfhaus, das Bahnwärterhaus, das Vogelhaus usw. Die "begriffliche Fixierung" ist oft äußerst schwierig und umständlich. Doch sie ist Voraussetzung für die Feststellung und Zählbarkeit der Einheiten.

Die statistische Masse ist die Summe der Einheiten. Wenn man die Häuser eines Dorfes zusammenzählt, dann ist das Ergebnis eine Masse. Sie gibt also Auskunft, wie oft ein "begrifflich fixierter Tatbestand" vorkommt. Werden nun die sorgsam zur Masse zusammengefaßten Einheiten nach einer bestimmten Eigenschaft verteilt, so erhalten wir - wie das Wort schon anzeigt - eine Verteilung.

Der Tatbestand "Häuser eines Dorfes gegliedert nach der Zahl der Wohnungen" ist eine Verteilung, ebenso sind die Häuser gegliedert nach dem Erbauungsjahr, nach der Hausfarbe, nach dem Bauzustand usw. Verteilungen, die jeweils Auskunft geben, wie sich die betreffende Eigenschaft auf die Häuser verteilt.

Wir sind beim Begriff "Verteilung" angelangt, ohne das "statistische Merkmal" erklärt zu haben. Wir haben aber die Eigenschaft, nach der die Einheiten einer Masse verteilt werden, erwähnt. Diese Eigenschaft bezeichnet man im Fachjargon als statistisches Merkmal: Zahl der Wohnungen, Erbauungsjahr, Hausfarbe, Bauzustand nennt der Statistiker im oben angeführten Zusammenhang Merkmale.

Diese Merkmale können nun nach den verschiedensten Gesichtspunkten klassifiziert werden. Für die Auswahl des adäquaten statistischen Verfahrens ist jedenfalls die Einteilung der Merkmale und damit der Verteilungen in nominal, ordinal und metrisch von besonderer Wichtigkeit.

a) Metrische Verteilungen

Gliedert man die Studenten einer Vorlesung nach der Zahl der belegten Semester, so erhält man beispielsweise folgende Verteilung:

Studenten h_i	Semesterzahl x_i
65	1
15	2
31	3
19	4
7	mehr als 4

Das statistische Merkmal, nach dem die Einheiten "Studenten" in diesem Beispiel verteilt werden, ist die Semesterzahl; 1, 2, 3, 4, mehr als 4 seine Ausprägungen. Üblicherweise werden Ausprägungen eines Merkmals abgekürzt durch x_i, die entsprechenden Häufigkeiten, die angeben, wie "häufig" gerade diese Merkmalsausprägung vorkommt, durch h_i. "i" ist ein Index, mit dessen Hilfe Häufigkeiten und Ausprägungen durchnumeriert werden. h_3 ist in unserem Beispiel "31", x_5 "mehr als 4".

Das Merkmal "Semesterzahl" ist metrisch, da seine Ausprägungen folgende Eigenschaften besitzen:

1. Die Ausprägungen können eindeutig geordnet werden: Ein Student im 1. Semester hat weniger Semester belegt als einer im 2. oder 3. Ein Student im 2. Semester ist wiederum in einem niedrigeren als einer im 3. usf. Man kann also die Studenten eindeutig nach ihrer Semesterzahl ordnen.
2. Zwischen metrischen Ausprägungen kann man aber auch sinnvolle Verhältnisse bilden: Ein Student im 4. Semester hat doppelt so viele Semester inskribiert wie einer im 2.

Oft werden Merkmale, die diese beiden Eigenschaften aufweisen, auch als quantitativ bezeichnet. Die Körpergröße der Studenten in Zentimeter, ihr Monatswechsel, ihr Alter oder ihr Gewicht sind weitere Beispiele, die die angeführten Eigenschaften besitzen.

b) Ordinale Verteilungen

Wenn man die Ausprägungen eines Merkmals zwar eindeutig ordnen, nicht aber sinnvoll eine Ausprägung durch eine zweite dividieren kann, dann nennt man dieses Merkmal ordinal, z. B.

Befragte h_i	Beurteilung der Verpackung x_i
83	sehr gut
25	gut
5	mittelmäßig
7	schlecht

Die Ausprägungen sehr gut, gut, mittelmäßig und schlecht kann man ohne Schwierigkeiten in eine Reihenfolge bringen. Sehr gut ist besser als gut, gut besser als mittelmäßig und mittelmäßig besser als schlecht. Man kann aber nicht zwischen ihnen sinnvolle Verhältnisse bilden: Sehr gut ist nicht doppelt so gut wie mittelmäßig oder ein bestimmtes Vielfaches irgendeiner Ausprägung. Ordinale Merkmale sind also dadurch charakterisiert, daß sie von den beiden Eigenschaften der metrischen Merkmale nur die Ordnungsmöglichkeit, nicht aber die der Verhältnisbildung aufweisen.

Weitere Beispiele für ordinale Merkmale: Eignungsbeurteilung von Stellenbewerbern (gut geeignet, geeignet, noch geeignet, ungeeignet), Rangplätze bei Wettbewerben, Schüler nach Zensurergebnissen etc. Selbstverständlich können auch ordinale Merkmalsausprägungen so wie metrische durch Zahlen ausgedrückt werden, z. B. sehr gut = 1, gut = 2, befriedigend = 3, genügend = 4, ungenügend = 5. Diese Zahlen dienen aber nur dazu, die Ordnung zwischen Ausprägungen auszudrücken. Verhältnisberechnungen sind durch die Zuteilung von Zahlen zu den einzelnen Ausprägungen zwar möglich, keineswegs aber sinnvoll. Ein Schüler mit der Note genügend = 4 ist zwar sicherlich schlechter als einer mit der Note gut = 2, aber nicht um ein bestimmbares Vielfaches.

c) Nominale Verteilungen

Nominale Merkmale liegen vor, wenn zwischen den Merkmalsausprägungen weder eine eindeutige Ordnungsmöglichkeit noch eine Verhältnisbildung gegeben ist, z. B.

Studenten h_i	Fakultät x_i
83o	juridische
2542	medizinische
5oo	philosophische
7o2	theologische

Solange eine Ordnungsbeziehung zwischen den Ausprägungen besteht (also bei metrischen und ordinalen Merkmalen) kann man die Einheiten dieser Ordnung entsprechend anführen. Bei nominalen Merkmalen ist dies nicht möglich. Ob zuerst die Studenten der juridischen oder medizinischen Fakultät erwähnt werden, ist vollkommen gleichgültig. Man kann weder die eine noch die andere Art der Darstellung als geordnet bezeichnen. Bei ordinalen und metrischen Merkmalen ist hingegen diese Entscheidung eindeutig möglich.

So wie die metrischen und ordinalen Merkmalsausprägungen können auch die nominalen durch Zahlen symbolisiert werden. So werden z. B. verschiedene Straßenbahnlinien häufig durch Zahlen gekennzeichnet. Die Zahl dient hierbei aber nur zur Abkürzung der Streckenbezeichnung. Die 3-er-Linie muß z. B. weder länger noch kürzer sein als die 6-er-Linie, und genausowenig kann man aus den beiden Zahlen 3 und 6 ein sinnvolles Verhältnis zwischen den Linien berechnen.

Verteilungen kann man entsprechend der Dreiteilung der Merkmale in nominale, ordinale und metrische unterteilen. Diese Einteilung ist deshalb von Bedeutung, da die statistischen Methoden die unterschiedlichen Eigenschaften der Merkmale berücksichtigen. Es ist leicht einzusehen, daß man für die Auswertung nominaler Verteilungen andere Verfahren verwenden wird als für metrische oder ordinale. Metrische Merkmale kann man sinnvoll addieren oder multiplizieren, nicht hingegen ordinale oder nominale. 3 Semester und 4 Semester gibt 7 Semester. Die Addition von juristisch und theologisch ist jedoch unmöglich.

Die Ergebnisse von Befragungen, Erhebungen, Zählungen und Beobachtungen werden üblicherweise in Form von Verteilungen dargeboten. Wir beginnen daher die statistische Analyse mit der Frage, ob die vorliegende Verteilung nominal, metrisch oder ordinal ist. Dies ist zweifellos etwas willkürlich. Denn die Statistik benötigt man nicht erst beim Vorhandensein von Verteilungen, sondern auch zum Gewinnen derselben. Die Frage nach der Zahl der zu erhebenden oder zu beobachtenden Einheiten oder die Anordnung der Versuchsplanung oder die Technik der Auswahl sind nur einige Beispiele für statistische Probleme, die beim Gewinnen von Verteilungen auftreten. Für die Auswertung statistischer Ergebnis ist jedoch die primäre Frage, die nach der Art der Verteilung. Von den Eigenschaften der entsprechenden Merkmale hängt die Auswahl der statistischen Verfahren ab.

Ein nützliches Hilfsmittel zur Darstellung von Alternativen sind sog. "Entscheidungsbäume". Die zu beantwortende Frage wird meist durch ein Sechseck umrahmt, die möglichen Alternativen durch Rechtecke, wobei diese durch Pfeile mit dem Entscheidungssechseck verbunden sind. Unser Entscheidungsbaum hat daher folgende Gestalt:

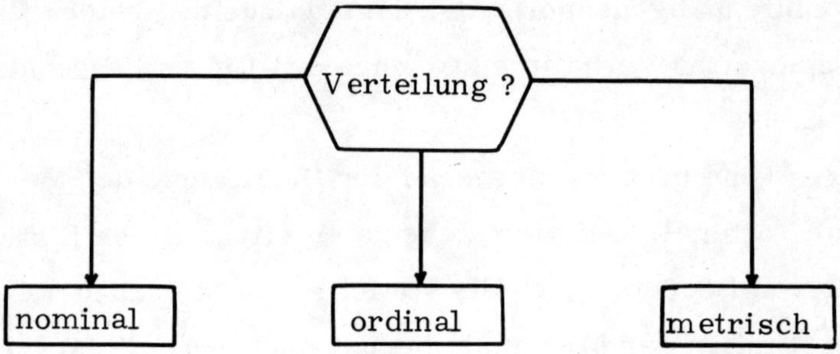

2. Maßzahlen

Die bisherigen Beispiele von Verteilungen hatten den Vorteil, daß die Zahl der Merkmalsausprägungen gering und damit gut überschaubar war. Oft ist die Zahl der Ausprägungen weit umfangreicher. "Arbeiter eines Landes gegliedert nach ihrem Nettoeinkommen" ist sicherlich eine Verteilung, die mehrere tausend Ausprägungen aufweist, wenn die Einkommen nicht zu Intervallen zusammengefaßt werden.

Um die Unübersichtlichkeit von Verteilungen mit zahlreichen Merkmalsausprägungen zu verringern, aber auch um bestimmte Eigenschaften der Verteilungen darzustellen, berechnet man Maßzahlen. Sie sind statistische Kürzel, die eine genau definierte Eigenheit von Verteilungen zum Ausdruck bringen. Wohl eines der geläufigsten Beispiele für eine Maßzahl ist der Durchschnitt: Die Ausprägungen der Verteilung werden addiert und durch die Summe der Einheiten dividiert.

Für jede der drei unterschiedenen Verteilungsarten gibt es spezifische Maßzahlen, die den jeweiligen Informationsgehalt der Merkmale ausnützen. Auch die Maßzahlen kann man daher analogerweise in nominale, ordinale und metrische unterteilen. Wichtig ist jedoch die Tatsache, daß nominale Maßzahlen nicht nur aus nominalen Verteilungen, sondern auch aus ordinalen und metrischen berechnet werden können. Metrische Maßzahlen kann man hingegen nicht aus nominalen oder ordinalen Verteilungen ermitteln. Der Grund ist leicht einzusehen: Jede Maßzahl ist durch eine exakte Rechenvorschrift definiert, die genau festlegt, wie man aus den Merkmalsausprägungen und entsprechenden Häufigkeiten einer Verteilung diese Maßzahl ermittelt. Da sich aber die nominalen, ordinalen und metrischen Merkmale hinsichtlich ihrer Eigenschaften wesentlich unterscheiden, ist klar, daß nicht jede Maßzahl aus beliebigen Verteilungen berechnet werden kann. Nominale Ausprägungen kann man nicht addieren. Daher kann man auch keinen Durchschnitt aus einer nominalen Verteilung ermitteln. Die Rechenvorschriften nominaler Maßzahlen setzen hingegen nicht voraus, daß sich die Ausprägungen addieren, multiplizieren oder zumindestens in eine Rangfolge bringen lassen, sondern nur, daß sie sich eindeutig voneinander unterscheiden. Da diese Eigenschaft sowohl ordinale als auch metrische Merkmale aufweisen, können selbstverständlich nominale Maßzahlen aus ordinalen und metrischen Verteilungen berechnet werden.

Eine Maßzahl kann den Informationsgehalt einer einzelnen Verteilung in knapper und präziser Weise kennzeichnen, sie kann aber auch die Beziehung zwischen zwei oder mehreren Verteilungen zum Ausdruck bringen. Wenn man z. B. die Studenten einer Vorlesung einerseits hinsichtlich ihrer Körpergröße und andererseits hinsichtlich ihres Körpergewichts gliedert, so wird man meist feststellen, daß zwischen beiden Verteilungen ein Zusammenhang besteht: große Studenten sind schwer, kleine hingegen leicht. Solche Beziehungen zwischen zwei oder mehreren Verteilungen kann man durch verschiedene statistische Methoden zahlenmäßig genau präzisieren.

Ob die zu berechnende Maßzahl nur eine einzelne Verteilung oder die Beziehung zwischen zwei oder mehreren Verteilungen kennzeichnen soll, ist die zweite Frage in unserem Entscheidungsbaum.

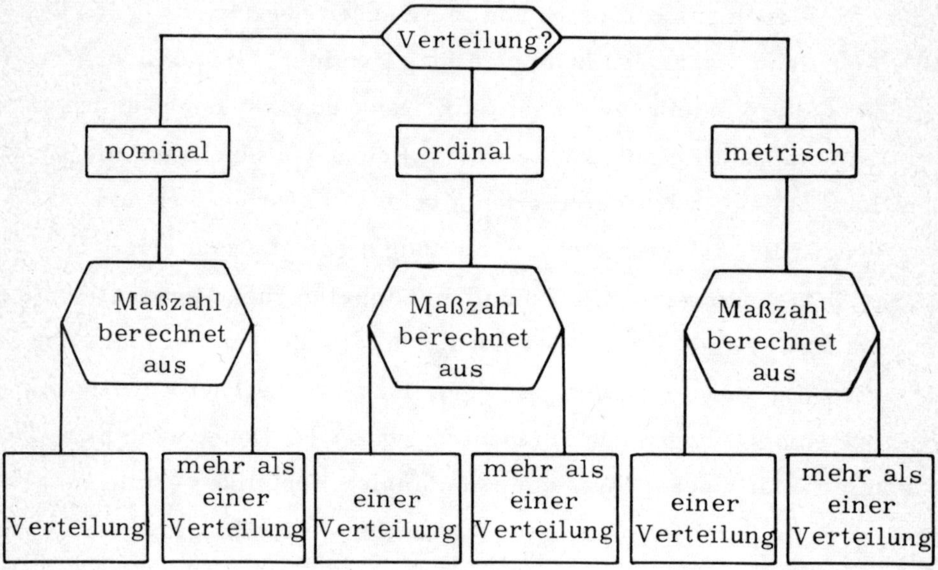

Von den mannigfaltigen Maßzahlen, die sowohl für eine als auch für mehr als eine Verteilung definiert sind, werden wir jeweils nur eine für nominale, ordinale und metrische Verteilungen besprechen.

In folgender Übersicht sind die Bezeichnungen der Maßzahlen zusammengestellt, die Berechnung wird später erläutert.

MASSZAHLEN

	Aus einer Verteilung	Mehr als eine Verteilung
Nominal	Anteilswert	Kontingenzkoeffizient
Ordinal	Zentralwert	Rangkorrelationskoeffizient
Metrisch	Arithmet. Mittel	Maßkorrelationskoeffizient

Mit der Ermittlung von Maßzahlen ist meist eine Untersuchung nicht abgeschlossen, sondern erst die Basis für weitere Berechnung und Analysen geschaffen. In den beiden folgenden Abschnitten werden die weiteren Möglichkeiten kurz skizziert.

3. Schätzverfahren

Meinungsforschungsinstitute befragen 2ooo Personen und schließen von den Antworten dieser auf alle Einwohner des entsprechenden Landes. Da man dabei jeweils die Maßzahl einer unbekannten Verteilung auf Grund einer bekannten schätzt, nennt man diese Verfahren "Schätzverfahren". Um z. B. abzuschätzen, welchen Stimmenanteil ein Kandidat bei bevorstehenden Wahlen erhalten wird, verwendet man als Basis die Antworten von 1 ‰ aller Wahlberechtigten. "1 ‰ aller Wahlberechtigten, gegliedert nach Kandidaten" ist eine Stichprobe im Hinblick auf die Verteilung aller Wahlberechtigten. Als Stichprobe wird nämlich jene Verteilung bezeichnet, die nur einen Teil der Einheiten einer zweiten Verteilung, der sog. Ausgangsverteilung umfaßt und nach dem gleichen Merkmal gegliedert ist.

Die meisten Ergebnisse von Beobachtungen und Experimenten sind Stichproben. Versucht man mit Hilfe statistischer Schätzverfahren von den Maßzahlen der Stichprobe auf die der Ausgangsverteilung zu schliessen, so bezeichnet man dieses Verfahren auch als indirekten Schluß. Die oben angeführte Wahlprognose ist ein Beispiel dafür. Es gibt aber auch den umgekehrten Fall: Man kennt die Ausgangsverteilung und deren Maßzahlen und möchte auf die entsprechenden Maßzahlen einer der möglichen Stichproben schließen. Wieviele Gewinnlose kann man z. B. erwarten, wenn man 1o von 1ooo Losen einer Tombola gekauft hat und nur jedes 5. Los gewinnt? Mit wieviel Prozent Ausschuß muß ein Kunde rechnen, der 1oo Stück eines Serienfabrikates bestellt und weiß, daß die Maschine des Produzenten im Durchschnitt einen bestimmten Prozentsatz Ausschuß erzeugt? Schließt man von der bekannten Maßzahl einer Ausgangsverteilung auf die einer unbekannten Stichprobe, so nennt man dies einen direkten Schluß. Unsere erste Frage beim Schätzverfahren gilt also dem Schluß: Soll von der Maßzahl der Stichprobe auf die der Ausgangsverteilung oder umgekehrt geschlossen werden?

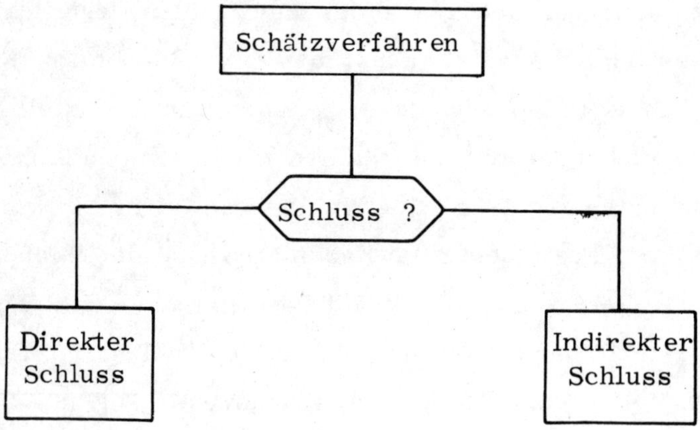

Um den Grundgedanken der Schätzverfahren zu verdeutlichen, kann man einen Behälter mit verschiedenfarbigen Kugeln heranziehen. Man füllt den Behälter mit drei weißen und zwei schwarzen Kugeln und will nun wissen, welches Farbergebnis man erhält, wenn man zwei Kugeln zufällig entnimmt. Diese Frage beantwortet der direkte Schluß. Kennt man nur die Farben der Kugeln einer Zufallsstichprobe, nicht aber die aller Kugeln im Behälter, so kann man mit Hilfe des indirekten Schlusses die Farbverhältnisse der Kugeln im Behälter schätzen.

a) Direkter Schluß

Welche Ziehungsergebnisse sind möglich, wenn man aus einem Behälter mit fünf Kugeln zwei entnimmt? Bevor man diese Frage beantworten kann, muß geklärt sein, wie man die Kugeln entnimmt. Man kann z. B. eine Kugel aus dem Behälter ziehen, ihre Farbe feststellen und darauf die Kugel wieder in den Behälter zurücklegen. Nach gutem Mischen kann man eine zweite Kugel auf dieselbe Art entnehmen. Diese Form der Ziehung nennt man "mit Zurücklegen". Bemerkenswert daran ist, daß dieselbe Kugel und damit dieselbe Merkmalsausprägung in einer Stichprobe mehrmals vorkommen kann. In unserem Beispiel kann man selbstverständlich beim zweiten Zug die gleiche Kugel ziehen wie beim ersten.

Eine andere Möglichkeit, eine Stichprobe zu entnehmen nennt man "Ziehung ohne Zurücklegen". Man zieht dabei nicht eine Kugel, stellt ihre Farbe fest und legt sie anschließend in den Behälter zurück, sondern man entnimmt die gewünschte Zahl von Kugeln, ohne eine einmal gezogene Kugel in den Behälter zurückzulegen, bevor nicht der festgelegte Stichprobenumfang erreicht ist. Da in unserem Beispiel der

Stichprobenumfang zwei ist, wird man also die zuerst gezogene Kugel nicht in den Behälter zurücklegen, sondern zuvor noch eine zweite Kugel entnehmen. Bei dieser Ziehungsart kann daher eine Kugel nur einmal in einer bestimmten Stichprobe aufscheinen.

Zuerst zum Modell "Ziehung ohne Zurücklegen". Folgende Übersicht zeigt die möglichen Ziehungsergebnisse für unser Beispiel bei dem Stichproben im Umfang von 2 Kugeln entnommen werden.

Ziehung ohne Zurücklegen

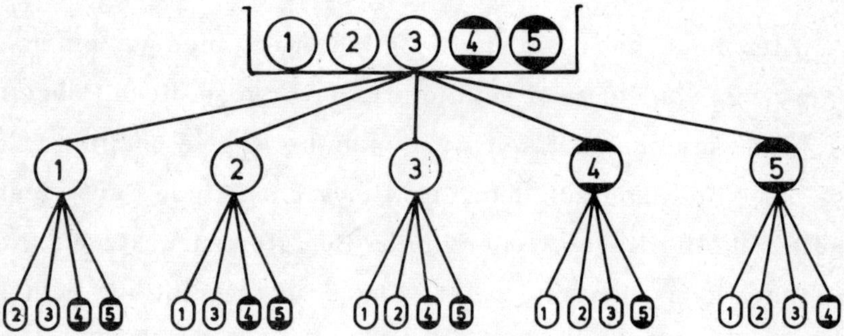

Mögliche Stichproben

Beim ersten Zug sind fünf verschiedene Ergebnisse möglich, beim zweiten nur mehr vier. Wertet man diese 2o möglichen Stichprobenergebnisse nach dem Merkmal "Zahl der schwarzen Kugeln" aus, so erhält man folgende Verteilung:

Mögliche Stichprobenergebnisse nach der Zahl der schwarzen Kugeln (Modell o. Z.)

x_i	h_i	%
0	6	3o
1	12	6o
2	2	1o
	2o	1oo

Wozu dient diese Verteilung? Sie bietet die Lösung für die Fragen des direkten Schlusses. Mit Hilfe dieser Verteilung kann man unsere ursprüngliche Frage einfach beantworten. Diese Verteilung gibt an, mit welchen Farbergebnissen man rechnen muß, wenn man aus einem Behälter mit 5 Kugeln 2 ohne Zurücklegen entnimmt. Auf lange Sicht wird man in 6 von 2o Ziehungen keine schwarze Kugel erhalten, in 12 von 2o eine und zwei schwarze Kugeln in 2 von 2o Ziehungen. Üblicherweise drückt man diese Häufigkeiten in Prozenten aus und bezeichnet sie als Wahrscheinlichkeiten. Obiges Ergebnis lautet dann: Mit einer Wahrscheinlichkeit von 3o % erhält man keine schwarze Kugel, wenn man 2 Kugeln ohne Zurücklegen zieht, usf.

Auch die Verteilung hat einen eigenen Namen. Generell nennt man jede Verteilung, die man mit oder ohne Zurücklegen gewinnt, Wahrscheinlichkeitsverteilung. Von "hypergeometrischer" Wahrscheinlichkeitsverteilung spricht man dann, wenn aus einer nominalen Ausgangsverteilung alle möglichen Stichproben (fixen Umfanges) nach dem Modell ohne Zurücklegen entnommen und nach der Zahl des Vorkommens einer bestimmten Merkmalsausprägung verteilt werden. Die Verteilung unseres Beispiels "Mögliche Stichprobenergebnisse nach der Zahl der schwarzen Kugeln" ist also eine Wahrscheinlichkeitsverteilung und zwar eine hypergeometrische.

Beim Modell "Ziehung mit Zurücklegen" sind sowohl beim ersten als auch beim zweiten Zug fünf verschiedene Ergebnisse möglich, da ja die zuerst gezogene Kugel beim zweiten Zug wieder entnommen werden kann.

Ziehung mit Zurücklegen

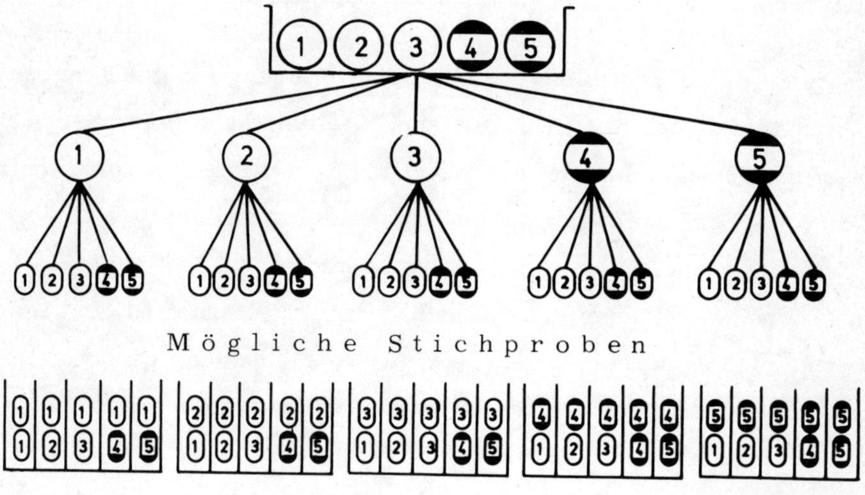

Zählt man auch hier die 25 möglichen Stichprobenergebnisse nach dem Merkmal "Zahl der schwarzen Kugeln" aus, so ergibt sich folgendes Bild:

Mögliche Stichprobenergebnisse nach der Zahl der schwarzen Kugeln (Modell m. Z.)

x_i	h_i	%
0	9	36
1	12	48
2	4	16
	25	1oo

Man nennt diese Wahrscheinlichkeitsverteilung Binomial- oder auch Bernoulliverteilung. Auch hier enthält sie alle Informationen, die zur Beantwortung von Fragen des direkten Schlusses benötigt werden. Um z. B. festzustellen, wie groß die Wahrscheinlichkeit ist, daß man mindestens eine schwarze Kugel zieht, muß man nur die Wahrscheinlichkeit für genau 1 und genau 2 schwarze Kugeln addieren, also 48 + 16 = 64. 64 % beträgt die gesuchte Wahrscheinlichkeit. Ein weiteres Beispiel: Während man nach dem Modell mit Zurücklegen mit 16 % Wahrscheinlichkeit genau 2 schwarze Kugeln erhält, beträgt die Wahrscheinlichkeit für dasselbe Ergebnis nur 1o %, wenn die Kugeln ohne Zurücklegen entnommen werden.

b) Indirekter Schluß

Wir wollen unser Kugelbeispiel modifizieren: Nicht fünf, sondern nur vier Kugeln befinden sich im Behälter. Davon kennen wir nur eine Stichprobe von 2 Kugeln, die ohne Zurücklegen entnommen wurde: Eine Kugel war weiß, die andere schwarz. Wieviele Kugeln im Behälter sind weiß und wieviele schwarz?

Da nur weiße oder nur schwarze Kugeln in unserem Beispiel als Behälterfüllungen nicht denkbar sind, bleiben noch folgende drei Möglichkeiten übrig:

Mögliche Behälterfüllungen

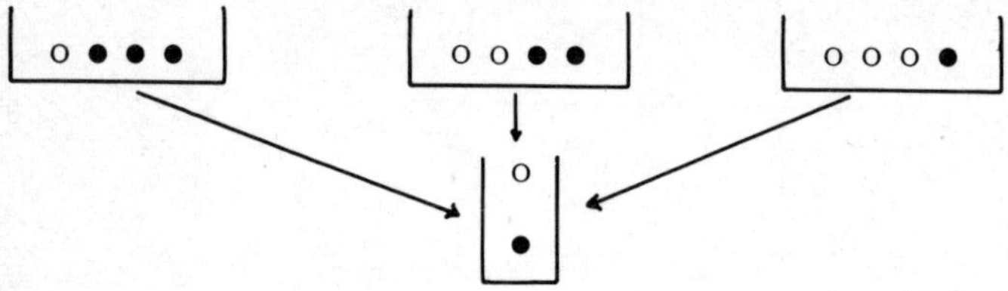

Wenn man für jede mögliche Füllung die entsprechende Wahrscheinlichkeitsverteilung nach dem beim direkten Schluß demonstrierten Verfahren berechnet, dann erhält man folgendes Ergebnis:

Wahrscheinlichkeitsverteilungen für die möglichen Füllungen (Modell ohne Zurücklegen)

in der Stichprobe	Zahl der schwarzen Kugeln im Behälter 1	2	3
0	5o	17	oo
1	5o	66	5o
2	oo	17	5o
	1oo	1oo	1oo

Aus welcher Behälterfüllung wurde unsere Stichprobe mit einer schwarzen und einer weißen Kugel entnommen? Nach dieser Übersicht beträgt die Wahrscheinlichkeit 5o %, daß unsere Stichprobe aus einem Behälter stammt, in dem sich unter den vier Kugeln nur eine schwarze befindet. Gleichgroß ist die Wahrscheinlichkeit für die Behälterfüllung "3 schwarze und nur 1 weiße Kugel". Am größten, nämlich 66 %, ist sie für die Füllung, die dem Farbverhältnis der Stichprobe entspricht: Gleichviel schwarze wie weiße Kugeln. Man wird daher diese Ausgangsverteilung für unsere Stichprobe annehmen und die entsprechende Wahrscheinlichkeitsverteilung für die Beantwortung von Fragen verwenden, die zum Bereich des indirekten Schlusses gehören. Danach beträgt z. B. die

Wahrscheinlichkeit 66 %, daß im Behälter genau 2 schwarze und 2 weiße Kugeln sind.

Verwendet man statt der Ziehung ohne Zurücklegen das Modell "mit Zurücklegen", dann stehen folgende Wahrscheinlichkeitsverteilungen zur Wahl:

Wahrscheinlichkeitsverteilungen für die möglichen Füllungen (Modell mit Zurücklegen)

Zahl der schwarzen Kugeln in der Stichprobe	im Behälter 1	2	3
0	56,25	25	6,25
1	37,5o	5o	37,5o
2	6,25	25	56,25
	1oo	1oo	1oo

Auch nach diesem Modell stammt eine Stichprobe mit je einer schwarzen und weißen Kugel am ehesten aus einem Behälter, in dem das gleiche Farbverhältnis gegeben ist. Man wird daher die Wahrscheinlichkeitsverteilung dieser Ausgangsverteilung für den indirekten Schluß verwenden. Will man z. B. wissen, wie groß die Wahrscheinlichkeit ist, daß im Behälter höchstens die Hälfte der Kugeln weiß sind, so addiert man die beiden Wahrscheinlichkeiten 25 % und 5o % für genau 0 und 1 schwarze Kugel und erhält als Ergebnis 75 %.

Zum Begriffspaar "direkt" und "indirekt": Beim direkten Schluß kann man die gesuchte Wahrscheinlichkeitsverteilung direkt aus der gegebenen Ausgangsverteilung ermitteln, nicht hingegen beim indirekten. Hier muß zuerst eine passende Ausgangsverteilung ausgewählt werden. Erst dann kann aus dieser die gesuchte Wahrscheinlichkeitsverteilung abgeleitet werden.

c) Zufalls- und Vertrauensbereich

Neben den erwähnten hypergeometrischen und Binomialverteilungen gibt es zahlreiche weitere Wahrscheinlichkeitsverteilungen. Jede Maßzahl hat ihre eigene Wahrscheinlichkeitsverteilung. Erst die Kenntnis dieser Verteilung ermöglicht es, von der Ausgangsverteilung auf die Stichprobe und umgekehrt zu schließen.

Von den verschiedenen Fragen, die man mit Hilfe des direkten, aber auch des indirekten Schlusses beantworten kann, werden wir nur folgendes Problem behandeln: Innerhalb welcher Grenzen liegt mit einer vorgegebenen Wahrscheinlichkeit die Maßzahl einer Stichprobe oder beim indirekten Schluß die Maßzahl der Ausgangsverteilung? Ausgeschlossen werden Fragen nach der Wahrscheinlichkeit für das Auftreten eines ganz bestimmten Wertes einer Maßzahl. Es wird also immer die Wahrscheinlichkeit vorgegeben und nach den Bereichsgrenzen gefragt, innerhalb denen man die Maßzahl erwarten kann. Um diesen Bereich für den direkten und indirekten Schluß zu unterscheiden, spricht man von "Zufallsbereich", wenn eine Eingrenzung für eine Stichprobenmaßzahl gesucht wird (direkter Schluß), und von "Vertrauensbereich" für die Maßzahl der Ausgangsverteilung (indirekter Schluß).

Meist werden für die Vertrauens- und Zufallsbereiche Wahrscheinlichkeiten von 95 oder 99 % vorgegeben. Selbstverständlich kann man auch eine größere oder kleinere Wahrscheinlichkeit annehmen und die betreffenden Bereiche berechnen. Die Größe dieser Wahrscheinlichkeit ist eine reine Tatfrage. Das Komplement dieser Wahrscheinlichkeit gibt an, wie groß die Gefahr ist, daß die einzugrenzende Maßzahl außerhalb des Zufalls- oder Vertrauensbereiches liegt. Je größer daher die vorgegebene Wahrscheinlichkeit für den Bereich ist, umso geringer wird das Risiko eines Fehlschlusses. Leider ist damit aber auch eine große Bereichsbreite verbunden, innerhalb der die Maßzahl liegen kann. Die Brauchbarkeit eines solchen Intervalls ist daher meist gering. Umgekehrt erhält man eine kleine Bereichsbreite für die einzugrenzende Maßzahl, wenn man eine geringere Wahrscheinlichkeit vorgibt. Die Entscheidung für eine bestimmte Wahrscheinlichkeit kann deshalb nur auf Grund der genauen Kenntnis des jeweiligen Sachverhaltes gefällt werden.

Dieses Dilemma kann theoretisch jedenfalls dadurch beseitigt werden, daß man den Stichprobenumfang vergrößert. Damit erhält man bei gleich großer Wahrscheinlichkeit engere Bereichsgrenzen und damit brauchbarere Ergebnisse. Dies ist leicht einzusehen: Je größer der Anteil der Stichprobe an der Ausgangsverteilung, umso geringer die Unsicherheit.

Die Bereiche berechnet man ein- oder zweiseitig. Will man z. B. wissen, wie groß der Anteil fehlerhafter Stücke in einer Stichprobe mit 95 % Wahrscheinlichkeit höchstens sein kann, so muß man einen Zufallsbereich ermitteln, der nur nach oben, also einseitig begrenzt ist. Die Wahrscheinlichkeit, daß der Anteil über der berechneten Obergrenze liegt, beträgt 5 %.

Einseitig, nach oben begrenzter Bereich

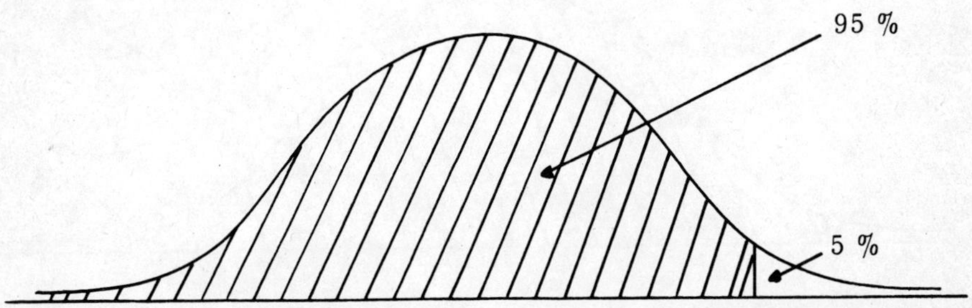

Das gleiche gilt für die Untergrenze. Das Stichwort dafür ist nicht "höchstens" wie bei der Obergrenze, sondern "mindestens".

Einseitig, nach unten begrenzter Bereich

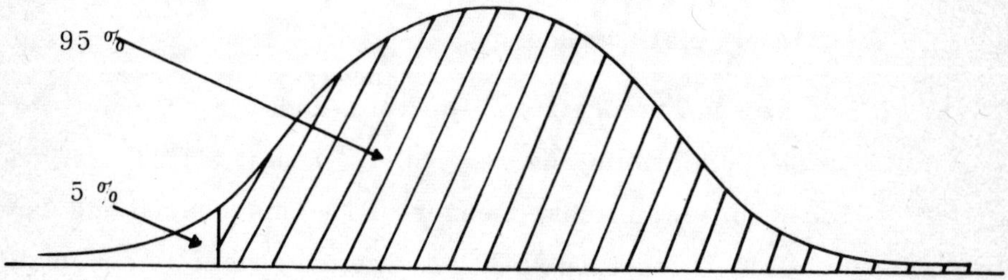

Wenn man hingegen nur wissen will, innerhalb welcher Grenzen dieser Anteil mit 95 % Wahrscheinlichkeit auftreten kann, dann berechnet man einen zweiseitig begrenzten Zufallsbereich. Dieser weist eine Ober- und eine Untergrenze auf. Üblicherweise bestimmt man diese so, daß die Wahrscheinlichkeit für das Überschreiten der Obergrenze jener für das Unterschreiten der Untergrenze entspricht. Man kann also in unserem Beispiel erwarten, daß mit 2,5 % Wahrscheinlichkeit der Anteil fehlerhafter Stücke größer als die berechnete Obergrenze ist und mit gleicher Wahrscheinlichkeit unter der Untergrenze liegt.

Zweiseitig begrenzter Bereich

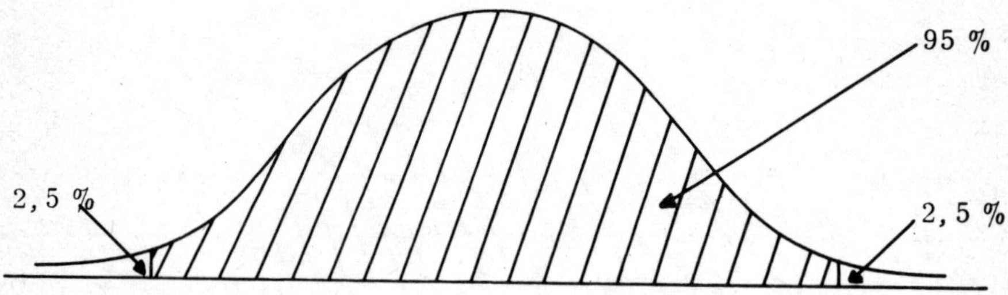

Da wir uns auf die Ermittlung von Zufalls- und Vertrauensbereichen beschränken, kann man schematisch etwa folgendermaßen vorgehen:

1.) Festlegung des Modells

    Wird die Stichprobe mit oder ohne Zurücklegen entnommen?

2.) Ermittlung der Wahrscheinlichkeitsverteilung

    Für die einzugrenzende Maßzahl wird die geeignete Wahrscheinlichkeitsverteilung festgestellt.

3.) Bereichsfestlegung

    Ist ein ein- oder zweiseitiger Zufalls- oder Vertrauensbereich zu berechnen?

4.) Berechnung der Bereichsgrenzen

5.) Interpretation der Ergebnisse

d) Zentraler Grenzwertsatz

Dieser besagt in etwa, daß mit zunehmendem Stichprobenumfang die Wahrscheinlichkeitsverteilungen der meisten Maßzahlen gegen die Normalverteilung streben.

Welchen Vorteil bringt diese Tatsache? Das Berechnen und Tabellieren von Wahrscheinlichkeitsverteilungen ist auch mit modernen Rechenanlagen nur begrenzt wirtschaftlich durchführbar. Außerdem steht nicht immer eine entsprechende Anlage zur Verfügung. Es ist daher von großem Vorteil, wenn man ab einem bestimmten Stichprobenumfang eine Standardverteilung heranziehen kann, die brauchbare Näherungswerte für die exakten Verteilungen liefert.

Ab welchem Stichprobenumfang diese Standardverteilung verwendet werden kann, ist von Maßzahl zu Maßzahl verschieden. Die hypergeometrische Wahrscheinlichkeitsverteilung ist z. B. sehr kompliziert zu berechnen. Sie konvergiert bei genügend großem Stichprobenumfang gegen die Normalverteilung. Da diese Konvergenz aber unter Umständen erst bei sehr großem Stichprobenumfang eintritt, behilft man sich oft für Stichprobenumfänge, die unter dem Konvergenzkriterium liegen mit einer weiteren Näherungsverteilung. Dies ist bei der hypergeometrischen die Binomialverteilung, die schon bei kleineren Umfängen gute Näherungswerte liefert. Selbstverständlich konvergiert auch die Binomialverteilung gegen die Normalverteilung; sie hat aber gegenüber der hypergeometrischen Verteilung den Vorteil, daß sie einfacher zu berechnen ist. Die einzelnen Konvergenzkriterien werden bei den jeweiligen Maßzahlen angeführt. Es kann dabei vorkommen, daß für eine exakte Verteilung gleich zwei und mehr Näherungsverteilungen möglich sind. Welche Verteilung heranzuziehen ist und wie man damit Zufalls- und Vertrauensbereiche für vorgegebene Wahrscheinlichkeiten berechnet, wird bei den einzelnen Maßzahlen gezeigt. Die Konvergenzkriterien wurden so bestimmt, daß die Differenz zwischen exakter und Näherungsverteilung höchstens 1 % beträgt.

4. Testverfahren

Bei den Schätzverfahren schließt man immer mit geschickt ausgeklügelten Verfahren von einer bekannten auf eine unbekannte Maßzahl. Mindestens zwei Maßzahlen liegen auch beim Testverfahren vor, die Problemstellung ist jedoch anders. Man versucht nicht, eine der beiden Maßzahlen auf Grund der anderen zu schätzen, sondern die Zahlenwerte beider Maßzahlen sind bekannt. Man weiß aber von vornherein nicht, ob die Differenz zwischen beiden auf den Zufall zurückzuführen ist oder nicht. Ein Lieferant behauptet z. B., daß höchstens 1 % der Lieferung Ausschuß sei. Die Überprüfung einer Stichprobe von 1oo Stück zeigte aber, daß 3 Stück oder 3 % defekt sind. Um festzustellen, ob die Differenz zwischen 1 % und 3 % auf die Zufallsentnahme zurückzuführen ist oder auf wesentliche Unterschiede hinweist, wird mit Hilfe von Testverfahren entschieden.

Auch bei den Testverfahren kann man zwei Arten unterscheiden: Anpassungs- und Homogenitätstests. Stammt eine der beiden Maßzahlen aus der Ausgangsverteilung und die andere aus einer Stichprobe, wie im vorhergehenden Beispiel, dann nennt man die Prüfung der zahlenmäßigen Differenz zwischen beiden einen Anpassungstest. Von einem Homogenitätstest spricht man dann, wenn die Maßzahlen aus Stichproben stammen: Von 2oo Personen, die an einer bestimmten Krankheit leiden, werden z. B. 1oo mit dem Präparat A und 1oo mit dem Präparat B behandelt. Von der ersten Gruppe genesen 7o %, von der zweiten 75 %. Ist dieser Unterschied schon groß genug, um generell das Präparat B zu bevorzugen? In diesem Beispiel beurteilt man den Unterschied von zwei Stichprobenmaßzahlen, da ja beide Präparate nur an Stichproben von je 1oo Menschen erprobt werden. Im Lieferantenbeispiel prüfte man die Differenz zwischen dem Ausschußprozentsatz der Ausgangsverteilung (1 %) und dem der Stichprobe (3 %).

Da sich die Testverfahren für Anpassungs- und Homogenitätstests unterscheiden, sieht unser Entscheidungsbaum für Testverfahren vorerst wie folgt aus:

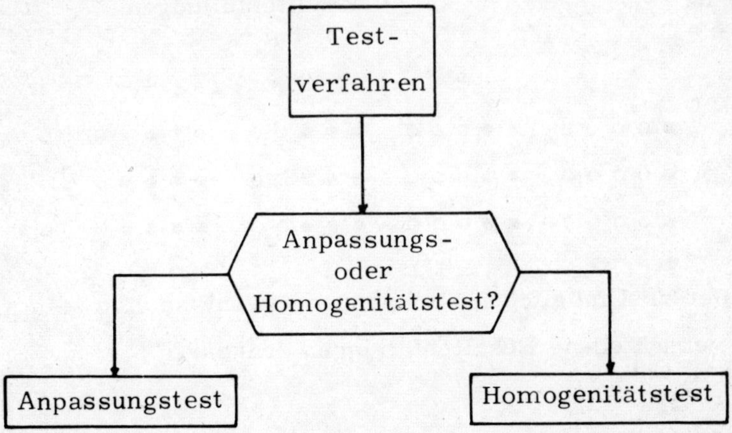

Die allgemeine Logik der Testverfahren kann sehr einfach erklärt werden: In einem Behälter finden sich z. B. 5 Kugeln und zwar entweder weißer oder schwarzer Farbe. Zu prüfen ist, ob von diesen 5 Kugeln genau 3 weiß sind.

a) Mögliche Stichproben

Nimmt man alle Kugeln aus dem Behälter, so ist die Frage nach dem Inhalt einfach zu beantworten. Entnimmt man keine Kugel, so ist andererseits die Frage überhaupt nicht vernünftig zu lösen. Werden aber nur einige der 5 Kugeln gezogen, so liegt ein Problem vor, das mit Hilfe statistischer Methoden optimal gelöst werden kann.

Kugeln kann man bekanntlich mit und ohne Zurücklegen aus einem Behälter ziehen. Dementsprechend unterscheidet sich auch die Zahl der möglichen Stichproben. Wir wollen der Einfachheit halber nur das Modell mit Zurücklegen berücksichtigen und zwar für eine Stichprobe im Umfang von 2 Kugeln. Welche möglichen Ziehungsergebnisse können in diesem Fall auftreten und aus welchen möglichen Behälterfüllungen können sie stammen? Diese Frage erklärt folgende Übersicht:

Mögliche Stichprobenergebnisse bei $n = 2$	Mögliche Behälterfüllungen bei $N = 5$				
	1.	2.	3.	4.	5.
o o	● o o o o	● ● o o o	● ● ● o o	● ● ● ● o	o o o o o
o ●	● o o o o	● ● o o o	● ● ● o o	● ● ● ● o	
● ●	● o o o o	● ● o o o	● ● ● o o	● ● ● ● o	● ● ● ● ●

Für jedes der drei möglichen Stichprobenergebnisse sind also mindestens vier verschiedene Behälterfüllungen denkbar.

b) Mögliche Hypothesen

Mustert man die möglichen Behälterfüllung durch, so kann man leicht nachprüfen, daß es insgesamt 6 verschiedene Füllungen gibt. Wenn man also eine Stichprobe von 2 Kugeln aus einem Behälter mit 5 Kugeln entnimmt, dann muß man von vornherein mit 6 verschiedenen Hypothesen rechnen, nämlich:
In dem Behälter befinden sich

H_a:	0	weiße Kugeln
H_b:	1	" "
H_c:	2	" "
H_d:	3	" "
H_e:	4	" "
H_f:	5	" "

Um die möglichen Hypothesen zu unterscheiden, wurden sie mit einem Index versehen. Üblicherweise verwendet man dafür nicht Buchstaben sondern Zahlen. Mit H_o kennzeichnet man die zu untersuchende Hypothese. In unserem Beispiel ist die Nullhypothese H_o: 3 weiße Kugeln. Alle anderen Hypothesen nennt man Alternativhypothesen und indiziert sie entsprechend der natürlichen Zahlenfolge 1, 2, 3, ... Oft legt man diese Hypothesen zu einer einzigen Alternativhypothese zusammen. H_1 könnte z. B. lauten: Im Behälter sind keine 3 weißen Kugeln. Man hat damit die fünf oben angeführten Alternativhypothesen zu einer einzigen zusammengefaßt. Je nach dem, ob diese kleiner oder größer sind als die Nullhypothese, spricht man von links- und rechtsseitigen Alternativhypothesen. Behauptet man z. B., daß im Behälter weniger als 3 weiße Kugeln sind, so ist dies eine linksseitige Alternativhypothese: Trägt man die einzelnen Hypothesen auf einer Zahlengerade auf, so liegen alle links von 3, der Nullhypothese:

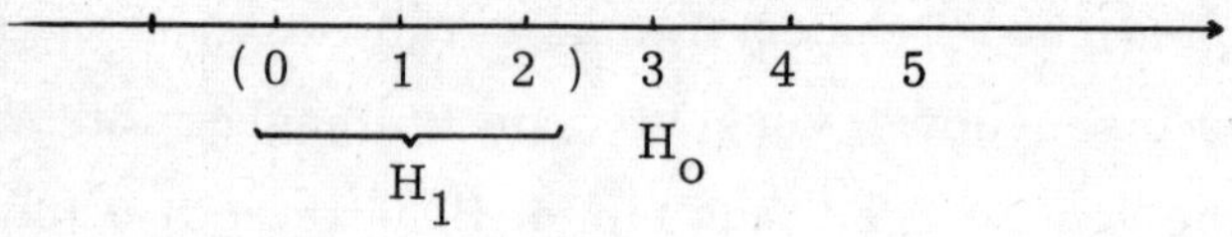

Sind auch die Hypothesen "4 und 5 weiße Kugeln" in der Alternative enthalten, so ist dies eine zweiseitige Alternativhypothese.

c) Mögliche Fehler

Ob die Nullhypothese angenommen und damit die Alternativhypothese abgelehnt wird oder umgekehrt, hängt vom Ergebnis der Stichprobenziehung ab. Gleichgültig, welche Entscheidung man trifft, die Möglichkeit einer Fehlentscheidung ist hierbei immer gegeben. Diese wichtige Einsicht demonstriert folgendes Beispiel: Wir ziehen zwei weiße Kugeln aus unserem Behälter und müssen entscheiden, ob von den fünf Kugeln drei weiß sind: Welche Entscheidungsmöglichkeiten haben wir? Wir können die Nullhypothese "3 Kugeln sind weiß" annehmen oder ablehnen; die Konsequenzen zeigt die nächste Übersicht:

Entscheidung	Tatsächliche Behälterfüllung	Ergebnis: Entscheidung ist
H_o annehmen	●●ooo	richtig
H_o ablehnen	●●ooo	falsch
H_o annehmen	●●●oo oder ●oooo oder ooooo	falsch
H_o ablehnen	●●●oo oder ●oooo oder ooooo	richtig

Man kann also sowohl mit der Annahme als auch mit der Ablehnung der Nullhypothese eine Fehlentscheidung treffen. Da das Ablehnen der richtigen Nullhypothese nicht derselbe Fehler ist wie das Annehmen der falschen, bezeichnet man den ersten Irrtum als α -Fehler oder Fehler 1. Art und den zweiten als β-Fehler oder Fehler 2. Art.

d) Mögliche Entscheidungsregeln

Unser Problem nochmals kurz formuliert: Auf Grund einer Stichprobe von 2 Kugeln, die wir mit Zurücklegen aus dem Behälter entnehmen, müssen wir entscheiden, ob von den insgesamt 5 Kugeln genau 3 weiß sind. Soll diese Nullhypothese angenommen werden, wenn in der Stichprobe 1 oder 2 weiße Kugeln vorkommen? Oder soll die Nullhypothese immer angenommen werden, gleichgültig, welche Kugeln gezogen werden? Bei jeder Regel besteht ja die Möglichkeit der Fehlentscheidung. Auch wenn auf jeden Fall die Nullhypothese angenommen wird, besteht die Gefahr, die Nullhypothese anzunehmen, obwohl sie falsch ist.

Man wird selbstverständlich jene Regel wählen, bei der die Irrtumsmöglichkeiten am geringsten sind. Dazu muß man vorerst die möglichen Entscheidungsregeln kennen. In folgender Übersicht sind sie für unser Beispiel zusammengestellt, wobei wir voraussetzen, daß nur zwischen zwei Hypothesen zu entscheiden ist, nämlich H_0: 3 weiße Kugeln und H_1: nicht 3 weiße Kugeln. Die Annahme von H_0 wird mit A_0 und die von H_1 mit A_1 abgekürzt:

Zahl der weißen	Entscheidungsregeln							
Kugeln	R_1	R_2	R_3	R_4	R_5	R_6	R_7	R_8
2	A_0	A_0	A_0	A_1	A_1	A_1	A_0	A_1
1	A_0	A_0	A_1	A_0	A_1	A_0	A_1	A_1
O	A_0	A_1	A_0	A_0	A_0	A_1	A_1	A_1

Die Regel R_2 verlangt z. B., daß die Nullhypothese anzunehmen ist, wenn man bei der Stichprobenziehung mindestens eine weiße Kugel erhält. Die Nullhypothese ist abzulehnen und die Alternativhypothese anzunehmen, wenn keine der entnommenen Kugeln weiß ist.

Wie stellt man fest, wie groß die Fehlerwahrscheinlichkeiten bei den einzelnen Entscheidungsregeln sind? Dazu berechnet man die Wahrscheinlichkeiten für die einzelnen Stichprobenergebnisse. Wenn der Behälter z. B. tatsächlich 3 weiße und 2 schwarze Kugeln enthält, so bekommt man in einer Stichprobe von 2 Kugeln mit einer Wahrscheinlichkeit von 36 % zwei weiße Kugeln, mit 48 % eine und mit 16 % keine weiße. Die Binomialverteilung ist bekanntlich die entsprechende Wahrscheinlichkeitsverteilung, die darüber Auskunft gibt.

Nicht nur für die Hypothese "3 weiße Kugeln", sondern auch für die weiteren 5 möglichen Hypothesen kann man die Wahrscheinlichkeiten für die drei Stichprobenergebnisse 2, 1 und O weiße Kugeln berechnen. Folgende Tabelle weist sie aus:

Zahl der weissen Kugeln i. d. Stichprobe	Hypothesen über die Zahl der weißen Kugeln im Behälter					
	H_a: O	H_b: 1	H_c: 2	H_d: 3	H_e: 4	H_f: 5
2	o,oo	o,o4	o,16	o,36	o,64	1,oo
1	o,oo	o,32	o,48	o,48	o,32	o,oo
0	1,oo	o,64	o,36	o,16	o,o4	o,oo

Sind im Behälter O weiße Kugeln, so kann man natürlich auch in der Stichprobe keine erwarten. Ist jedoch eine der fünf Kugeln weiß, so erhält man schon mit einer Wahrscheinlichkeit von 4 % zwei weiße Kugeln bei einer Stichprobenentnahme mit Zurücklegen. Sind zwei von fünf weiß, so beträgt die Wahrscheinlichkeit für dieses Ergebnis schon 16 %, usf.

Mit Hilfe dieser Tabelle kann man nun leicht die Fehlerwahrscheinlichkeiten für die einzelnen Entscheidungsregeln bestimmen. Wie groß ist z. B. die Wahrscheinlichkeit für den α - Fehler nach der Entscheidungsregel R_2? Da nach dieser Regel die Nullhypothese (H_d in obiger Tabelle) nur dann abgelehnt wird, wenn man bei der Stichprobenziehung keine weiße Kugel erhält, muß man nur nachsehen, wie groß die Wahrscheinlichkeit für dieses Ergebnis ist, wenn tatsächlich 3 der 5 Kugeln weiß sind. In der letzten Zeile findet man unter H_d: 3 diese Wahrscheinlichkeit. Das Risiko, einen α - Fehler zu begehen, also die Nullhypothese abzulehnen, obwohl sie zutrifft, beträgt 16 %.

Und wie groß ist die Wahrscheinlichkeit für einen β- Fehler nach dieser Regel? Dies ist nicht so einfach zu beantworten, da ja in unserer Alternativhypothese H_b, H_c, H_e und H_f zusammengefaßt sind: Im Behälter sind nicht 3 weiße Kugeln. Ein β - Fehler liegt aber bekanntlich dann vor, wenn die Nullhypothese angenommen wird, obwohl sie falsch ist, wenn also im Behälter nicht 3, sondern O, 1, 2, 4 oder 5 weiße Kugeln sind. Es gibt daher nicht eine Wahrscheinlichkeit für den β- Fehler, sondern 5, nämlich für jede der möglichen Füllungen (außer der der Nullhypothese).

Nach der Regel R_2 wird die Nullhypothese angenommen, wenn bei der Ziehung 1 oder 2 weiße Kugeln auftreten. Dieses Ergebnis ist natürlich nicht möglich, wenn der Behälter keine weißen Kugeln enthält. Das Risiko eines β- Fehlers ist daher beim Zutreffen der H_a gleich Null. Ist aber nur eine der 5 Kugeln weiß, so besteht schon eine Wahrscheinlichkeit von 4 % für 2 weiße Kugeln in der Stichprobe und von 32 % für 1 weiße. Bei beiden Ergebnissen wird aber nach R_2:H_o (= H_d) angenommen. Der β- Fehler beträgt daher bei Gültigkeit von H_b schon 36 %. Für die weiteren Alternativhypothesen kann man das β- Risiko aus folgender Zusammenstellung entnehmen:

Fehlerwahrscheinlichkeiten für R_2

(Annahme von H_o, wenn mindestens 1 weiße Kugel i. d. Stichprobe)

	Nullhypothese H_o (= H_d): 3	Alternativhypothesen H_a: O	H_b: 1	H_c: 2	H_e: 4	H_f: 5	
1 - α	o,84	o,oo	o,36	o,64	o,96	1,oo	β-Fehler
α-Fehler	o,16	1,oo	o,64	o,36	o,o4	o,oo	1 - β

Über die α- und β- Fehler von zwei weiteren der 8 möglichen Entscheidungsregeln in unserem Beispiel, nämlich für R_6 und R_7 geben die beiden folgenden Zusammenstellungen Auskunft:

Fehlerwahrscheinlichkeiten für R_6

(Annahme von H_o, wenn genau eine weiße Kugel in der Stichprobe)

	Nullhypothese H_o: 3	Alternativhypothesen H_a: O	H_b: 1	H_c: 2	H_e: 4	H_f: 5	
1 - α	o,48	o,oo	o,32	o,48	o,32	o,oo	β-Fehler
α-Fehler	o,52	1,oo	o,68	o,52	o,68	1,oo	1 - β

Fehlerwahrscheinlichkeiten für R_7

(Annahme von H_o nur, wenn beide Kugeln i. d. Stichpr. weiß sind)

	Nullhypothese H_o: 3	Alternativhypothesen H_a: O	H_b: 1	H_c: 2	H_e: 4	H_f: 5	
1 - α	o,36	o,oo	o,o4	o,16	o,64	1,oo	β-Fehler
α-Fehler	o,64	1,oo	o,96	o,84	o,36	o,oo	1 - β

Um das Problem zu vereinfachen wollen wir annehmen, daß nur diese 3 in Frage kommen. Welche Regel ist aber von diesen die beste? Wie schon erwähnt ist sicherlich jene Regel am besten, bei der die Risiken für Fehlentscheidungen am geringsten sind. Man muß also die

Fehlerwahrscheinlichkeiten der drei Regeln miteinander vergleichen. Dazu trägt man die einzelnen Annahmewahrscheinlichkeiten der Nullhypothese in ein Koordinatensystem ein. Auf der Abszisse werden die möglichen Hypothesen eingezeichnet, auf der Ordinate die entsprechenden Wahrscheinlichkeiten. Die Kurve, die sich ergibt, wenn man die einzelnen Punkte miteinander verbindet, bezeichnet man auch als Operationscharakteristikkurve oder kürzer als OC - Kurve. Im folgenden Bild sind die OC - Kurven der drei ausgewählten Entscheidungsregeln dargestellt:

OC - Kurven für R_2, R_6 und R_7

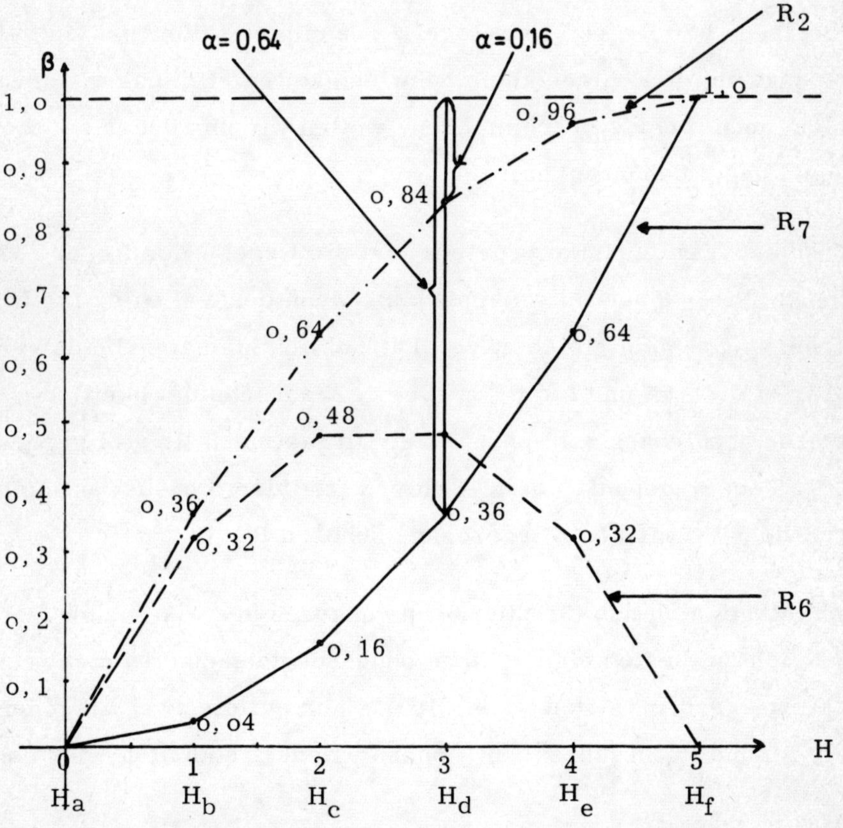

Verwendet man den β-Fehler als Auswahlkriterium, so zeigt die Graphik deutlich, daß die Risken für einen β-Fehler nach R_7 durchwegs kleiner sind als nach R_2. Man wird deshalb die Regel 7 der Regel 2 vorziehen. Doch welche der beiden Regeln 7 und 6 hat geringere β-Fehlerrisiken? Die Wahrscheinlichkeit, H_o anzunehmen, wenn tatsächlich im Behälter 4 weiße Kugeln sind, beträgt nach R_6 nur 32 % und nach R_7 hingegen schon 64 %. In diesem Fall ist also R_6 R_7 weit überlegen. Umgekehrt ist die Regel 7 besser, wenn der Behälter weniger als 3 weiße Kugeln enthält, da dann die β-Wahrscheinlichkeiten kleiner sind als die von R_6. Man kann also nicht uneingeschränkt eine der beiden Regeln vorziehen. Teilweise ist R_6 der Regel 7 überlegen, teilweise umgekehrt. Ist aber eine Entscheidungsregel einer zweiten so überlegen wie Regel 7 der Regel 2, dann bietet die Auswahl vom Standpunkt des β-Fehlers keine Schwierigkeiten. Um unser Auswahlproblem noch mehr zu vereinfachen, wollen wir uns daher auf die Regeln 7 und 2 beschränken.

Nach dem β-Fehlerrisiko beurteilt, ist die Regel 7 der Regel 2 vorzuziehen. Diese Auswahl wäre perfekt, wenn der α-Fehler für beide Entscheidungsregeln gleich wäre. Tatsächlich sind aber beide verschieden. Für R_7 ist α o,64 und für R_2 o,16. Die Wahrscheinlichkeit, die Nullhypothese abzulehnen, obwohl sie zutrifft, ist nach R_7 viel größer als bei R_2. Vom Standpunkt des α-Fehlers ist also die Auswahl umgekehrt: Nicht R_7 wird R_2 vorgezogen, sondern R_2 R_7.

Welche Regel sich nun für die Lösung unseres ursprünglichen Problems tatsächlich am besten eignet, kann ohne Zusatzannahmen nicht eindeutig geklärt werden. Selbst wenn wir uns nur auf die zwei Entscheidungsregeln R_7 und R_2 beschränken, können wir nur festhalten, daß das α - Risiko bei R_2 geringer ist als bei R_7. Umgekehrt ist aber das β - Risiko bei R_2 größer. Erst wenn feststeht, welcher der beiden Fehler schwerer wiegt, kann man eine Regel der anderen vorziehen.

e) Signifikanztests

Die Auswahl der besten Entscheidungsregel wird vereinfacht, wenn man nur den α - Fehler berücksichtigt. Tests, bei denen nur das Risiko des α - Fehlers, nicht aber des β - Fehlers in Rechnung gestellt wird, bezeichnet man als Signifikanztests. Auch die Wahrscheinlichkeit des α - Fehlers wird nicht exakt berechnet, sondern nur ein maximal tolerierter α - Fehler angegeben und eine Entscheidungsregel bestimmt, die diesem α am besten entspricht. Signifikanzgrad oder auch Signifikanzniveau sind die Fachausdrücke für diesen maximal zulässigen α - Fehler.

Wird z. B. ein Test mit einem 5 %igen Signifikanzgrad durchgeführt, so weiß man, daß die Wahrscheinlichkeit, die Nullhypothese abzulehnen, obwohl sie richtig ist, höchstens 5 % beträgt. Die exakte Wahrscheinlichkeit für den α - Fehler ist unbekannt; sie kann z. B. 2 % oder 3,5 % betragen. Auf keinen Fall ist sie größer als 5 %.

Sucht man für unser Kugelbeispiel eine Entscheidungsregel für einen 2o %igen Signifikanzgrad, so kommt von den 3 untersuchten Regeln nur R_2 in Frage, da ihr α - Fehler 16 % beträgt. Die Nachteile der Signifikanztests zeigen sich hier recht deutlich: R_2 ist die Regel mit den höchsten Risken für den β - Fehler. Trotzdem wird diese Regel ausgewählt, da ihr α - Fehler dem gewünschten Signifikanzgrad von 2o % entspricht.

In der Praxis haben sich zwei Signifikanzgrade eingebürgert: 5 % und 1 %. Welcher der beiden gewählt wird oder ob doch ein anderer Signifikanzgrad herangezogen wird, hängt vom untersuchten Problem ab.

Man darf aber nicht vergessen, daß eine Verringerung des α - Fehlers eine Vergrößerung des β - Risikos nach sich zieht. Bei einem 1 %igen Signifikanzgrad ist zwar das Risiko des α - Fehlers geringer als bei 5 %; dafür ist aber das Risiko des β - Fehlers größer, auch wenn man über den zahlenmäßigen Wert dieser Wahrscheinlichkeit bei einem Signifikanztest nicht Bescheid weiß.

Die Vorteile des Signifikanztests beruhen auf der einfachen Schematisierbarkeit des Testverfahrens:

1. Aufstellen der Hypothesen
   Null- und Alternativhypothese werden bestimmt.
2. Der Signifikanzgrad wird festgelegt.
3. Die Wahrscheinlichkeitsverteilung der Testmaßzahl wird ermittelt und die dem Signifikanzgrad entsprechende Entscheidungsregel aufgestellt.
4. Die Stichprobe wird entnommen und die Testmaßzahl berechnet.
5. Auf die aus der Stichprobe berechnete Maßzahl wird die Entscheidungsregel angewandt und das Ergebnis interpretiert.

Die Prüfung der Frage, ob in unserem Behälter von fünf Kugeln genau 3 weiß sind, sieht nach diesem Schema wie folgt aus:

1. Kürzt man die Zahl der weißen Kugeln - die Testmaßzahl in unserem Beispiel - mit "w" ab, dann lauten Null- und Alternativhypothesen: H_0: $w = 3$
   H_1: $w \neq 3$
2. Da der Signifikanzgrad auch mit α abgekürzt wird, schreibt man:

$$\alpha = 0{,}20$$

$$n = 2$$

(Modell mit Zurücklegen)

3. R_2 anders angeschrieben:
   Wenn w $\geq$ 1, dann akzeptiere H_o
   Wenn w $<$ 1, dann akzeptiere H_1

4. a) w = O
   b) w = 2

5. a) O $<$ 1, daher wird H_o abgelehnt und H_1 angenommen. Im Behälter sind nicht 3 weiße Kugeln. Das Risiko bei dieser Entscheidung beträgt maximal 2o %, d. h. auf lange Sicht wird man mit dieser Regel in maximal 2o % aller Fälle die Nullhypothese ablehnen, obwohl sie richtig ist.
   b) 2 $>$ 1, daher kann man H_o nicht ablehnen. Im Behälter befinden sich 3 weiße Kugeln. Wie groß in diesem Fall das Fehlerrisiko ist, weiß man bei einem Signifikanztest nicht, da ja über die Annahme einer falschen Nullhypothese der β - Fehler Auskunft gibt.

f) Anpassungs- und Homogenitätstest

In unserem Kugelbeispiel prüften wir die Differenz zwischen den hypothetischen 3 weißen Kugeln und dem Stichprobenergebnis. Ist die Differenz zwischen beiden Zahlen größer als 2 (3 - 2 = 1), dann lehnen wir die Nullhypothese ab. Man bezeichnet eine solch große Differenz auch als "signifikant". Eine Abweichung von mehr als 2 Punkten von 3, der Zahl in der Ausgangsverteilung, ist nicht auf den Zufall zurückführbar. Da hier die Differenz zwischen einer Maßzahl der Stichprobe und der Ausgangsverteilung geprüft wird, ist dies bekanntlich ein Anpassungstest.

Einem Homogenitätstest entspricht folgendes Kugelmodell: Nicht aus einem, sondern aus zwei (oder mehreren) Behältern wird je eine Stichprobe gezogen. Die Differenz in den Stichprobenergebnissen wird geprüft. Als Nullhypothese wird angenommen, daß z. B. beide Behälter die gleiche Füllung aufweisen, der Unterschied im Stichprobenergebnis also nur auf die Zufallsentnahme zurückzuführen ist.

5. Zusammenfassung

Zuerst stellt man fest, welche Art von Verteilung vorliegt und welche Maßzahl die gewünschte Information am geeignetsten ausdrückt. Dann entscheidet man, ob die gewählte Maßzahl als Basis für ein Schätzverfahren dient oder ob die Differenz zwischen ihr und einer anderen Maßzahl beurteilt werden soll. Soll geschätzt werden, dann muß man vorerst klären, ob direkt oder indirekt. Für die Beurteilung der Differenz muß man wissen, ob ein Anpassungs- oder Homogenitätstest das geeignete Hilfsmittel ist. Die Reihenfolge ist willkürlich. Man kann auch zuerst fragen, ob man ein Schätz- oder Testverfahren durchführen will, dann welche Verteilung vorliegt und welche Maßzahl man daher errechnet. Bemerkenswert ist nur, daß durch die Art der Verteilung die möglichen Maßzahlen und damit auch die entsprechenden Schätz- und Testverfahren determiniert sind.

Der folgende Entscheidungsbaum faßt nochmals alle bisher behandelten Fragen zusammen. Ausgehend von der Art der Verteilung führt er zu 15 verschiedenen Problemstellungen: vom "Direkten und Indirekten Schluß für nominale Verteilungen" bis zum "metrischen Anpassungstest für Maßzahlen, berechnet aus mehr als einer Verteilung" reichen die Ausgänge dieses Baumes. Um die geeigneten Wahrscheinlichkeitsverteilungen für die einzelnen Problemstellungen zu finden, sind die Ausgänge von a bis o gekennzeichnet und mit Seitenangaben versehen. Dort findet man Entscheidungsbäume, die zur Auswahl der passenden Wahrscheinlichkeitsverteilung dienen. Schließlich wird in weiteren 55 Entscheidungsbäumen gezeigt, wie man mit Hilfe der gefundenen

Wahrscheinlichkeitsverteilung die entsprechende Lösung für die Schlüsse und Tests berechnet. Um von den gefundenen Wahrscheinlichkeitsverteilungen zur passenden Berechnungsformel zu gelangen, sind auch die Ausgänge dieser Bäume von 1 bis 55 durchnummeriert. Unterhalb der Ausgangsnummern sind wiederum die Seitenzahl der entsprechenden Entscheidungsbäume vermerkt. Jedem Ausgang von 1, 2, ..., 55 entspricht außerdem eine durchgerechnete Aufgabe.

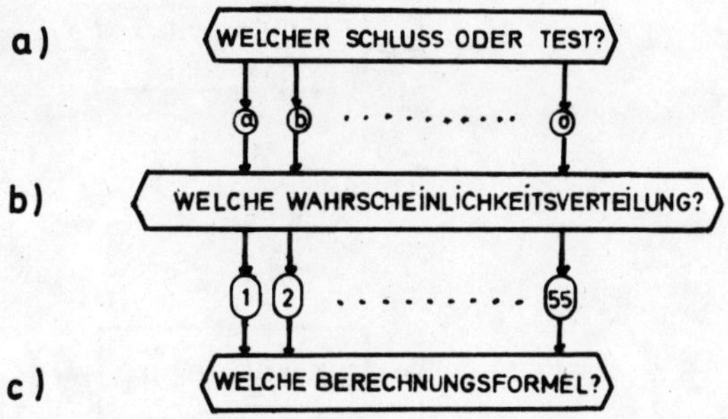

Nach diesem Schema durchläuft also jede Aufgabe 3 Ebenen:

In der 1. Ebene, welche dem Erreichen einer der Ausgänge a, b, ..., o entspricht, wird geklärt, welcher Schluß bzw. Test in Frage kommt. Diese wird bei den einzelnen Aufgaben unter Punkt a) behandelt; vgl. z. B. 1. Aufgabe von Seite 47, Punkt a) 1 bis a) 4.

In der 2. Ebene, welche dem Erreichen einer der Ausgänge 1, 2, ..., 55 entspricht, wird geklärt, welche Wahrscheinlichkeitsverteilung in Frage kommt. Diese wird bei den einzelnen Aufgaben unter Punkt b) behandelt; vgl. z. B. 1. Aufgabe von Seite 47, Punkt b) 5 bis b) 10.

In der 3. Ebene wird die konkrete Lösung errechnet. Diese wird in den einzelnen Aufgaben unter Punkt c) behandelt; vgl. z. B. 1. Aufgabe von Seite 47 f., Punkt c) 11 bis c) 14.

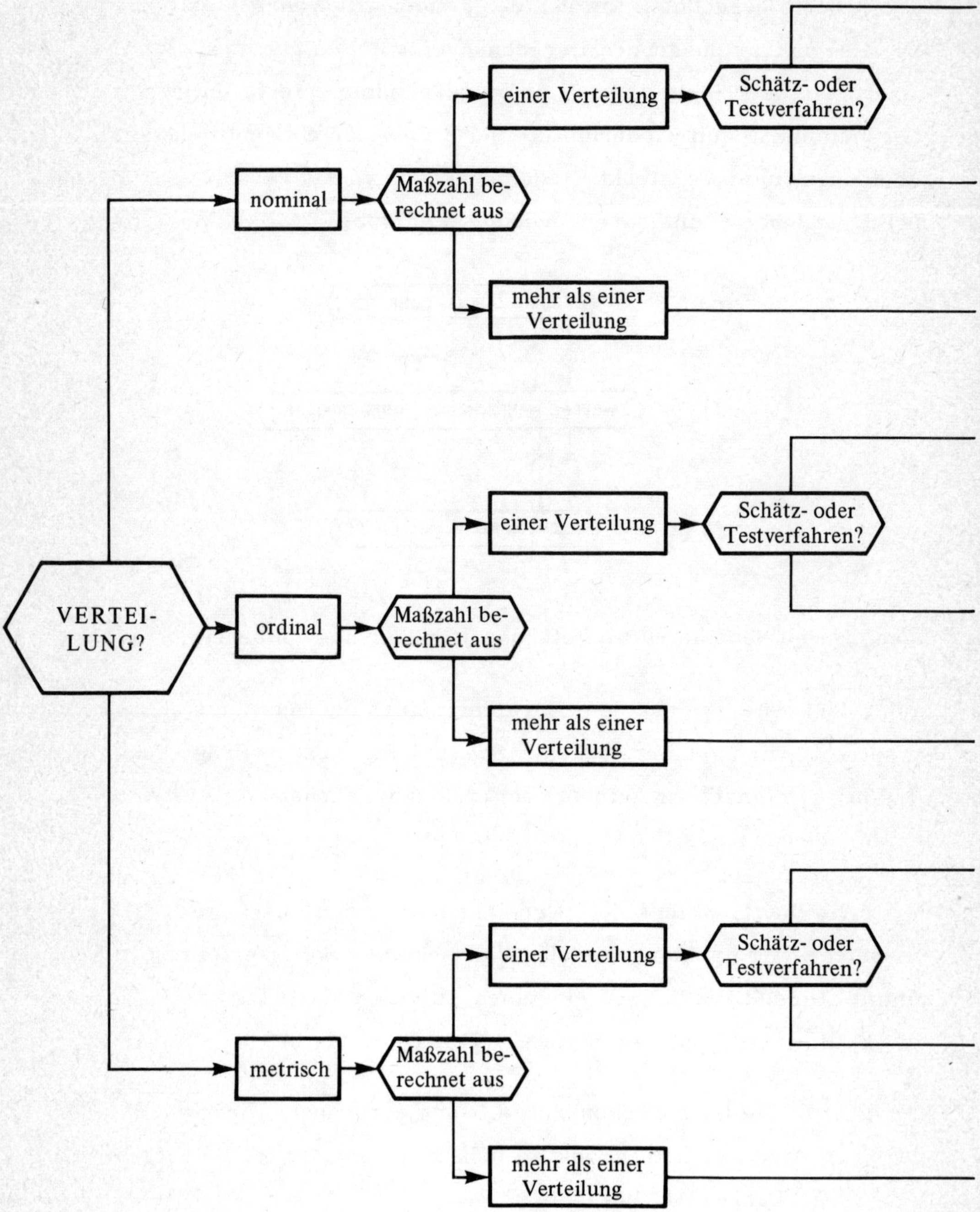
VERTEI-
LUNG?
nominal
Maßzahl be-
rechnet aus
einer Verteilung
Schätz- oder
Testverfahren?
mehr als einer
Verteilung
ordinal
Maßzahl be-
rechnet aus
einer Verteilung
Schätz- oder
Testverfahren?
mehr als einer
Verteilung
metrisch
Maßzahl be-
rechnet aus
einer Verteilung
Schätz- oder
Testverfahren?
mehr als einer
Verteilung

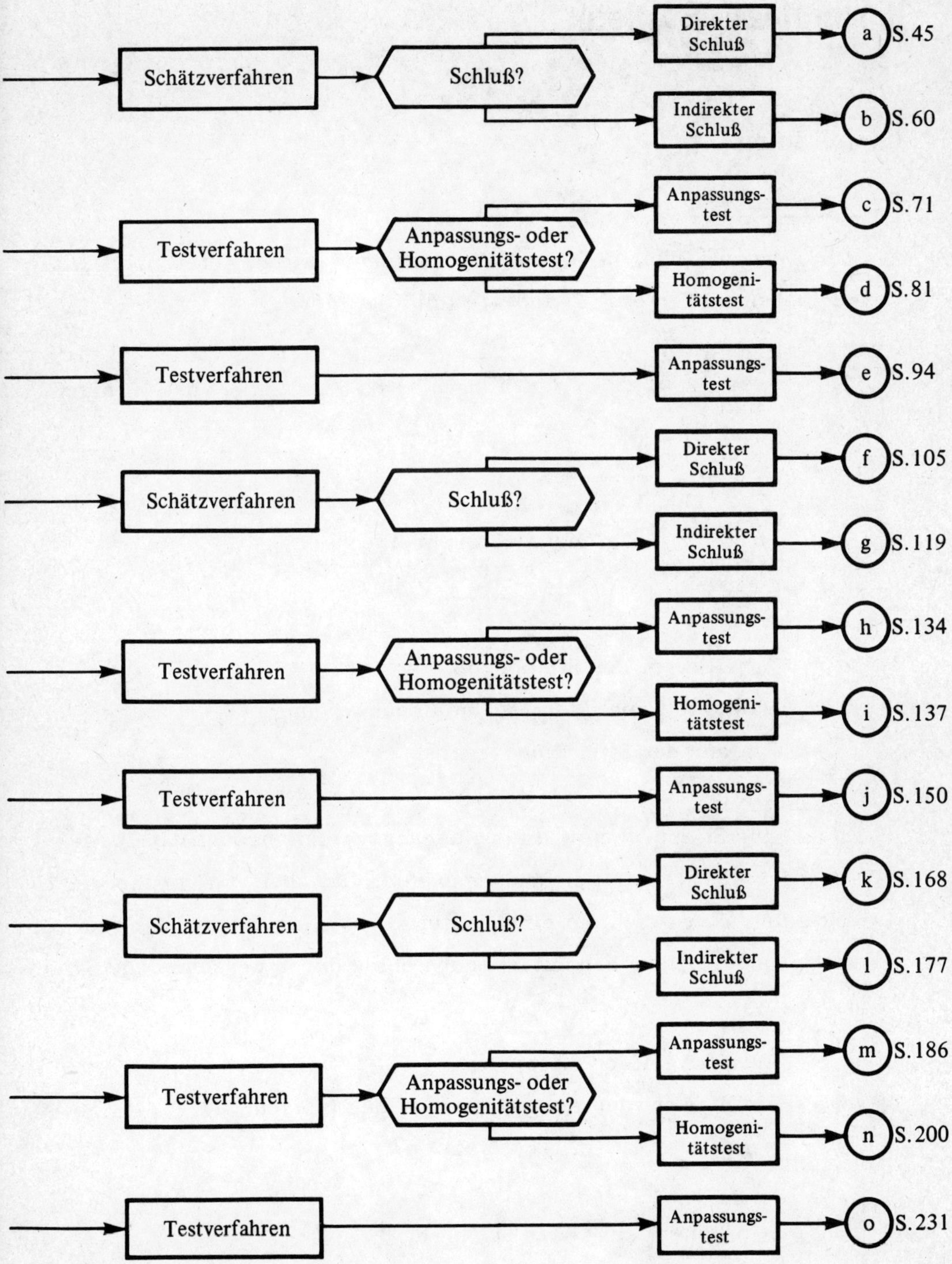
Schätzverfahren
Schluß?
Direkter Schluß
a S.45
Indirekter Schluß
b S.60
Testverfahren
Anpassungs- oder Homogenitätstest?
Anpassungstest
c S.71
Homogenitätstest
d S.81
Testverfahren
Anpassungstest
e S.94
Schätzverfahren
Schluß?
Direkter Schluß
f S.105
Indirekter Schluß
g S.119
Testverfahren
Anpassungs- oder Homogenitätstest?
Anpassungstest
h S.134
Homogenitätstest
i S.137
Testverfahren
Anpassungstest
j S.150
Schätzverfahren
Schluß?
Direkter Schluß
k S.168
Indirekter Schluß
l S.177
Testverfahren
Anpassungs- oder Homogenitätstest?
Anpassungstest
m S.186
Homogenitätstest
n S.200
Testverfahren
Anpassungstest
o S.231

II. Nominale Statistik

1. Maßzahlen

a) Anteilswert

Zur Kennzeichnung nominaler Verteilungen dienen Anteilswerte (oder auch Prozentwerte). Sie sind wie folgt definiert:

$$p = \frac{h_i}{\sum_{j=1}^{k} h_j} \quad ; \quad \sum_{j=1}^{k} h_j = h_1 + h_2 + \ldots\ldots + h_{k-1} + h_k$$

Da $\sum_{j=1}^{k} h_j = n$ kann man auch schreiben:

$$p = \frac{h_i}{n}$$

p = Anteilswert der Stichprobe

h_i = Häufigkeit der i-ten Merkmalsausprägung

n = Umfang der Stichprobe

Sowohl für Stichproben wie für Ausgangsverteilungen gilt selbstverständlich die gleiche Berechnungsweise. Um aber von vornherein zu erkennen, ob es sich um einen Anteilswert einer Stichprobe oder einer Ausgangsverteilung handelt, werden beide durch verschiedene Symbole dargestellt:

p = Anteilswert der Stichprobe

π = Anteilswert der Ausgangsverteilung (sprich: pi)

Dasselbe gilt für den Verteilungsumfang:

n = Umfang der Stichprobe

N = Umfang der Ausgangsverteilung

<u>Aufgabe:</u>

Die Befragung von 5o Arbeitern eines Betriebes nach ihrem Familienstand brachte folgendes Ergebnis (ledig = L; verheiratet = H; verwitwet = W; geschieden = G): HLHHHLHHHHLHLHHLLHHLLLHWHHGL HLWHHHLLLWLHLWLLLLHHLH.

Wieviel Prozent sind verheiratet, wieviel ledig?

<u>Lösung:</u>

Um diese Frage zu beantworten, zählt man zuerst die 5o Einheiten nach dem Merkmal "Familienstand" aus:

x_i	h_i
ledig	21
verheiratet	24
verwitwet	4
geschieden	1
	5o

Die Anteilswerte p berechnet man wie folgt:

$$p_{verheiratet} = \frac{24}{5o} = 0,48 \quad \text{und}$$

$$p_{ledig} = \frac{21}{5o} = 0,42$$

Multipliziert man die Anteilswerte mit 1oo, so erhält man die gesuchten Prozentsätze.

b) Kontingenzkoeffizient

Den Zusammenhang zwischen zwei oder mehreren Verteilungen kann man nominal durch den Kontingenzkoeffizienten ausdrücken. Diese Maßzahl ist so normiert, daß sie den Zahlenwert 1 bei vollkommener (funktionaler) Abhängigkeit annimmt und O dann, wenn kein Zusammenhang besteht. Alle anderen Zahlenwerte zwischen O und 1 drücken eine mehr oder weniger starke Abhängigkeit aus. Je mehr sich der Kontingenzkoeffizient dem Zahlenwert 1 nähert, umso stärker ist der Zusammenhang beider Verteilungen. Wenn z. B. der Kontingenzkoeffizient zwischen Beruf und Einkommen 0,9 beträgt, so ist dies ein Hinweis auf die starke Abhängigkeit des Einkommens vom Beruf.

Der Kontingenzkoeffizient wird für Stichproben mit r_c und für Ausgangsverteilungen mit ρ_c (sprich rho von c) abgekürzt. Definiert ist er folgendermaßen:

$$r_c = \sqrt{\frac{\chi_c^2 \cdot k}{(\chi_c^2 + n) \cdot (k - 1)}}$$

$$k = \min \{k, 1\}$$

k = Zahl der Ausprägungen der ersten Verteilung

1 = Zahl der Ausprägungen der zweiten Verteilung

$$\chi_c^2 = n \left[\sum_{i=1}^{k} \frac{1}{h_i} \cdot \left(\sum_{j=1}^{1} \frac{h_{ij}^2}{h_j} \right) - 1 \right]$$

Zur Berechnung von χ_c^2 (sprich chi-Quadrat von c) werden die Ausgangsdaten in folgender "Kontingenztabelle" angeordnet:

Kontingenztabelle:

$x \backslash y$	$y_1 \ldots y_j \ldots y_l$	h_i
x_1	$h_{11} \ldots h_{1j} \ldots h_{1l}$	h_1
$\vdots$	$\vdots \quad \vdots \quad \vdots$	$\vdots$
x_i	$h_{i1} \ldots h_{ij} \ldots h_{il}$	h_i
$\vdots$	$\vdots \quad \vdots \quad \vdots$	$\vdots$
x_k	$h_{k1} \ldots h_{kj} \ldots h_{kl}$	h_k
h_j	$h_1 \ldots h_j \ldots h_l$	n

Die Ausprägungen der ersten Verteilung sind in dieser Tabelle mit x_i und die entsprechenden Häufigkeiten mit h_i abgekürzt. Analog gelten y_j und h_j für die zweite Verteilung.

Aufgabe:

Um festzustellen, ob ein Zusammenhang zwischen Sprungvermögen und Angriffsleistung besteht, werden 33 Volleyballspieler beurteilt und wie folgt eingeschätzt:

Spieler	1	2	3	4	5	6	7	8	9	1o	11	12	13	14	15	16	17	18	19	20	21	22	23
Sprung	g	s	s	s	g	g	g	g	g	g	s	s	s	g	s	g	s	g	s	g	g	g	g
Angriff	g	s	s	s	g	g	s	g	g	g	s	s	g	g	s	g	g	g	s	g	s	g	g

Spieler	24	25	26	27	28	29	3o	31	32	33
Sprung	g	g	g	s	s	g	s	g	s	g
Angriff	s	g	g	g	s	g	s	s	s	g

g = gut
s = schlecht

Lösung:

Um die Berechnung von r_c zu erleichtern, werden diese Ausgangsdaten in Form einer Kontingenztabelle angeschrieben. Die erste und damit x - Verteilung sei die Einschätzung der Spieler nach dem Sprungvermögen und die nach der Angriffsleistung die y - Verteilung.

	$x_i \backslash y_i$	Angriff gut	Angriff schlecht	h_i
Sprung	gut	16	4	2o
	schlecht	3	10	13
	h_j	19	14	33

$k = 2 \; ; \quad l = 2 \; ; \quad k = \min \{2, 2\} = 2$

$$\chi_c^2 = 33 \left[\frac{1}{20} \left(\frac{16^2}{19} + \frac{4^2}{14} \right) + \frac{1}{13} \left(\frac{3^2}{19} + \frac{1o^2}{14} \right) - 1 \right] = 10,40$$

$$r_c = \sqrt{\frac{10,40 \cdot 2}{(10,40 + 33)(2 - 1)}} = 0,69$$

Auf Grund des Kontingenzkoeffizienten von o, 69 kann man behaupten, daß zwischen dem Sprungvermögen und der Angriffsleistung der 33 Spieler ein Zusammenhang besteht. Bei gutem Sprungvermögen ist meistens auch die Angriffsleistung gut und umgekehrt.

2. Direkter Schluß

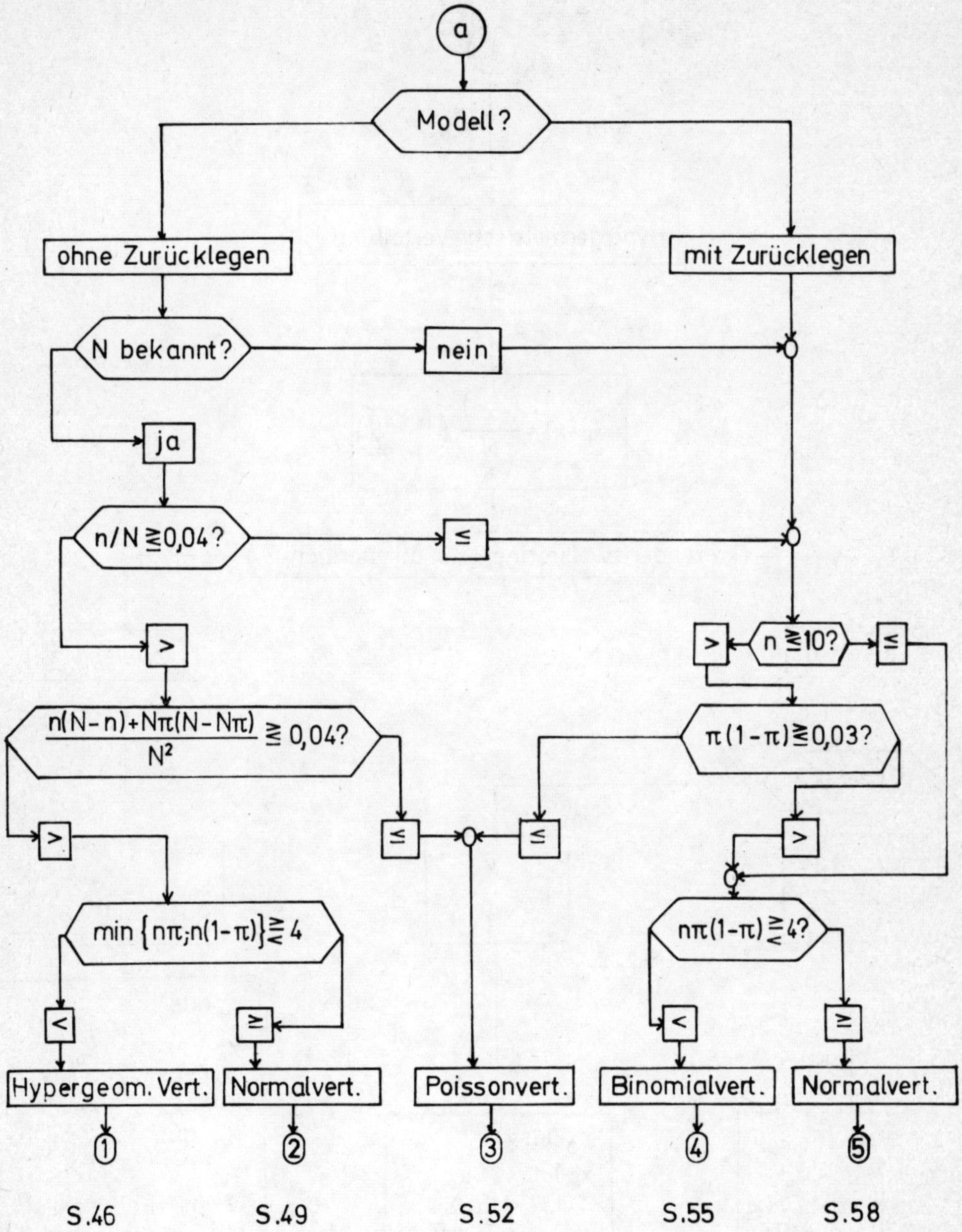
a
Modell?
ohne Zurücklegen
mit Zurücklegen
N bekannt?
nein
ja
n/N ≷ 0,04?
≤
>
n ≷ 10?
>
≤
$\frac{n(N-n)+N\pi(N-N\pi)}{N^2} \gtreqless 0,04?$
π(1-π) ≷ 0,03?
>
≤
≤
>
min {nπ; n(1-π)} ≷ 4
nπ(1-π) ≷ 4?
<
≥
<
≥
Hypergeom. Vert.
Normalvert.
Poissonvert.
Binomialvert.
Normalvert.
1
2
3
4
5
S.46
S.49
S.52
S.55
S.58

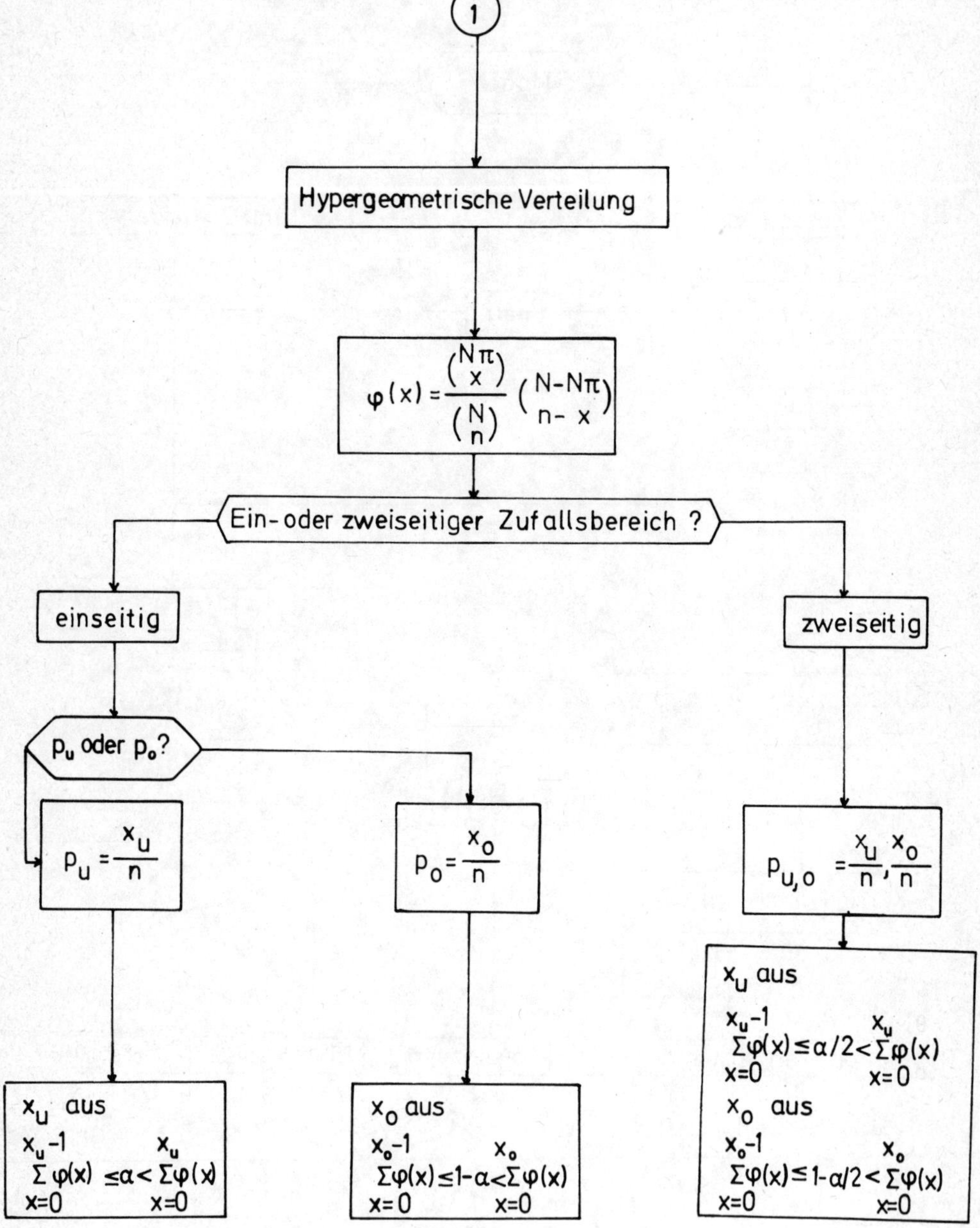
1
Hypergeometrische Verteilung
$\varphi(x) = \frac{\binom{N\pi}{x}}{\binom{N}{n}} \binom{N-N\pi}{n-x}$
Ein- oder zweiseitiger Zufallsbereich ?
einseitig
zweiseitig
p_u oder p_o?
$p_u = \frac{x_u}{n}$
$p_o = \frac{x_o}{n}$
$p_{u,o} = \frac{x_u}{n}, \frac{x_o}{n}$
x_u aus
$\sum_{x=0}^{x_u-1} \varphi(x) \leq \alpha < \sum_{x=0}^{x_u} \varphi(x)$
x_o aus
$\sum_{x=0}^{x_o-1} \varphi(x) \leq 1-\alpha < \sum_{x=0}^{x_o} \varphi(x)$
x_u aus
$\sum_{x=0}^{x_u-1} \varphi(x) \leq \alpha/2 < \sum_{x=0}^{x_u} \varphi(x)$
x_o aus
$\sum_{x=0}^{x_o-1} \varphi(x) \leq 1-\alpha/2 < \sum_{x=0}^{x_o} \varphi(x)$

1. Aufgabe:

Eine Firma für Elektrogeräte erhält von ihrem Lieferanten eine Lieferung von 2o Waschmaschinen. Aus langjähriger Erfahrung ist bekannt, daß durch den Transport und andere Einflüsse 3o % der gelieferten Maschinen Beschädigungen und Defekte aufweisen. Da die Überprüfung aller Maschinen sehr viel Zeit beansprucht, beschränkt man sich auf die Kontrolle von 1o zufällig ausgewählten Maschinen.
Mit wieviel defekten Maschinen muß man mit 95 % Wahrscheinlichkeit in dieser Stichprobe mindestens rechnen?

Lösung:

a) 1. Nominale Verteilung. Merkmalsausprägungen: defekt, nicht defekt.

2. Maßzahl aus einer Verteilung: Anteil der defekten Elektrogeräte.

3. Schätzverfahren: Zahl der defekten Elektrogeräte wird geschätzt.

4. Direkter Schluß: Vom Anteil der Ausgangsverteilung $\pi = 0,30$ wird auf den Stichprobenanteil geschlossen.

b) 5. Modell: ohne Zurücklegen.

6. $N = 20$

7. $n / N = 10 / 20 > 0,04$

8. $$\frac{n\,(N - n) + N\pi\,(N - N\pi)}{N^2} =$$

$$= \frac{10\,(20 - 10) + 20 \cdot 0,30\,(20 - 20 \cdot 0,30)}{20^2} = 0,46 > 0,04$$

9. $\min \{n\pi ;\ n\,(1 - \pi)\} = \min \{10 \cdot 0,3;\ 10\,(1 - 0,3)\} = 3 < 4$

10. Hypergeometrische Verteilung

c) 11. Einseitiger Zufallsbereich

12. $$p_u = \frac{x_u}{n} = \frac{x_u}{10}$$

13. x_u aus $\sum_{x=0}^{x_u-1} \varphi(x) \leq \alpha < \sum_{x=0}^{x_u} \varphi(x)$

$$\varphi(x) = \frac{\binom{N\pi}{x}}{\binom{N}{n}} \binom{N - N\pi}{n - x} =$$

$$= \frac{N\pi!\,n!\,(N-N\pi)!\,(N-n)!}{(N\pi - x)!\,(n-x)!\,x!\,N!\,(N - N\pi - n + x)!}$$

Für N = 2o; n = 1o; π = o,3; $N\pi$ = 2o . o,3 = 6; und

x = o, 1, 2, 3, 4, 5, 6;

ergeben sich folgende Wahrscheinlichkeiten (auf 4 Dezimalstellen gerundet):

x_i	$\varphi(x)$	$\sum_{x=0}^{i} \varphi(x)$
o	o,oo54	o,oo54
1	o,o65o	o,o7o4 (= o,oo54 + o,o65o)
2	o,2438	o,3142 (= o,oo54 + o,o65o + o,2438
3	o,3716	o,6858
4	o,2438	o,9296
5	o,o65o	o,9946
6	o,oo54	1,oooo

$$\sum_{x=0}^{o} \varphi(x) = o,oo54 < o,o5 < o,o7o4 = \sum_{x=0}^{1} \varphi(x)$$

$$x_u = 1 ; \quad p_u = \frac{1}{1o} = o,1o$$

14. Mit 95 % Wahrscheinlichkeit (genau: mit 99,46 %) sind in der Stichprobe mindestens 1o % (oder anders ausgedrückt 1 Stück) defekt.

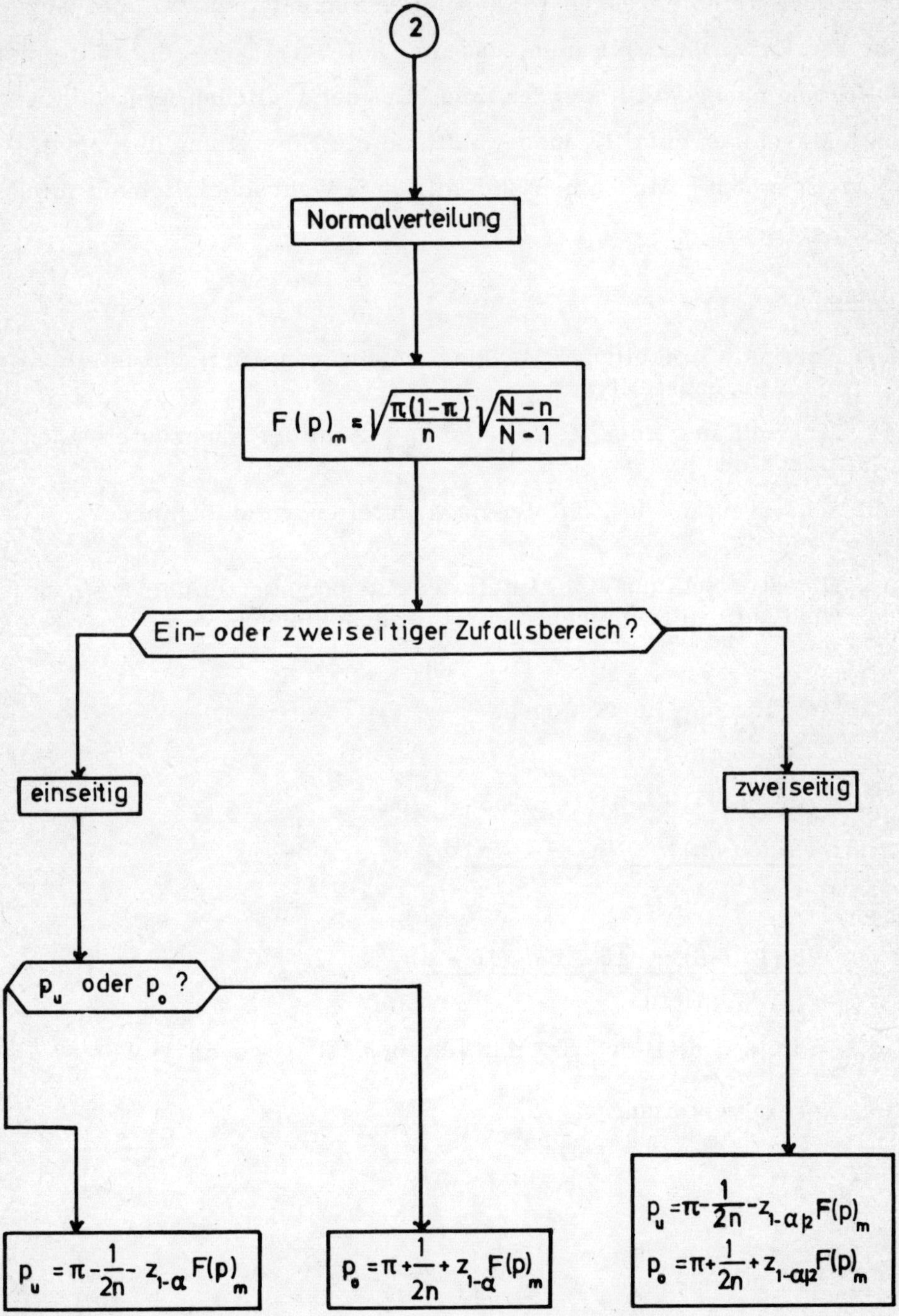
2
Normalverteilung
$F(p)_m = \sqrt{\frac{\pi(1-\pi)}{n}}\sqrt{\frac{N-n}{N-1}}$
Ein- oder zweiseitiger Zufallsbereich?
einseitig
zweiseitig
p_u oder p_o ?
$p_u = \pi - \frac{1}{2n} - z_{1-\alpha} F(p)_m$
$p_o = \pi + \frac{1}{2n} + z_{1-\alpha} F(p)_m$
$p_u = \pi - \frac{1}{2n} - z_{1-\alpha/2} F(p)_m$
$p_o = \pi + \frac{1}{2n} + z_{1-\alpha/2} F(p)_m$

2. Aufgabe:

In einem Betrieb erzeugen 16 Maschinen Serienfabrikate. Aus langjähriger Erfahrung weiß man, daß im Laufe des Tages die Hälfte der Maschinen nachgestellt werden muß. Bei der täglichen Kontrolle werden 8 Maschinen zufällig ausgewählt und die Einstellung überprüft. Wieviel von den 8 Maschinen sind mit 95 % Wahrscheinlichkeit mindestens nachzustellen?

Lösung:

a) 1. Nominale Verteilung. Merkmalsausprägungen: nachzustellen, nicht nachzustellen.

2. Maßzahl aus einer Verteilung: np = Zahl der nachzustellenden Maschinen.

3. Schätzverfahren: Zahl der nachzustellenden Maschinen wird geschätzt.

4. Direkter Schluß: Vom Anteil der Ausgangsverteilung $\pi = 0,5$ wird auf den Stichprobenanteil p geschlossen.

b) 5. Modell: ohne Zurücklegen.

6. $N = 16$

7. $n / N = 8 / 16 = 0,50 > 0,04$

8. $$\frac{n (N - n) + N\pi(N - N\pi)}{N^2} =$$

$$= \frac{8 (16 - 8) + 16 \cdot 0,5 (16 - 8)}{16^2} = 0,50 > 0,04$$

9. $\min \{n\pi; n (1 - \pi)\} = \min \{8 \cdot 0,5; 8 (1 - 0,5)\} = 4 = 4$

1o. Normalverteilung

c) 11. Einseitiger Zufallsbereich

12. $p_u = \pi - \frac{1}{2n} - z_{1-\alpha} \cdot F(p)_m$

$$z_{1-\alpha} = z_{0,95} = 1,65$$

$$F(p)_m = \sqrt{\frac{\pi(1-\pi)}{n}}\sqrt{\frac{N-n}{N-1}} = \sqrt{\frac{o,5\ (1-0,5)}{8}}\sqrt{\frac{16-8}{16-1}} = 0,129$$

$$p_u = 0,5 - \frac{1}{2 \cdot 8} - 1,65 \cdot 0,129 = 0,22$$

$$np_u = 8 \cdot 0,22 = 1,76$$

13. Mit 95 % Wahrscheinlichkeit sind mindestens 2 der 8 Maschinen nachzustellen.

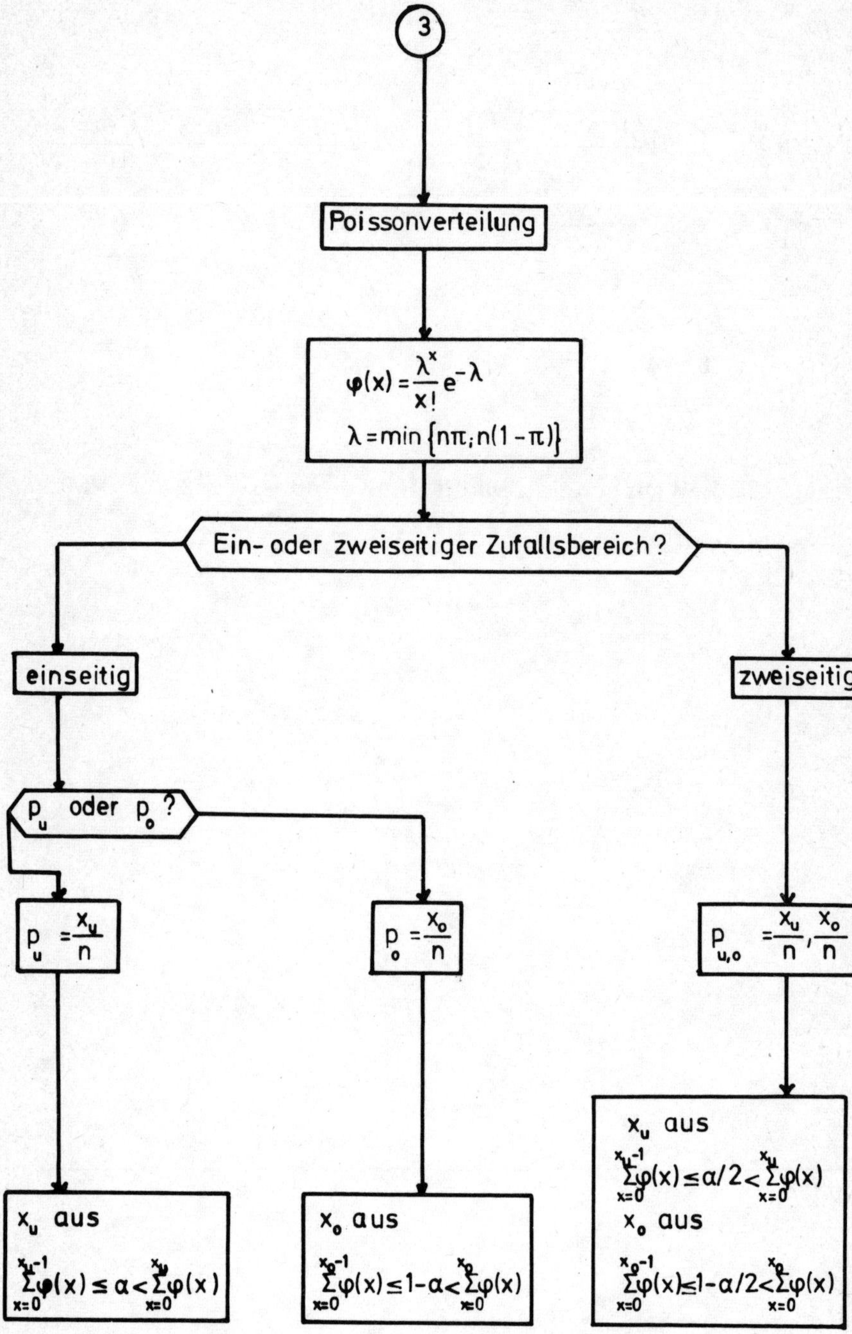
3
Poissonverteilung
$\varphi(x) = \frac{\lambda^x}{x!} e^{-\lambda}$
$\lambda = \min\{n\pi; n(1-\pi)\}$
Ein- oder zweiseitiger Zufallsbereich?
einseitig
zweiseitig
p_u oder p_o?
$p_u = \frac{x_u}{n}$
$p_o = \frac{x_o}{n}$
$p_{u,o} = \frac{x_u}{n}, \frac{x_o}{n}$
x_u aus
$\sum_{x=0}^{x_u-1} \varphi(x) \leq \alpha < \sum_{x=0}^{x_u} \varphi(x)$
x_o aus
$\sum_{x=0}^{x_o-1} \varphi(x) \leq 1-\alpha < \sum_{x=0}^{x_o} \varphi(x)$
x_u aus
$\sum_{x=0}^{x_u-1} \varphi(x) \leq \alpha/2 < \sum_{x=0}^{x_u} \varphi(x)$
x_o aus
$\sum_{x=0}^{x_o-1} \varphi(x) \leq 1-\alpha/2 < \sum_{x=0}^{x_o} \varphi(x)$

3. Aufgabe:

Ein Großhändler hat mit dem Produzenten für Glühlampen vereinbart, daß er jeweils 1 % der Lieferung kontrolliert. Vertragsgemäß darf eine Lieferung nur 3 % Ausschuß enthalten. Wieviel unbrauchbare Glühlampen darf eine Stichprobe aus einer Sendung mit 95 % Wahrscheinlichkeit höchstens enthalten, damit die Lieferung vom Großhändler noch akzeptiert wird?

Lösung:

a) 1. Nominale Verteilung. Merkmalsausprägungen: brauchbar, unbrauchbar.

2. Maßzahl aus einer Verteilung: Anteil der unbrauchbaren Glühlampen.

3. Schätzverfahren: Zahl der unbrauchbaren Glühlampen wird geschätzt.

4. Direkter Schluß: Vom Anteil der Ausgangsverteilung $\pi = 0,03$ wird auf den Stichprobenanteil geschlossen.

b) 5. Modell: ohne Zurücklegen.

6. $N = 10\,000$

7. $n / N = 100 / 10\,000 = 0,01 < 0,04$

8. $n = 100 > 10$

9. $\pi (1 - \pi) = 0,03 \cdot 0,97 = 0,0291 < 0,03$

10. Poissonverteilung

c) 11. Einseitiger Zufallsbereich

12. $p_o = \frac{x_o}{n} = \frac{x_o}{100}$

x_o aus $\sum_{x=0}^{x_o - 1} \varphi(x) \leq 1 - \alpha < \sum_{x=0}^{x_o} \varphi(x)$

$\varphi(x) = \frac{\lambda^x}{x!} \cdot e^{-\lambda}$; $\lambda = \min\{n\pi\ ; n(1-\pi)\} =$

$= \min\ \{100 \cdot 0{,}03;\ 100\ (1 - 0{,}03)\}$

$= \min\ \{3\ ;\ 97\} = 3$

Für $\lambda = 3$ und x = 0, 1, 2, 3, 4, 5, 6, 7, 8, 9, 10, 11, 12 ergeben sich folgende Wahrscheinlichkeiten (auf 4 Dezimalstellen gerundet):

x_i	$\varphi(x)$	$\sum_{x=0}^{12} \varphi(x)$
0	0,0498	0,0498
1	0,1494	0,1991
2	0,2240	0,4232
3	0,2240	0,6472
4	0,1680	0,8153
5	0,1008	0,9161
6	0,0504	0,9665
7	0,0216	0,9881
8	0,0081	0,9962
9	0,0027	0,9989
10	0,0008	0,9997
11	0,0002	0,9999
12	0,0001	1,0000

$$\sum_{x=0}^{5} \varphi(x) = 0{,}9161 < 0{,}9500 < 0{,}9665 = \sum_{x=0}^{6} \varphi(x)$$

$x_o = 6$; $p_o = \frac{6}{100} = 0{,}06$

13. In der Stichprobe von 100 Stück dürfen mit 95 % Wahrscheinlichkeit höchstens 6 Stück (oder 6 %) fehlerhaft sein.

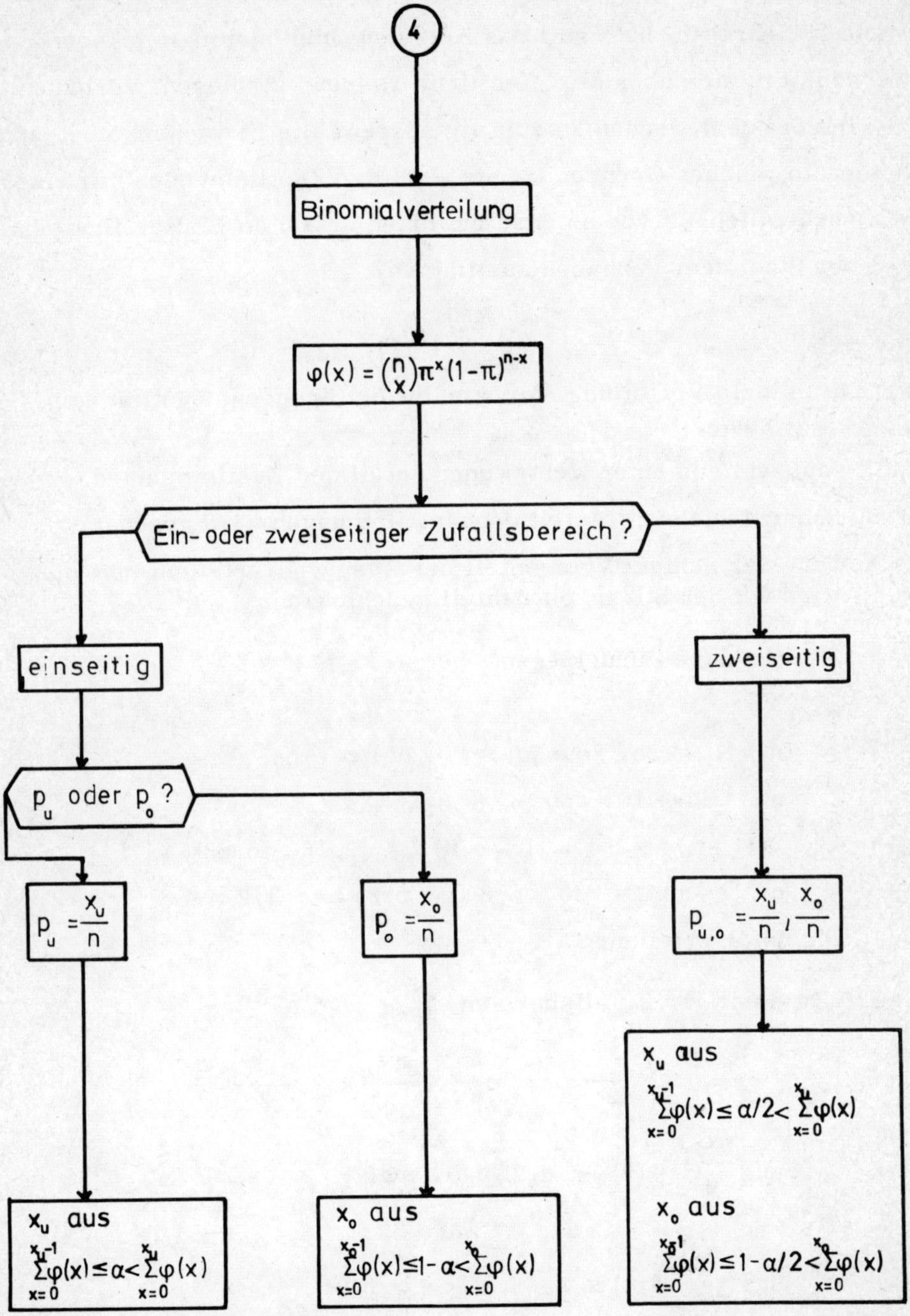
4
Binomialverteilung
$\varphi(x) = \binom{n}{x}\pi^x(1-\pi)^{n-x}$
Ein- oder zweiseitiger Zufallsbereich?
einseitig
zweiseitig
p_u oder p_o?
$p_u = \frac{x_u}{n}$
$p_o = \frac{x_o}{n}$
$p_{u,o} = \frac{x_u}{n}, \frac{x_o}{n}$
x_u aus
$\sum_{x=0}^{x_u-1}\varphi(x) \leq \alpha < \sum_{x=0}^{x_u}\varphi(x)$
x_o aus
$\sum_{x=0}^{x_o-1}\varphi(x) \leq 1-\alpha < \sum_{x=0}^{x_o}\varphi(x)$
x_u aus
$\sum_{x=0}^{x_u-1}\varphi(x) \leq \alpha/2 < \sum_{x=0}^{x_u}\varphi(x)$
x_o aus
$\sum_{x=0}^{x_o-1}\varphi(x) \leq 1-\alpha/2 < \sum_{x=0}^{x_o}\varphi(x)$

4. Aufgabe:

In einer Stadt, die ca. 2o.ooo erwachsene Einwohner (d. h. mindestens 18 Jahre alt) hat, soll das Netz der Omnibuslinien geändert werden. Um sich über die öffentliche Meinung zu diesem Vorhaben zu informieren, werden 2o zufällig ausgewählte Erwachsene befragt. Innerhalb welcher Grenzen ist die Zahl der Zustimmungen mit einer Wahrscheinlichkeit von 95 % zu erwarten, wenn 8o % aller Erwachsenen der Stadt dem Vorhaben zustimmen?

Lösung:

a) 1. Nominale Verteilung. Merkmalsausprägungen: Zustimmung, Ablehnung.

2. Maßzahl aus einer Verteilung: Anteil der Zustimmungen.

3. Schätzverfahren: Anteil der Zustimmungen wird geschätzt.

4. Direkter Schluß: Vom Anteil der Ausgangsverteilung $\pi = 0,8$ wird auf den Stichprobenanteil geschlossen.

b) 5. Modell: ohne Zurücklegen.

6. $N = 20.000$

7. $n / N = 20 / 20.000 = 0,001 < 0,04$

8. $n = 20 > 10$

9. $\pi(1-\pi) = 0,8\,(1-0,8) = 0,16 > 0,03$

1o. $n\pi\,(1-\pi) = 20 \cdot 0,8\,(1-0,8) = 3,2 < 4$

11. Binomialverteilung

c) 12. Zweiseitiger Zufallsbereich

13. $p_u = \frac{x_u}{n} = \frac{x_u}{20}$; $p_o = \frac{x_o}{n} = \frac{x_o}{20}$

$$x_u \text{ aus } \sum_{x=0}^{x_u-1} \varphi(x) \leq \alpha/2 < \sum_{x=0}^{x_u} \varphi(x)$$

$$x_o \text{ aus } \sum_{x=0}^{x_o-1} \varphi(x) \leq 1-\alpha/2 < \sum_{x=0}^{x_o} \varphi(x)$$

$$\varphi(x) = \binom{n}{x} \pi^{x} (1 - \pi)^{n-x}$$

Für π = o,8, n = 2o und x = 2o, 19, 18, ..., 8 ergeben sich folgende Wahrscheinlichkeiten (auf 4 Dezimalstellen gerundet):

x_i	$\varphi(x)$	$\sum_{x=0}^{i} \varphi(x)$
8	o,ooo1	o,ooo1
9	o,ooo5	o,ooo6
1o	o,oo2o	o,oo26
11	o,oo74	o,o1oo
12	o,o222	o,o322
13	o,o545	o,o867
.	.	.
.	.	.
.	.	.
18	o,1369	o,93o8
19	o,o576	o,9885
2o	o,o115	1,oooo

$$\sum_{x=0}^{11} \varphi(x) = 0,0100 < 0,0250 < 0,0322 = \sum_{x=0}^{12} \varphi(x) \rightarrow x_u = 12$$

$$\sum_{x=0}^{18} \varphi(x) = 0,9308 < 0,9750 < 0,9885 = \sum_{x=0}^{19} \varphi(x) \rightarrow x_o = 19$$

14. Mit 95 % Wahrscheinlichkeit (genau: 97,85) liegt die Zahl der Zustimmungen in der Stichprobe zwischen 12 und 19, wenn 8o % aller Erwachsenen der Stadt das Vorhaben positiv beurteilen.

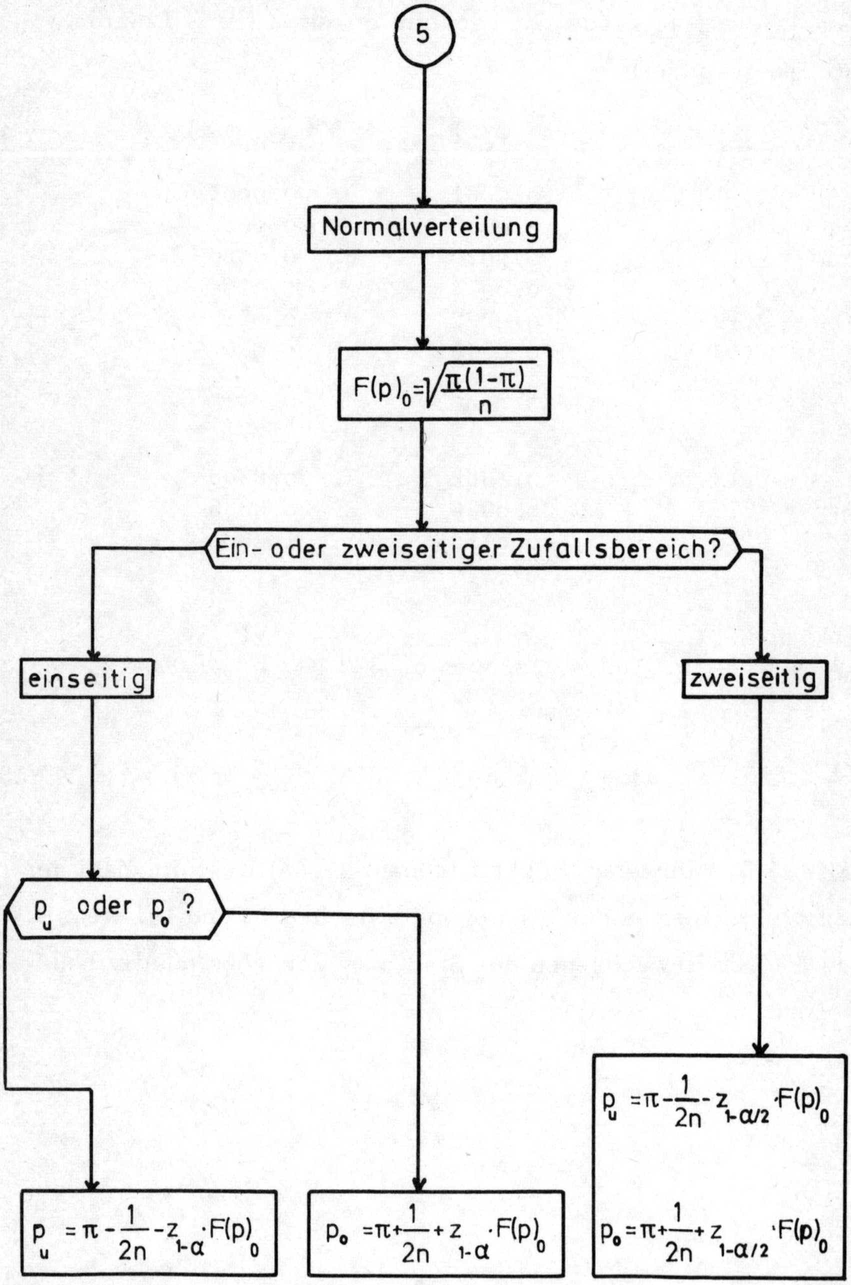

5
Normalverteilung
$F(p)_0=\sqrt{\frac{\pi(1-\pi)}{n}}$
Ein- oder zweiseitiger Zufallsbereich?
einseitig
zweiseitig
p_u oder p_o ?
$p_u=\pi-\frac{1}{2n}-z_{1-\alpha/2}\cdot F(p)_0$
$p_o=\pi+\frac{1}{2n}+z_{1-\alpha/2}\cdot F(p)_0$
$p_u=\pi-\frac{1}{2n}-z_{1-\alpha}\cdot F(p)_0$
$p_o=\pi+\frac{1}{2n}+z_{1-\alpha}\cdot F(p)_0$

5. Aufgabe:

In einer Stadt sind 3o. ooo Kraftfahrzeuge zugelassen. 4o % haben eine Zulassungsnummer unter 1oo. ooo. In der Hauptstraße wird während der 24 Stunden eines Tages eine Verkehrszählung durchgeführt. Wieviel Fahrzeuge mit einer Zulassungsnummer unter 1oo. ooo kann man mit 95 % Wahrscheinlichkeit mindestens erwarten, wenn man das jeweils zuerst registrierte Fahrzeug jeder Stunde heranzieht?

Lösung:

a) 1. Nominale Verteilung. Merkmalsausprägungen: unter 1oo. ooo, über 1oo. ooo.

2. Maßzahl aus einer Verteilung: Anteil der Fahrzeuge mit Zulassungsnummern unter 1oo. ooo.

3. Schätzverfahren: Zahl der Fahrzeuge mit Zulassungsnummern unter 1oo. ooo wird geschätzt.

4. Direkter Schluß: Anteil der Ausgangsverteilung ist bekannt. $\pi = 0,4$. Stichprobenanteil ist gesucht.

b) 5. Modell: mit Zurücklegen.

6. $n = 24 > 10$

7. $\pi(1 - \pi) = 0,4\,(1 - 0,4) = 0,24 > 0,03$

8. $n\pi(1 - \pi) = 24 \,.\, 0,24 = 5,76 > 4$

9. Normalverteilung

c) 1o. Einseitiger Zufallsbereich

11. $p_u = \pi - \frac{1}{2n} - z_{1-\alpha} \,.\, F(p)_o$

$$z_{1-\alpha} = z_{0,95} = 1,645$$

$$F(p)_o = \sqrt{\frac{\pi(1 - \pi)}{n}} = \sqrt{\frac{o,4\,(1 - 0,4)}{24}} = 0,1$$

$$p_u = 0,4 - \frac{1}{2 \,.\, 24} - 1,645 \,.\, 0,1 = 0,21$$

$$np_u = 24 \,.\, 0,21 = 5$$

12. Mindestens 5 Fahrzeuge mit einer Zulassungsnummer unter 1oo. ooo kann man in einer Stichprobe von 24 Fahrzeugen mit 95 % Wahrscheinlichkeit erwarten.

3. Indirekter Schluß

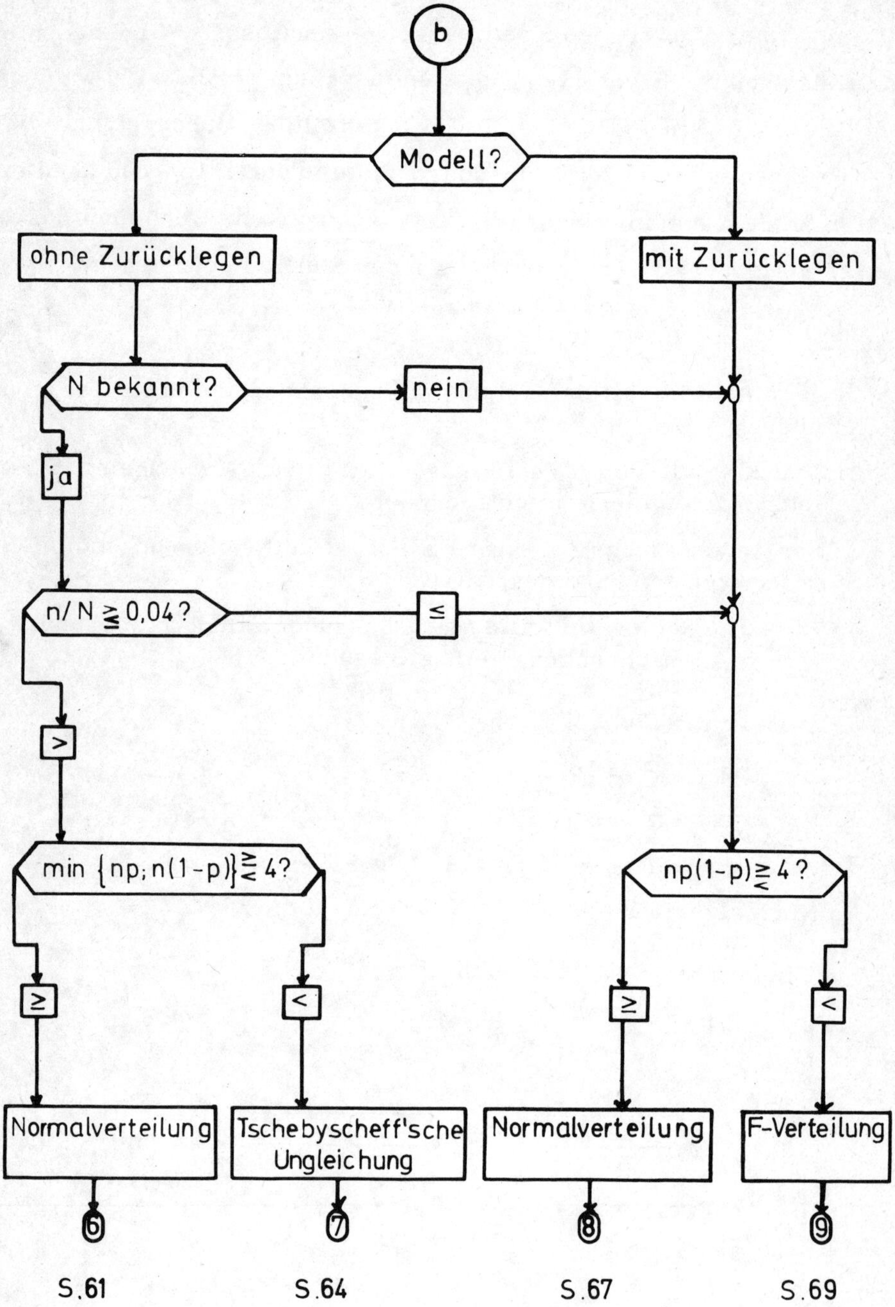

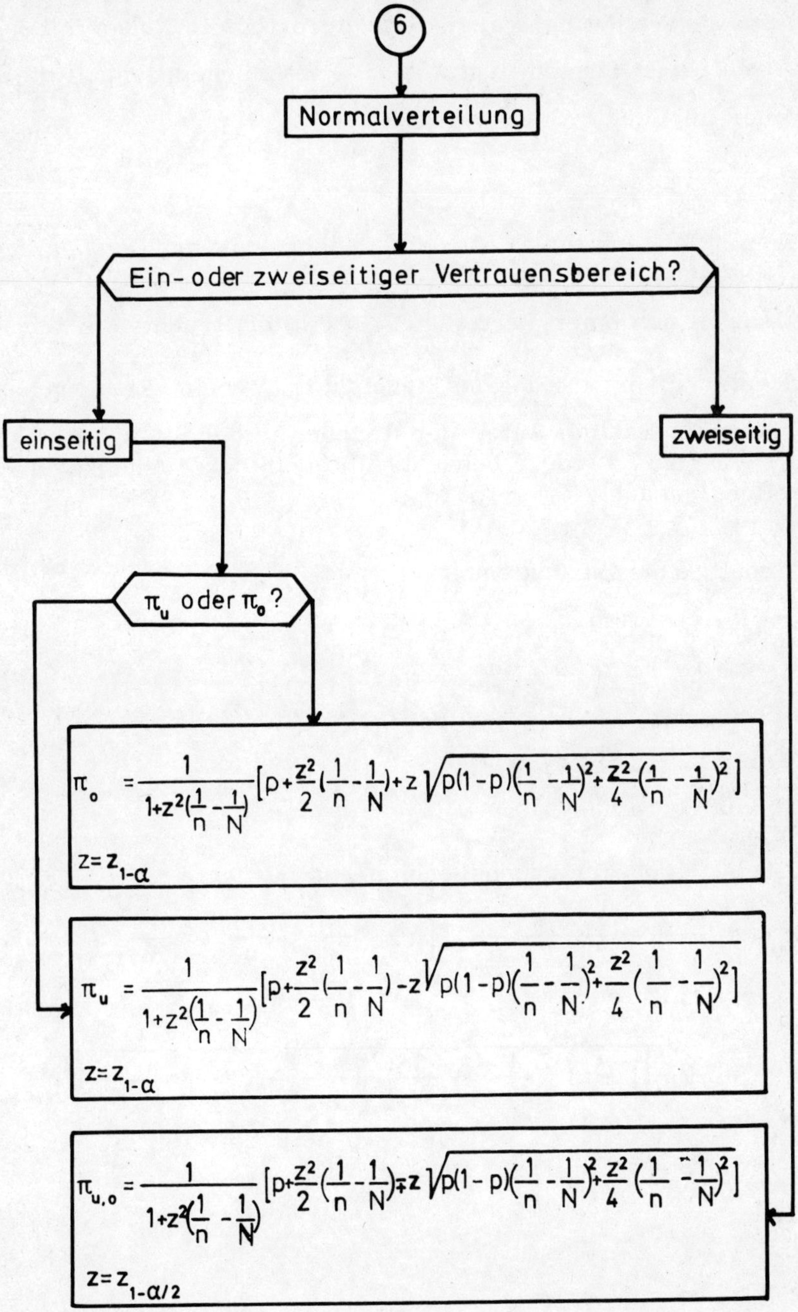
6
Normalverteilung
Ein- oder zweiseitiger Vertrauensbereich?
einseitig
zweiseitig
π_u oder π_o?
$\pi_o = \frac{1}{1+z^2(\frac{1}{n}-\frac{1}{N})}\left[p+\frac{z^2}{2}(\frac{1}{n}-\frac{1}{N})+z\sqrt{p(1-p)(\frac{1}{n}-\frac{1}{N})^2+\frac{z^2}{4}(\frac{1}{n}-\frac{1}{N})^2}\right]$
$z = z_{1-\alpha}$
$\pi_u = \frac{1}{1+z^2(\frac{1}{n}-\frac{1}{N})}\left[p+\frac{z^2}{2}(\frac{1}{n}-\frac{1}{N})-z\sqrt{p(1-p)(\frac{1}{n}-\frac{1}{N})^2+\frac{z^2}{4}(\frac{1}{n}-\frac{1}{N})^2}\right]$
$z = z_{1-\alpha}$
$\pi_{u,o} = \frac{1}{1+z^2(\frac{1}{n}-\frac{1}{N})}\left[p+\frac{z^2}{2}(\frac{1}{n}-\frac{1}{N})\mp z\sqrt{p(1-p)(\frac{1}{n}-\frac{1}{N})^2+\frac{z^2}{4}(\frac{1}{n}-\frac{1}{N})^2}\right]$
$z = z_{1-\alpha/2}$

6. Aufgabe:

In einem Verein mit 4oo Mitgliedern werden 2o zufällig ausgewählt und gefragt, ob sie Raucher sind. 5 beantworten die Frage mit ja. Innerhalb welcher Grenzen liegt mit 95 % Wahrscheinlichkeit die Zahl der Raucher im Verein?

Lösung:

a) 1. Nominale Verteilung. Merkmalsausprägungen: Raucher, Nichtraucher.

2. Maßzahl aus einer Verteilung: Anteil der Raucher im Verein.

3. Schätzverfahren: Zahl der Raucher im Verein wird geschätzt.

4. Indirekter Schluß: Anteil der Raucher in der Stichprobe $p = 5 / 2o = o,25$ bekannt. Anteil in der Ausgangsverteilung gesucht.

b) 5. Modell: ohne Zurücklegen.

6. $N = 4oo$

7. $n / N = 2o / 4oo = o,o5 > o,o4$

8. $\min \{np ; n(1-p)\} = \min \{20 \cdot 5/20 ; 2o(1-5/20)\} =$
$= \min \{5 ; 15\} = 5 > 4$

9. Normalverteilung

c) 1o. Zweiseitiger Vertrauensbereich

11. $$\pi_u = \frac{1}{1 + z^2 \left(\frac{1}{n} - \frac{1}{N}\right)} \left[p + \frac{z^2}{2} \left(\frac{1}{n} - \frac{1}{N}\right) - z \sqrt{p(1-p)\left(\frac{1}{n} - \frac{1}{N}\right)^2 + \frac{z^2}{4}\left(\frac{1}{n} - \frac{1}{N}\right)^2} \right]$$

$z_{1-\alpha/2} = z_{o,975} = 1,96 \ ; \ p = 5/2o = o,25$

$$\pi_u = \frac{1}{1 + 1,96^2 \left(\frac{1}{2o} - \frac{1}{4oo}\right)} \left[o,25 + \frac{1,96^2}{2} \left(\frac{1}{2o} - \frac{1}{4oo}\right) - \right.$$

$$\left. - 1,96 \sqrt{o,25 (1 - o,25) \left(\frac{1}{2o} - \frac{1}{4oo}\right)^2 + \frac{1,96^2}{4} \left(\frac{1}{2o} - \frac{1}{4oo}\right)^2} \right] =$$

$$= o,20$$

$$\pi_o = \frac{1}{1 + 1,96^2 \left(\frac{1}{2o} - \frac{1}{4oo}\right)} \left[o,25 + \frac{1.96^2}{2} \left(\frac{1}{2o} - \frac{1}{4oo}\right) + \right.$$

$$\left. + 1,96 \sqrt{o,25 (1 - o,25) \left(\frac{1}{2o} - \frac{1}{4oo}\right)^2 + \frac{1,96^2}{4} \left(\frac{1}{2o} - \frac{1}{4oo}\right)^2} \right] =$$

$$= o,37$$

12. Mit 95 % Wahrscheinlichkeit liegt der Anteil der Raucher im Verein zwischen 2o und 37 %. Die Zahl der Raucher liegt daher zwischen 8o (= $N \cdot \pi_u$ = 4oo . o,2o) und 148 (= $N \cdot \pi_o$ = 4oo . o,37).

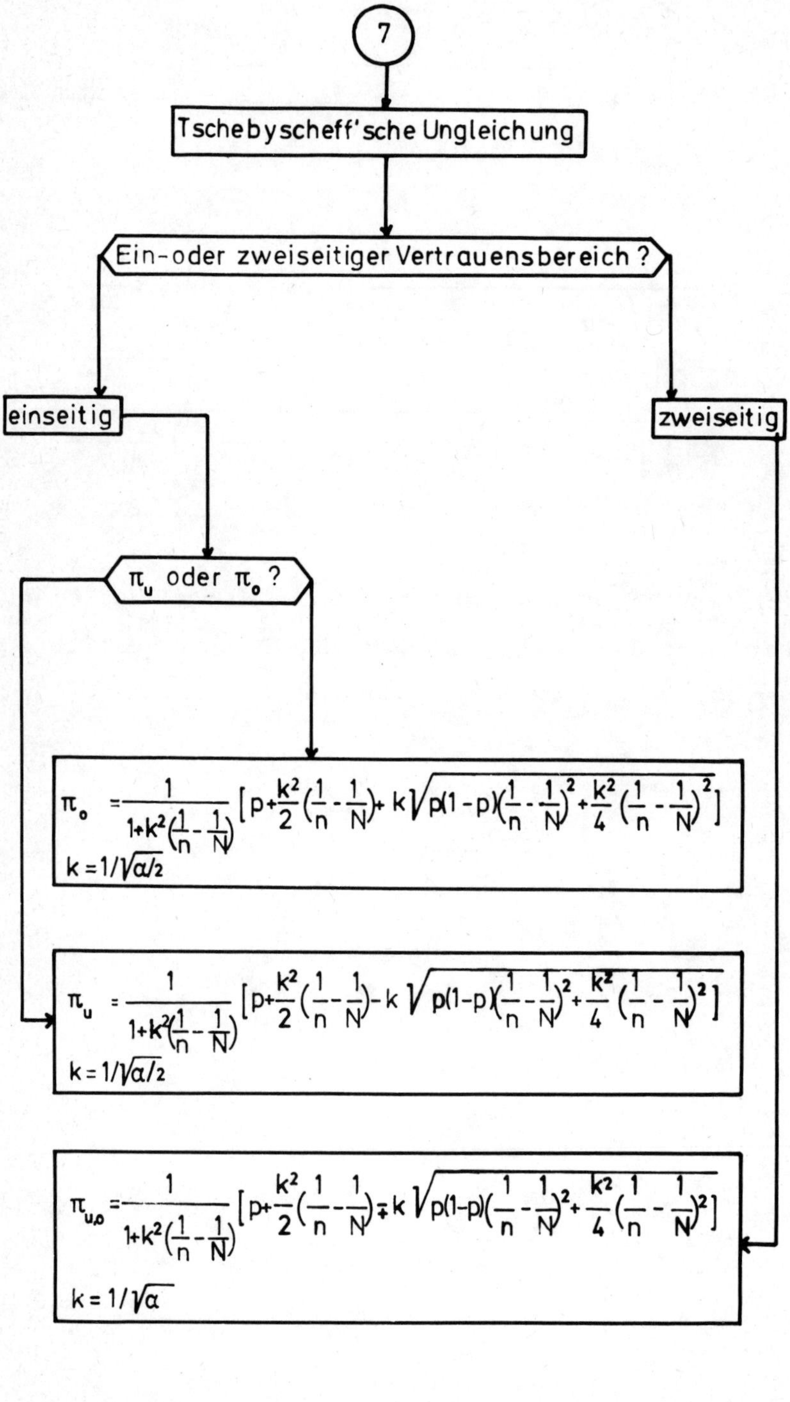
7
Tschebyscheff'sche Ungleichung
Ein- oder zweiseitiger Vertrauensbereich?
einseitig
zweiseitig
π_u oder π_o?
$\pi_o = \frac{1}{1+k^2(\frac{1}{n}-\frac{1}{N})}\left[p+\frac{k^2}{2}(\frac{1}{n}-\frac{1}{N})+k\sqrt{p(1-p)(\frac{1}{n}-\frac{1}{N})^2+\frac{k^2}{4}(\frac{1}{n}-\frac{1}{N})^2}\right]$
$k = 1/\sqrt{\alpha/2}$
$\pi_u = \frac{1}{1+k^2(\frac{1}{n}-\frac{1}{N})}\left[p+\frac{k^2}{2}(\frac{1}{n}-\frac{1}{N})-k\sqrt{p(1-p)(\frac{1}{n}-\frac{1}{N})^2+\frac{k^2}{4}(\frac{1}{n}-\frac{1}{N})^2}\right]$
$k = 1/\sqrt{\alpha/2}$
$\pi_{u,o} = \frac{1}{1+k^2(\frac{1}{n}-\frac{1}{N})}\left[p+\frac{k^2}{2}(\frac{1}{n}-\frac{1}{N})\mp k\sqrt{p(1-p)(\frac{1}{n}-\frac{1}{N})^2+\frac{k^2}{4}(\frac{1}{n}-\frac{1}{N})^2}\right]$
$k = 1/\sqrt{\alpha}$

7. Aufgabe:

Aus einem Manuskript von 1oo Seiten wurden 1o zufällig ausgewählt und nach Tippfehlern untersucht. 8 Seiten waren fehlerlos. Mit wieviel fehlerhaften Seiten muß man mindestens rechnen, wenn man mit 95 % Wahrscheinlichkeit auf alle Seiten schließt?

Lösung:

a) 1. Nominale Verteilung. Merkmalsausprägungen: Seiten mit und ohne Tippfehler.

2. Maßzahl aus einer Verteilung: Anteil der fehlerhaften Seiten.

3. Schätzverfahren: Zahl der fehlerhaften Seiten wird geschätzt.

4. Indirekter Schluß: Stichprobenanteil p = 2/1o bekannt, Anteil π in der Ausgangsverteilung gesucht.

b) 5. Modell: ohne Zurücklegen.

6. $N = 100$

7. $n / N = 10 / 100 = 0,1 > 0,04$

8. $\min\{np; n(1-p)\} = \min\{10 \cdot 2/10; 1o(1 - 2/10)\} =$
$= \min\{2; 8\} = 2 < 4$

9. Tschebyscheff'sche Ungleichung

c) 1o. Einseitiger Vertrauensbereich

11. $$\pi_u = \frac{1}{1 + k^2\left(\frac{1}{n} - \frac{1}{N}\right)} \left[p + \frac{k^2}{2}\left(\frac{1}{n} - \frac{1}{N}\right) - k\sqrt{p(1-p)\left(\frac{1}{n} - \frac{1}{N}\right)^2 + \frac{k^2}{4}\left(\frac{1}{n} - \frac{1}{N}\right)^2} \right]$$

$p = 0,20 \; ; \; k = 1/\sqrt{\alpha/2} = 1/\sqrt{o,05/2} = 6,32$

$$\pi_u = \frac{1}{1 + 6{,}32^2 \left(\frac{1}{10} - \frac{1}{100}\right)} \left[0{,}2 + \frac{6{,}32^2}{2} \left(\frac{1}{10} - \frac{1}{100}\right) - \right.$$

$$\left. - 6{,}32 \sqrt{0{,}2\,(1 - 0{,}2)\left(\frac{1}{10} - \frac{1}{100}\right)^2 + \frac{6{,}32^2}{4}\left(\frac{1}{10} - \frac{1}{100}\right)^2} \right] =$$

$$= 0{,}04$$

12. Mit 95 % Wahrscheinlichkeit muß man bei 100 Manuskriptseiten mit mindestens 4 ($= N \cdot \pi_u = 100 \cdot 0{,}04$) fehlerhaften Seiten rechnen.

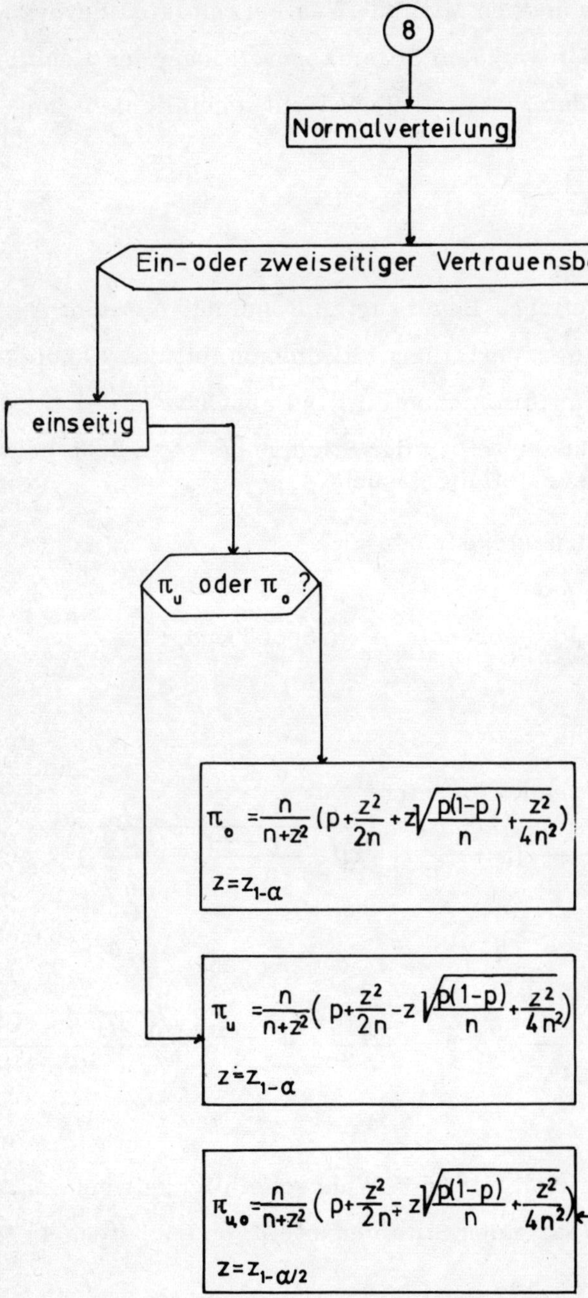
8
Normalverteilung
Ein- oder zweiseitiger Vertrauensbereich?
einseitig
zweiseitig
π_u oder π_o?
$\pi_o = \frac{n}{n+z^2}\left(p + \frac{z^2}{2n} + z\sqrt{\frac{p(1-p)}{n} + \frac{z^2}{4n^2}}\right)$
$z = z_{1-\alpha}$
$\pi_u = \frac{n}{n+z^2}\left(p + \frac{z^2}{2n} - z\sqrt{\frac{p(1-p)}{n} + \frac{z^2}{4n^2}}\right)$
$z = z_{1-\alpha}$
$\pi_{u,o} = \frac{n}{n+z^2}\left(p + \frac{z^2}{2n} \mp z\sqrt{\frac{p(1-p)}{n} + \frac{z^2}{4n^2}}\right)$
$z = z_{1-\alpha/2}$

8. Aufgabe:

Bei einer Befragung von 3o zufällig ausgewählten Wahlberechtigten eines Landes mit einer halben Million Wahlberechtigten bevorzugen 9 den Kandidaten A. Mit welchem Stimmenanteil kann der Kandidat A bei der bevorstehenden Wahl mit 95 % Wahrscheinlichkeit höchstens rechnen?

Lösung:

a) 1. Nominale Verteilung. Bevorzugter Kandidat: A, nicht A.

2. Maßzahl aus einer Verteilung: Stimmenanteil des Kandidaten A.

3. Schätzverfahren: Stimmenanteil wird geschätzt.

4. Indirekter Schluß: Anteil in der Stichprobe p = 9/3o bekannt, in der Ausgangsverteilung gesucht.

b) 5. Modell: ohne Zurücklegen.

6. $N = 500.000$

7. $n / N = 30 / 500.000 = 0,00006 < 0,04$

8. $np(1 - p) = 30 \cdot 9/30\,(1 - 9/30) = 6,3 > 4$

9. Normalverteilung

c) 1o. Einseitiger Vertrauensbereich

11. $$\pi_o = \frac{n}{n + z^2}\left(p + \frac{z^2}{2n} + z\sqrt{\frac{p\,(1 - p)}{n} + \frac{z^2}{4n^2}}\right)$$

$p = 9/30 = 0,3\;;\; z = z_{1-\alpha} = z_{0,95} = 1,645$

$$\pi_o = \frac{30}{30 + 1,645^2}\left(0,3 + \frac{1,645^2}{2 \cdot 30} + 1,645\sqrt{\frac{o,3(1 - 0,3)}{30} + \frac{1,645^2}{4 \cdot 3o^2}}\right)$$

$\pi_o = 0,45$

12. Der Kandidat A kann mit 95 % Wahrscheinlichkeit bei der bevorstehenden Wahl einen Stimmenanteil von höchstens 45 % erwarten.

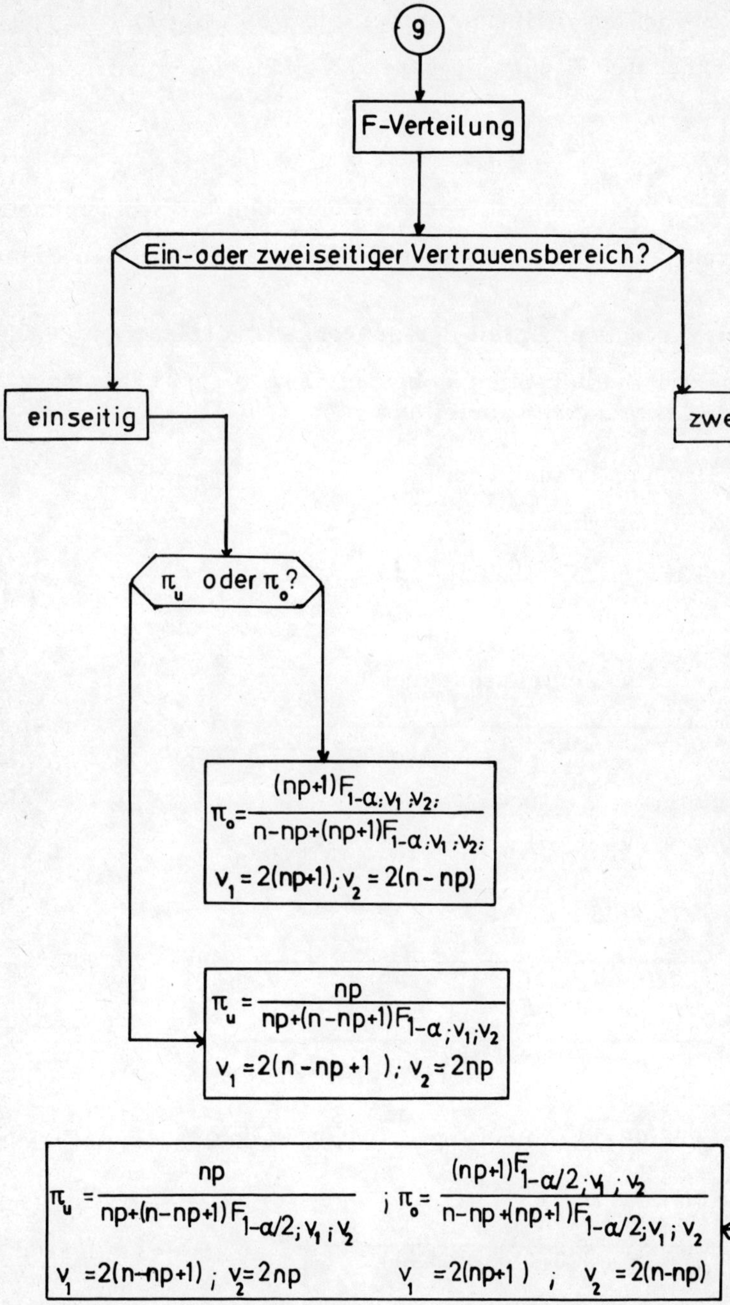
9
F-Verteilung
Ein-oder zweiseitiger Vertrauensbereich?
einseitig
zweiseitig
π_u oder π_o?
$\pi_o = \frac{(np+1)F_{1-\alpha;\nu_1;\nu_2}}{n-np+(np+1)F_{1-\alpha;\nu_1;\nu_2}}$
$\nu_1 = 2(np+1); \nu_2 = 2(n-np)$
$\pi_u = \frac{np}{np+(n-np+1)F_{1-\alpha;\nu_1;\nu_2}}$
$\nu_1 = 2(n-np+1); \nu_2 = 2np$
$\pi_u = \frac{np}{np+(n-np+1)F_{1-\alpha/2;\nu_1;\nu_2}}$; $\pi_o = \frac{(np+1)F_{1-\alpha/2;\nu_1;\nu_2}}{n-np+(np+1)F_{1-\alpha/2;\nu_1;\nu_2}}$
$\nu_1 = 2(n-np+1); \nu_2 = 2np$
$\nu_1 = 2(np+1); \nu_2 = 2(n-np)$

9. Aufgabe:

Ein Bienenforscher untersucht aus einem Volk 16 Bienen; davon leiden 4 oder 25 % an der Milbenkrankheit. In welchen Grenzen liegt der Anteil der erkrankten Bienen im ganzen Volk? $\alpha = 5\%$.

Lösung:

a) 1. Nominale Verteilung: Bienen mit und ohne Milbenkrankheit.

2. Maßzahl aus einer Verteilung: Anteil der erkrankten Bienen.

3. Schätzverfahren: Anteil der erkrankten Bienen wird geschätzt.

4. Indirekter Schluß: Stichprobenanteil $p = 0,25$ gegeben, Anteil der Ausgangsverteilung gesucht.

b) 5. Modell: ohne Zurücklegen.

6. N = unbekannt

7. $np(1-p) = 16 \cdot 4/16\,(1 - 4/16) = 3 < 4$

8. F - Verteilung

c) 9. Zweiseitiger Vertrauensbereich

1o. $\pi_u = \dfrac{np}{np + (n - np + 1) \cdot F_{1-\alpha/2;\, \nu_1;\, \nu_2}}$; $\nu_1 = 2(n - np + 1)$, $\nu_2 = 2\,np$

$F_{1-\alpha/2;\, \nu_1;\, \nu_2;} = F_{0,975;\, 2\,(16 - 16 \cdot 0,25 + 1);\; 2 \cdot 16 \cdot 0,25} =$

$= F_{0,975;26;8} = 3,93$

$$\pi_u = \frac{16 \cdot 0,25}{16 \cdot 0,25 + (16 - 16 \cdot 0,25 + 1) \cdot 3,93} = 0,073$$

$\pi_o = \dfrac{(np + 1)\, F_{1-\alpha/2;\, \nu_1;\, \nu_2}}{n - np + (np + 1)\, F_{1-\alpha/2;\, \nu_1;\, \nu_2}}$; $\nu_1 = 2(np + 1)$, $\nu_2 = 2(n - np)$

$F_{1-\alpha/2;\; 2(np+1);\; 2(n-np)} = F_{0,975;\; 2(16 \cdot 0,25+1;\; 2(16-16 \cdot 0,25)} =$

$= F_{0,975;10;24} = 2,64$

$$\pi_o = \frac{(16 \cdot 0,25 + 1) \cdot 2,64}{16 - 16 \cdot 0,25 + (16 \cdot 0,25+1) \cdot 2,64} = 0,524$$

11. Mit 95 % Wahrscheinlichkeit liegt der Anteil der erkrankten Bienen zwischen 7,3 und 52,4 Prozent.

4. Anpassungstest

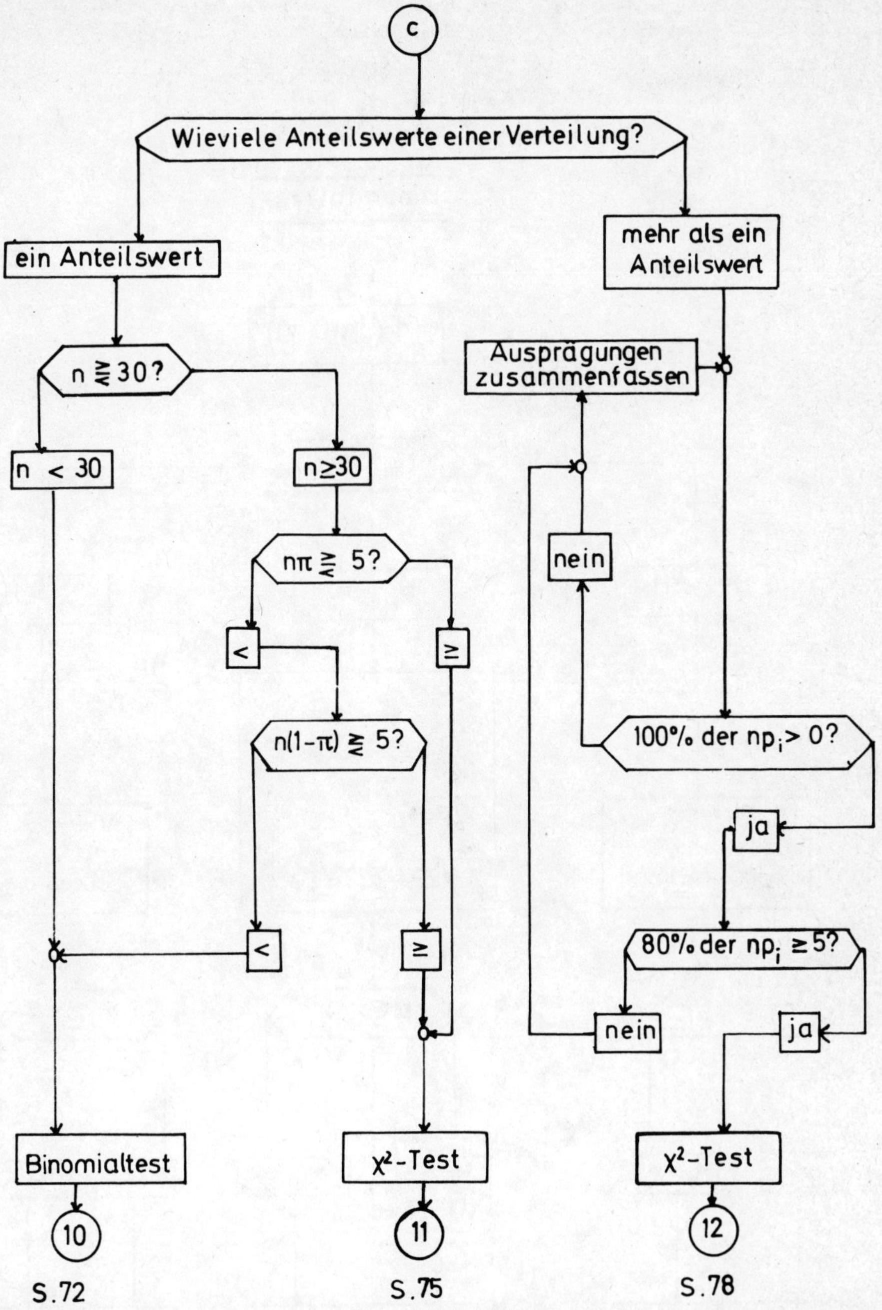
c
Wieviele Anteilswerte einer Verteilung?
ein Anteilswert
mehr als ein Anteilswert
n ≧ 30?
n < 30
n≥30
nπ ≧ 5?
<
≥
n(1−π) ≧ 5?
<
≥
Binomialtest
10
S.72
χ²-Test
11
S.75
Ausprägungen zusammenfassen
nein
100% der np_i > 0?
ja
80% der np_i ≥ 5?
nein
ja
χ²-Test
12
S.78

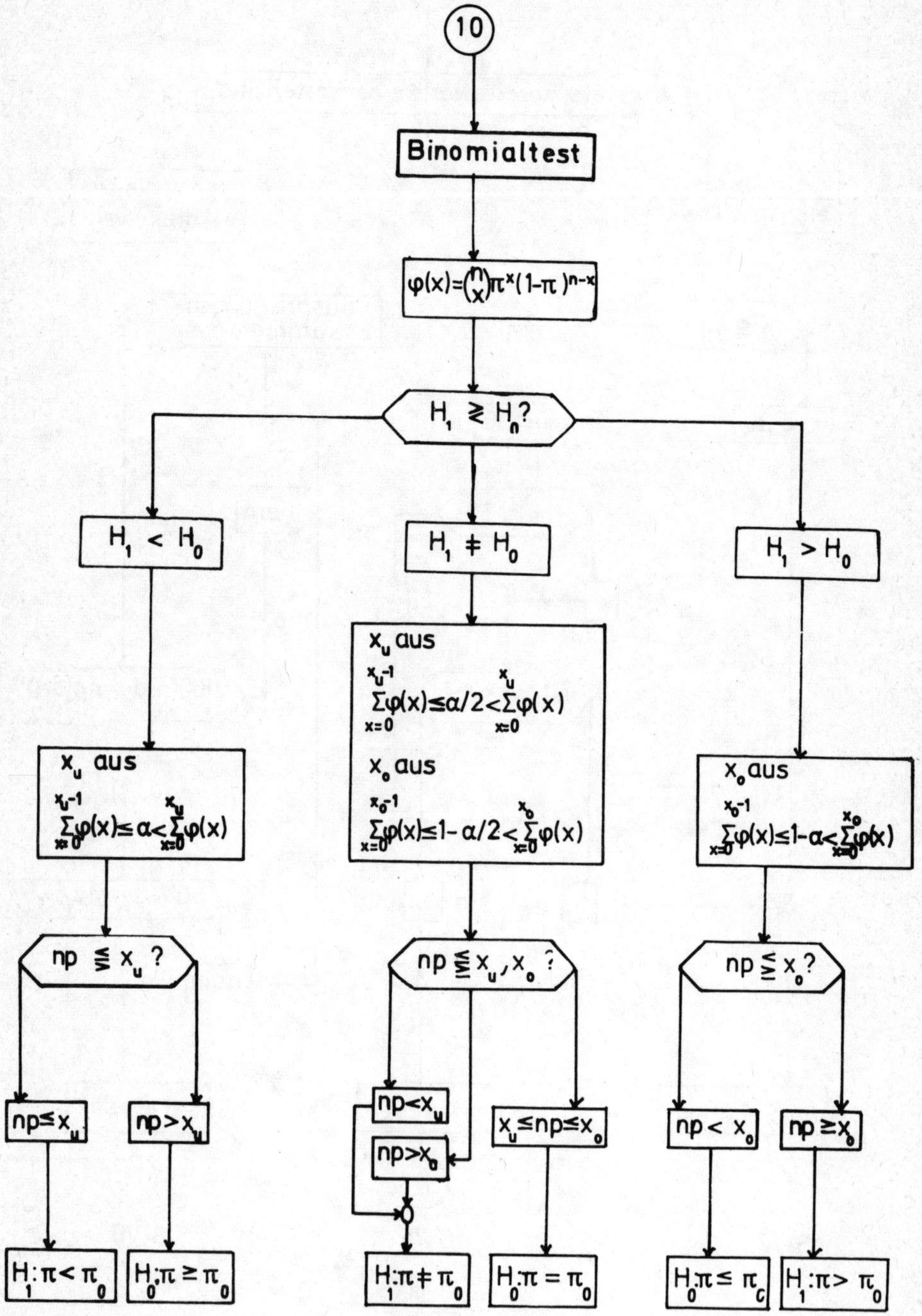
10
Binomialtest
φ(x)=(n über x)π^x(1-π)^(n-x)
H1 ≷ H0?
H1 < H0
H1 ≠ H0
H1 > H0
xu aus
Σ(x=0 bis xu-1) φ(x) ≤ α < Σ(x=0 bis xu) φ(x)
xu aus
Σ(x=0 bis xu-1) φ(x) ≤ α/2 < Σ(x=0 bis xu) φ(x)
xo aus
Σ(x=0 bis xo-1) φ(x) ≤ 1-α/2 < Σ(x=0 bis xo) φ(x)
xo aus
Σ(x=0 bis xo-1) φ(x) ≤ 1-α < Σ(x=0 bis xo) φ(x)
np ≶ xu ?
np ≶ xu, xo ?
np ≶ xo?
np≤xu
np>xu
np<xu
np>xo
xu≤np≤xo
np< xo
np ≥xo
H1:π< π0
H0:π ≥ π0
H1:π≠ π0
H0:π = π0
H0:π≤ π0
H1:π> π0

1o. Aufgabe:

Frühere Daten zeigten, daß 2o % der Familien einer Stadt eine bestimmte Zeitung abonnierten. Es besteht Grund zur Annahme, daß die Subskriptionsrate zurückgegangen ist. In einer Zufallsstichprobe von 2o Familien lesen 3 Familien diese Zeitung. Bestätigt dieses Ergebnis diese Befürchtungen? Signifikanzgrad 5 %.

Lösung:

a) 1. Nominale Verteilung. Merkmalsausprägungen: Abonnenten, Nichtabonnenten.

2. Maßzahl aus einer Verteilung: Anteil der Abonnenten.

3. Testverfahren: Unterschied zwischen Anteilswerten wird getestet.

4. Anpassungstest: Anteil in der Ausgangsverteilung π = o, 2o und in der Stichprobe $p = 3/2o$ wird verglichen.

b) 5. Ein Anteilswert: Abonnenten.

6. $n < 3o$

7. Binomialtest

c) 8. $H_o: \pi = 0,2o$ Der Anteil der Abonnenten beträgt weiter 20 %.

$H_1: \pi < 0,2o$ Der Anteil der Abonnenten ist kleiner als 2o %.

$H_1 < H_o$

9. x_u aus $\sum_{x=0}^{x_u - 1} \varphi(x) \leq \alpha < \sum_{x=0}^{x_u} \varphi(x)$

$\alpha = 0,o5$

$\varphi_{(x)} = \binom{n}{x} \pi^x (1 - \pi)^{n-x}$

Für $\pi = 0{,}2$, $n = 20$, und $x = 0, 1, 2, \ldots\ldots$

erhält man folgende Wahrscheinlichkeitsverteilung:

x_i	$\varphi(x)$	$\sum_{x=0}^{i} \varphi(x)$
0	0,0115	0,0115
1	0,0576	0,0692
2	0,1369	0,2061
.	.	.
.	.	.
.	.	.

$$\sum_{x=0}^{0} \varphi(x) = 0{,}0115 < 0{,}0500 < 0{,}0692 = \sum_{x=0}^{1} \varphi(x)$$

$$x_u = 1$$

10. $np \lesseqgtr x_u$? $np = 3 > 1 = x_u$

11. H_0: $\pi = \pi_0$

12. Bei einem Signifikanzgrad von 5 % ist man nicht in der Lage, die Nullhypothese abzulehnen. Man kann auf Grund dieser Stichprobe nicht behaupten, daß der Anteil der Zeitungsabonnenten gesunken ist. (Wie groß das Fehlerrisiko dieser Entscheidung ist, weiß man nicht. Dazu müßte man die β-Fehler für entsprechende Alternativen berechnen.)

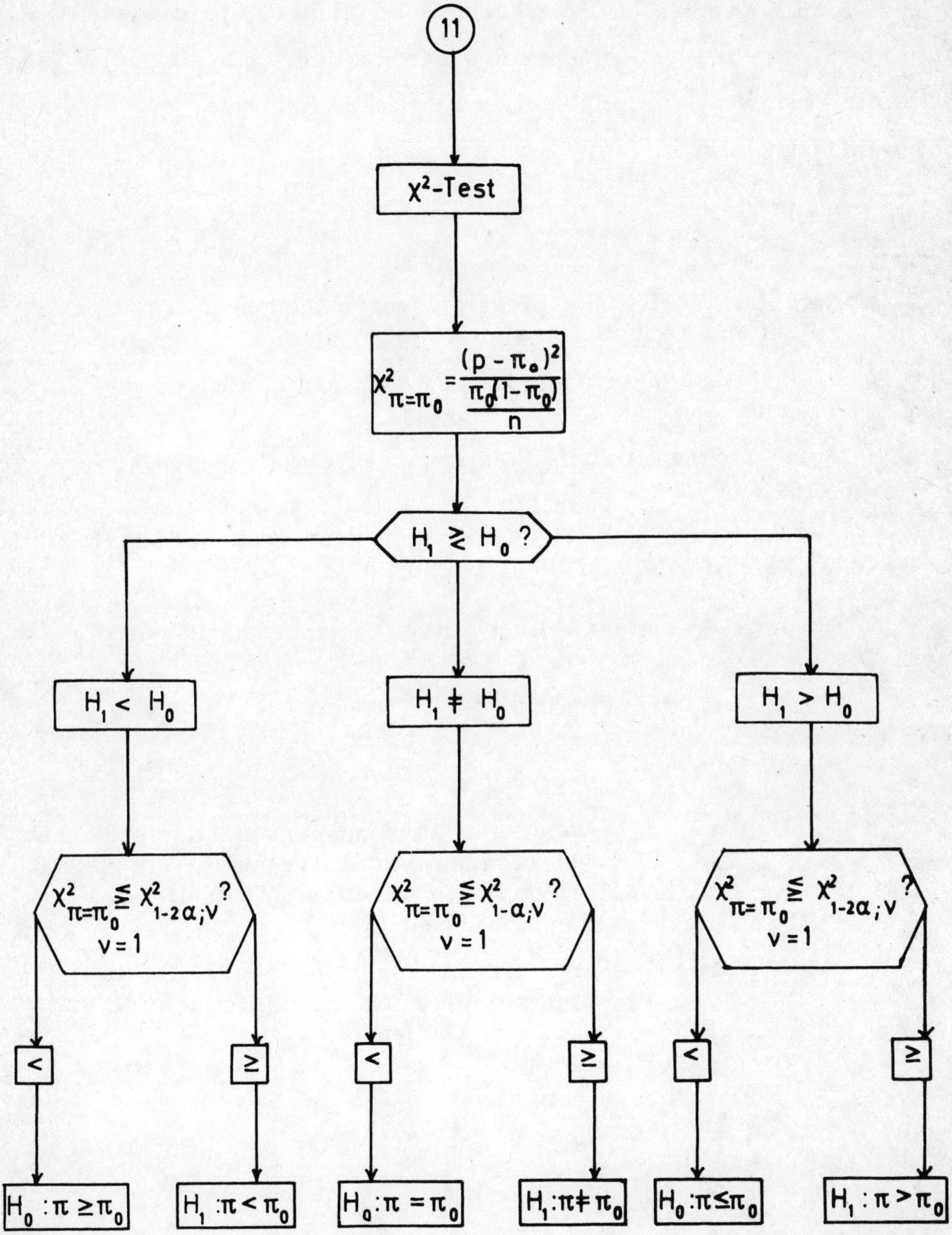
11
χ²-Test
$\chi^2_{\pi=\pi_0} = \frac{(p-\pi_0)^2}{\frac{\pi_0(1-\pi_0)}{n}}$
H₁ ≷ H₀ ?
H₁ < H₀
H₁ ≠ H₀
H₁ > H₀
$\chi^2_{\pi=\pi_0} \lesseqgtr \chi^2_{1-2\alpha;\nu}$?
ν = 1
$\chi^2_{\pi=\pi_0} \lesseqgtr \chi^2_{1-\alpha;\nu}$?
ν = 1
$\chi^2_{\pi=\pi_0} \lesseqgtr \chi^2_{1-2\alpha;\nu}$?
ν = 1
<
≥
<
≥
<
≥
$H_0: \pi \geq \pi_0$
$H_1: \pi < \pi_0$
$H_0: \pi = \pi_0$
$H_1: \pi \neq \pi_0$
$H_0: \pi \leq \pi_0$
$H_1: \pi > \pi_0$

11. Aufgabe:

Um festzustellen, ob eine Versuchsperson präkognitive Fähigkeiten besitzt, wird mit ihr folgendes Experiment durchgeführt: Ein Würfel wird 3o mal geworfen. Die Versuchsperson muß vor jedem Wurf vorhersagen, ob eine gerade oder ungerade Zahl erscheinen wird. 2o mal traf die Vorhersage zu. Beurteilen Sie dieses Ergebnis.
Signifikanzgrad: 2,5 %

Lösung:

a) 1. Nominale Verteilung. Merkmalsausprägungen: Zutreffen, Nichtzutreffen der Vorhersage.

2. Maßzahl aus einer Verteilung: Anteil der zutreffenden Vorhersagen.

3. Testverfahren: Unterschied zwischen Anteilswerten wird getestet.

4. Anpassungstest: Anteil in der Ausgangsverteilung π = o,5o; Anteil in der Stichprobe p = 2o/3o.

b) 5. Ein Anteilswert: Anteil der zutreffenden Vorhersagen.

6. $n = 30$

7. $n\pi = 30 \cdot 0,5 = 15 > 5$

8. χ^2 - Test

c) 9. $H_o: \pi = 0,5$ Wenn eine Versuchsperson keine präkognitiven Fähigkeiten besitzt, müßte sie gleichviel zutreffende wie nichtzutreffende Vorhersagen machen.

$H_1: \pi > 0,5$ Wenn sie präkognitive Fähigkeiten besitzt, muß sie mehr als die Hälfte richtige Vorhersagen treffen.

$H_1 > H_o$

10. $\chi^2_{1-2\alpha;\nu} = \chi^2_{1-2 \cdot 0,025;1} = \chi^2_{0,95;1} = 3,84$

11. $\chi^2_{\pi=\pi_0} = \dfrac{(p-\pi_0)^2}{\dfrac{\pi_0(1-\pi_0)}{n}} = \dfrac{(0,\dot{6} - 0,5)^2}{\dfrac{0,5\,(1-0,5)}{30}} = 3,33$

$p = 20 / 30 = 0,\dot{6}$

12. $\chi^2_{\pi=\pi_0} \lesseqgtr \chi^2_{1-2\alpha;\nu}$? $3,33 < 3,84$

13. $H_0: \pi = \pi_0$

14. Auf Grund dieses Ergebnisses kann man **nicht annehmen, daß die** Versuchsperson präkognitive Fähigkeiten besitzt. Das Risiko, daß die Behauptung falsch ist, beträgt maximal 2,5 %.

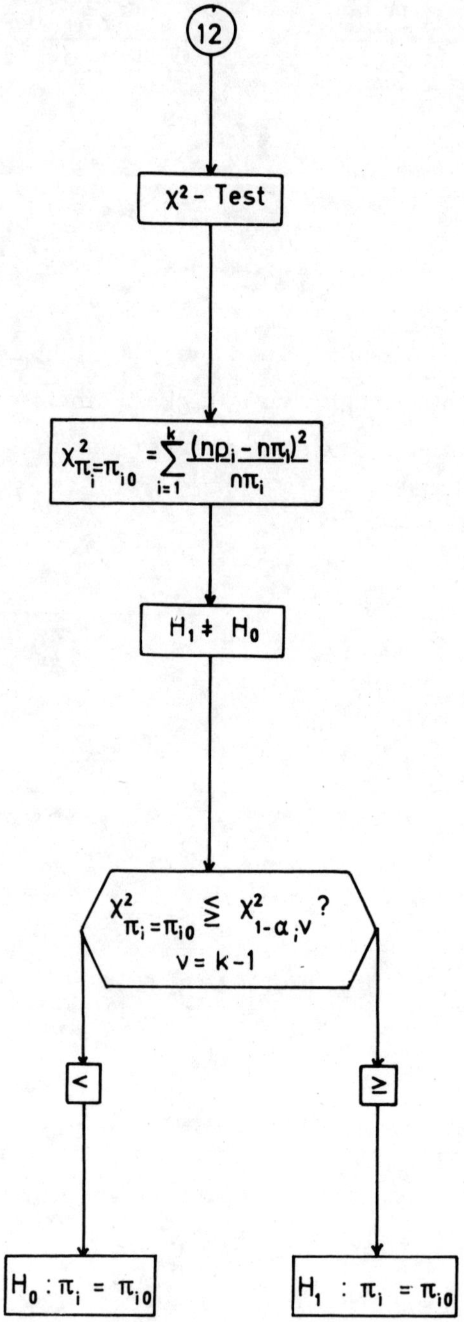
12
χ² - Test
$\chi^2_{\pi_i=\pi_{i0}} = \sum_{i=1}^{k} \frac{(np_i - n\pi_i)^2}{n\pi_i}$
$H_1 \neq H_0$
$\chi^2_{\pi_i=\pi_{i0}} \lesseqgtr \chi^2_{1-\alpha;\nu}$?
$\nu = k-1$
<
≥
$H_0 : \pi_i = \pi_{i0}$
$H_1 : \pi_i = \pi_{i0}$

12. Aufgabe:

In einem Land verteilen sich die Selbstmordfälle eines Jahres auf folgende Wirtschaftsbereiche:

Selbstmordfälle nach wirtschaftl. Zugehörigkeit
(bezogen auf 1o.ooo Beschäftigte)

Land- und Forstwirtschaft	5
Industrie	5
Gewerbe	-
Handel	3
Verkehr	5
Freie Berufe	6
Öffentlicher Dienst	5
Pensionisten u. Rentner	15

Kann man daraus ableiten, daß bestimmte Wirtschaftsgruppen besonders selbstmordgefährdet sind? $\alpha = 5\,\%$.

Lösung:

a) 1. Nominale Verteilung. Merkmalsausprägungen: Land- und Forstwirtschaft, Industrie, ..., Pensionisten und Rentner.

2. Maßzahl aus einer Verteilung: Anteilswerte.

3. Testverfahren: Unterschiede zwischen Anteilswerten werden getestet.

4. Anpassungstest: Anteile einer hypothetisch angenommenen Ausgangsverteilung werden mit denen der Stichprobe verglichen.

b) 5. Mehr als ein Anteilswert: 8

6. 1oo % der $np_i > 0$? Gewerbe = 0

7. Industrie und Gewerbe werden zusammengefaßt.

8. 8o % der $np_i \geq 5$? ja

9. χ^2 - Test

c) 1o. $H_o: \pi_i = 1/7 \qquad i = 1, 2, \ldots\ldots, 7$

Auf jede der wirtschaftlichen Zugehörigkeitsgruppen entfallen gleich viel Selbstmordfälle.

$H_1 : \pi_i \neq 1/7$ Bestimmte Gruppen sind besonders selbstmordgefährdet.

11. $\chi^2_{1-\alpha;\nu} = ?$

$\nu = k - 1$ k = die Zahl der Merkmalsausprägungen

$\nu = 7 - 1 = 6$

$$\chi^2_{1-\alpha;\nu} = \chi^2_{1-0,05;6} = \chi^2_{0,95;6} = 12,59$$

12. $$\chi^2_{\pi_i} = \pi_{io} = \sum_{i=1}^{k} \frac{(np_i - n\pi_i)^2}{n\pi_i} =$$

$$= \frac{(5-6)^2}{6} + \frac{(5-6)^2}{6} + \frac{(3-6)^2}{6} + \frac{(5-6)^2}{6} + \frac{(6-6)^2}{6} + \frac{(5-6)^2}{6} + \frac{(15-6)^2}{6} = 15,67$$

13. $\chi^2_{\pi_i} = \pi_{io} \lesseqgtr \chi^2_{1-\alpha;\nu}$? $\qquad 15,67 > 12,59$

14. $H_1: \pi_i \neq 1/7$

15. Bestimmte wirtschaftliche Zugehörigkeitsgruppen sind besonders selbstmordgefährdet. Das Risiko, daß diese Behauptung falsch ist, beträgt maximal 5 %. Offensichtlich sind die Rentner und Pensionisten mehr selbstmordgefährdet als andere Gruppen.

5. Homogenitätstest

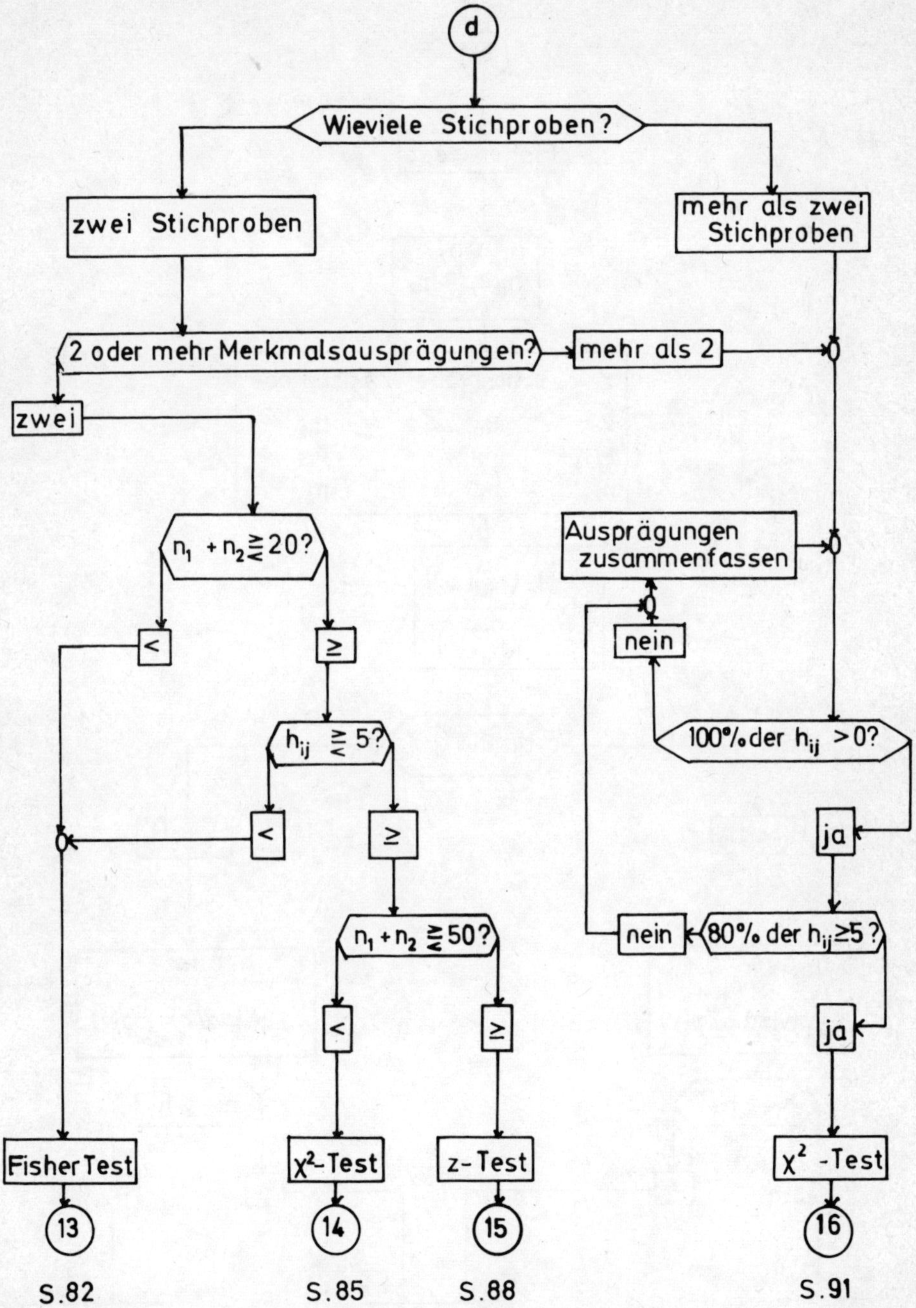
d
Wieviele Stichproben?
zwei Stichproben
mehr als zwei Stichproben
2 oder mehr Merkmalsausprägungen?
mehr als 2
zwei
n₁ + n₂ ≧ 20?
<
≥
Ausprägungen zusammenfassen
nein
h_ij ≧ 5?
100% der h_ij > 0?
<
≥
ja
n₁ + n₂ ≧ 50?
nein
80% der h_ij ≥ 5?
<
≥
ja
Fisher Test
χ²-Test
z-Test
χ² -Test
13
14
15
16
S.82
S.85
S.88
S.91

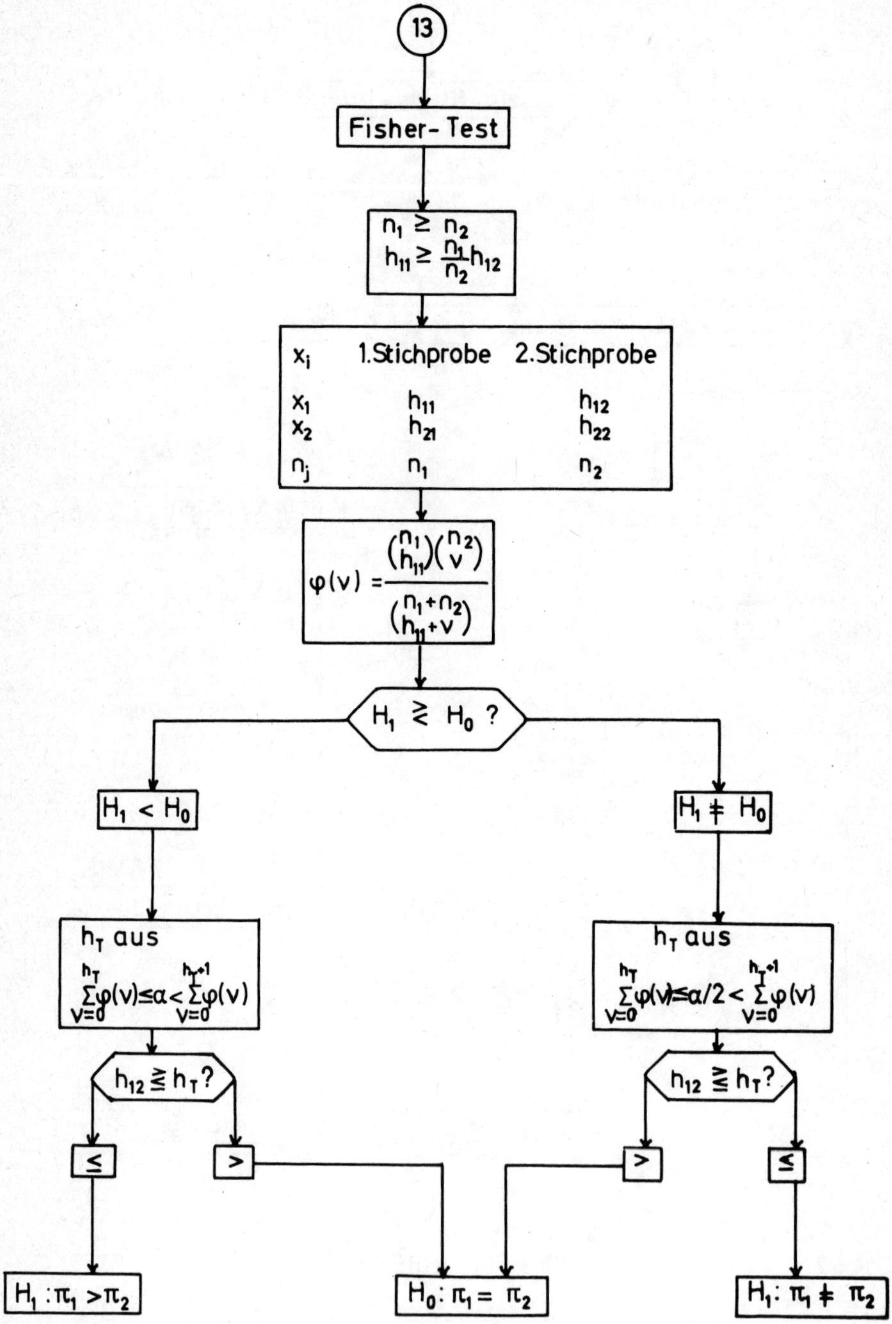
13
Fisher-Test
n1 ≥ n2
h11 ≥ n1/n2 h12
xi 1.Stichprobe 2.Stichprobe
x1 h11 h12
x2 h21 h22
nj n1 n2
φ(v) = (n1 h11)(n2 v) / (n1+n2 h11+v)
H1 ≷ H0 ?
H1 < H0
H1 ≠ H0
hT aus
hT
Σφ(v) ≤ α < Σφ(v)
v=0 v=0
hT+1
hT aus
hT
Σφ(v) ≤ α/2 < Σφ(v)
v=0 v=0
hT+1
h12 ≷ hT?
h12 ≷ hT?
≤
>
>
≤
H1 : π1 > π2
H0: π1 = π2
H1: π1 ≠ π2

13. Aufgabe:

Die 15 Männer, die das Deutsche Kabinett Ende 1934 konstituierten, wurden in zwei Gruppen eingeteilt: Nazis und Nichtnazis. Um die Hypothese zu testen, daß Naziführer schon zu Beginn ihrer Karriere in politischen Parteien mitgearbeitet haben, während Nichtnazis mehr aus konventionellen Berufen kamen, wurde jeder der 15 Männer nach seiner Beschäftigung am Beginn seiner Karriere klassifiziert, und zwar in "konventionelle" und "Parteitätigkeit".

	konventionelle Tätigkeit	Partei- tätigkeit
Nazi	1	8
Nichtnazi	6	o

Hatte die erste Arbeit einen Einfluß auf die spätere Zugehörigkeit zur Nazielite? $\alpha = 0{,}05$

Lösung:

a) 1. Nominale Verteilung: Merkmalsausprägungen: konventionelle und Parteitätigkeit.

2. Maßzahl aus einer Verteilung: Anteilswerte.

3. Testverfahren: Unterschiede zwischen Anteilswerten.

4. Homogenitätstest: Stammen die Stichproben aus der gleichen Ausgangsverteilung ?

b) 5. Zwei Stichproben: Nazi und Nichtnazi.

6. Zwei Merkmalsausprägungen

7. $n_1 + n_2 \gtreqless 20$?

$n_1 + n_2 = 9 + 6 = 15 < 20$

8. Fisher - Test

c) 9. $H_o: \pi_1 = \pi_2$ Der Anteil der Nazi mit konventioneller Tätigkeit ($=\pi_1$) entspricht dem Anteil der Nichtnazi mit konventioneller Tätigkeit ($=\pi_2$).

$H_1: \pi_1 < \pi_2$ Der Anteil der Nazi mit konventioneller Tätigkeit ist geringer als der der Nichtnazis.

$H_1 < H_o$

1o. $n_1 \geq n_2$:

	Nazi	Nichtnazi
Konv. T.	1	6
Partei T.	8	0
n_j	9	6

$$h_{11} \geq \frac{n_1}{n_2} h_{12} \ : \ h_{11} = 1 \ ; \ h_{12} = 6 \rightarrow 1 < \frac{9}{6} 6$$

	Nazi	Nichtnazi
Partei T.	8	0
Konv. T.	1	6
n_j	9	6

11. h_T aus $\sum_{v=0}^{h_T} \varphi(v) \leq \alpha < \sum_{v=0}^{h_T+1} \varphi(v)$ (Hypergeometrische Verteilung

h_T für $n_1 = 9$, $n_2 = 6$, $h_{11} = 8$ und $\alpha = 0,05$ ist 2

12. $h_{12} = 0$

13. $h_{12} \gtreqless h_T$? $0 < 2$

14. $H_1 : \pi_1 < \pi_2$

15. Der Anteil der Nazi mit konventioneller Tätigkeit ist geringer als der der Nichtnazi. Die erste Arbeit hatte also einen Einfluß auf die spätere Zugehörigkeit zur Nazielite.
Fehlerrisiko 5 %.

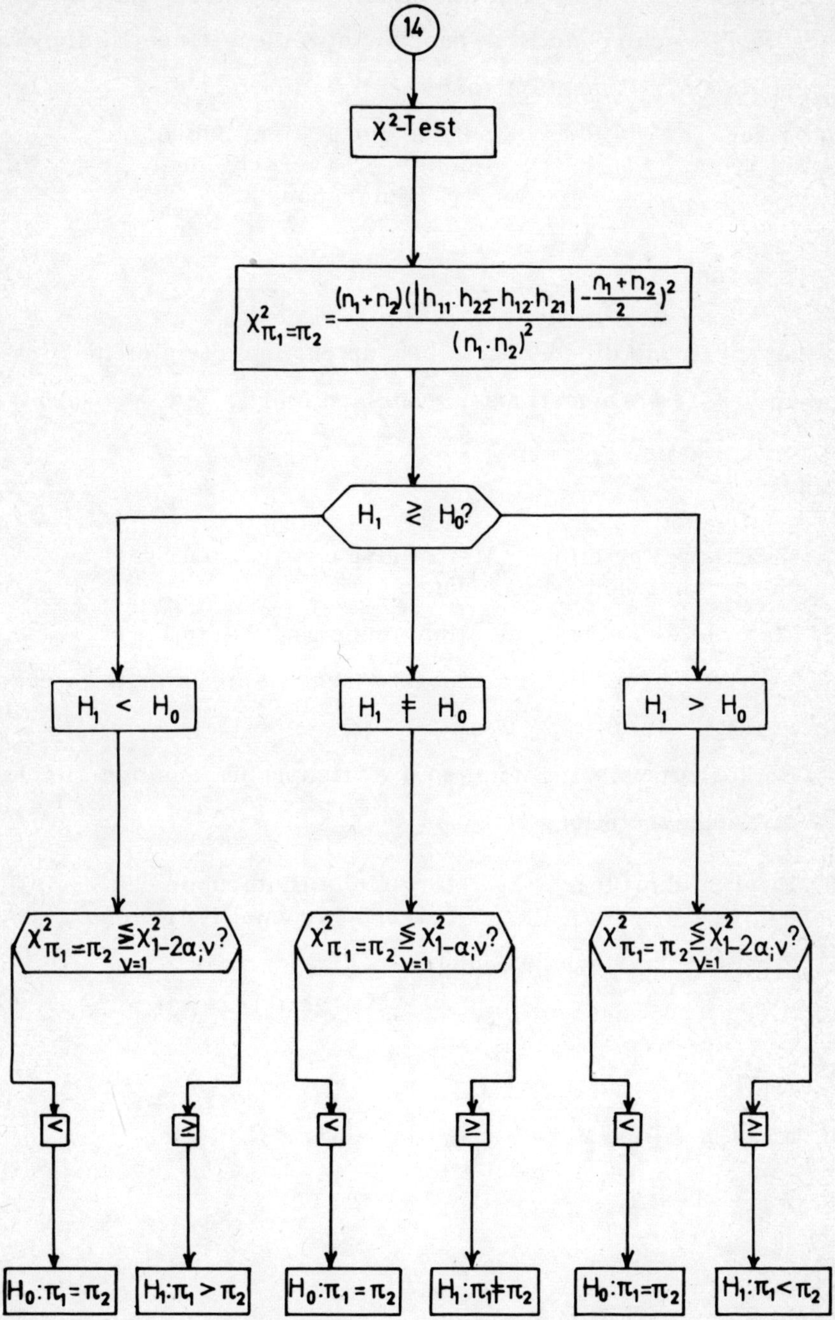
14
χ²-Test
$\chi^2_{\pi_1=\pi_2} = \frac{(n_1+n_2)(|h_{11}\cdot h_{22} - h_{12}\cdot h_{21}| - \frac{n_1+n_2}{2})^2}{(n_1\cdot n_2)^2}$
$H_1 \gtrless H_0$?
$H_1 < H_0$
$H_1 \neq H_0$
$H_1 > H_0$
$\chi^2_{\pi_1=\pi_2} \lesseqgtr \chi^2_{1-2\alpha;\nu=1}$?
$\chi^2_{\pi_1=\pi_2} \lesseqgtr \chi^2_{1-\alpha;\nu=1}$?
$\chi^2_{\pi_1=\pi_2} \lesseqgtr \chi^2_{1-2\alpha;\nu=1}$?
<
≥
<
≥
<
≥
$H_0: \pi_1 = \pi_2$
$H_1: \pi_1 > \pi_2$
$H_0: \pi_1 = \pi_2$
$H_1: \pi_1 \neq \pi_2$
$H_0: \pi_1 = \pi_2$
$H_1: \pi_1 < \pi_2$

14. Aufgabe:

Es soll geklärt werden, ob der Umstand, daß Spender und Patient gleiche oder verschiedene Blutgruppen aufweisen, einen Einfluß auf das Ergebnis einer Operation ausübt.

Ergebnis der Operation	Spender und Patient haben gleiche Blutgruppe	verschiedene Blutgruppe
Besserung	17	5
keine Besserung	7	7
	24	12

Kann man auf Grund dieser Daten behaupten, daß die gleiche Blutgruppe zu besseren Operationsergebnissen führt? $\alpha = 0{,}025$

Lösung:

a) 1. Nominale Verteilung. Merkmalsausprägungen: Besserung, keine Besserung.

2. Maßzahl aus einer Verteilung berechnet: Anteilswerte.

3. Testverfahren: Unterschiede zwischen Anteilswerten werden geprüft.

4. Homogenitätstest: Stammen die Stichproben aus der gleichen Ausgangsverteilung ?

b) 5. Zwei Stichproben: 1. gleiche Blutgruppe
2. verschiedene Blutgruppe

6. Zwei Merkmalsausprägungen

7. $n_1 + n_2 \gtreqless 20$? $n_1 + n_2 = 24 + 12 = 36 > 20$

8. $h_{ij} \geq 5$

9. $n_1 + n_2 \gtreqless 50$? $n_1 + n_2 = 36 < 50$

10. χ^2 - Test

c) 11. $H_o: \pi_1 = \pi_2$ Der Anteil der Besserungen für "gleiche Blutgruppe" entspricht dem für "verschiedene Blutgruppe".

$H_1: \pi_1 > \pi_2$ Der Anteil der Besserungen ist bei gleicher Blutgruppe größer.

$H_1 > H_o$

12. $\chi^2_{1-2\alpha;\nu} = \chi^2_{0,95;1} = 3{,}84$

13. $$\chi^2_{\pi_1=\pi_2} = \frac{(n_1+n_2)\left(\left|h_{11}.h_{22} - h_{12}.h_{21}\right| - \frac{n_1+n_2}{2}\right)^2}{(n_1 . n_2)^2} =$$

$$= \frac{(24+12)\left(\left|17.7 - 5.7\right| - \frac{24+12}{2}\right)^2}{(24 . 12)^2} = 1{,}89$$

14. $\chi^2_{\pi_1=\pi_2} \overset{?}{\lesseqgtr} \chi^2_{1-2\alpha;\nu}$ $1{,}89 < 3{,}84$

15. $H_o: \pi_1 = \pi_2$

16. Diese Stichprobe bietet noch keine Grundlage für die Behauptung, daß die gleiche Blutgruppe zu besseren Operationsergebnissen führt.
(Da die Nullhypothese nicht abgelehnt wird, gibt nicht der α-, sondern der β-Fehler über das Fehlerrisiko dieser Entscheidung Auskunft.)

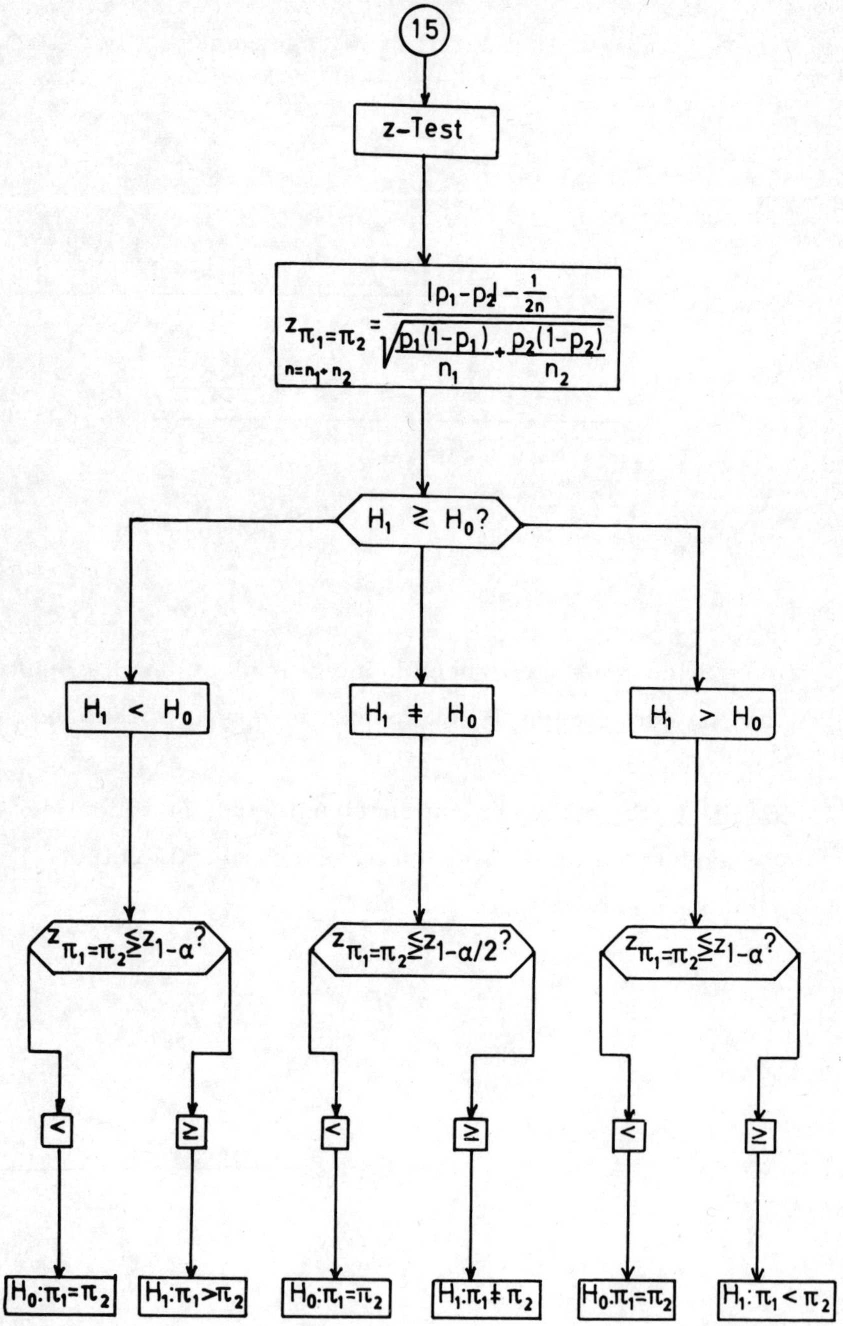
15
z-Test
$z_{\pi_1=\pi_2} = \frac{|p_1 - p_2| - \frac{1}{2n}}{\sqrt{\frac{p_1(1-p_1)}{n_1} + \frac{p_2(1-p_2)}{n_2}}}$
$n = n_1 + n_2$
$H_1 \gtrless H_0$?
$H_1 < H_0$
$H_1 \neq H_0$
$H_1 > H_0$
$z_{\pi_1=\pi_2} \lesseqgtr z_{1-\alpha}$?
$z_{\pi_1=\pi_2} \lesseqgtr z_{1-\alpha/2}$?
$z_{\pi_1=\pi_2} \lesseqgtr z_{1-\alpha}$?
<
≥
<
≥
<
≥
$H_0: \pi_1 = \pi_2$
$H_1: \pi_1 > \pi_2$
$H_0: \pi_1 = \pi_2$
$H_1: \pi_1 \neq \pi_2$
$H_0: \pi_1 = \pi_2$
$H_1: \pi_1 < \pi_2$

15. Aufgabe:

Um festzustellen, ob die Körpergröße einen Einfluß auf die Führungsposition im Betrieb hat, wurden 8o Personen zufällig ausgewählt und nach Körpergröße und Führungsposition gegliedert. Von den 44 Personen in Führungsposition waren 32 groß und 12 klein. Von den 36 Personen in untergeordneter Stellung hatten nur 14 große, hingegen 22 kleine Körpergröße. Besteht ein Unterschied in der Körpergröße zwischen Personen in untergeordneter Stellung und Führungsposition? α = o,o5 .

Lösung:

a) 1. Nominale Verteilung. Merkmalsausprägungen: groß, klein.

2. Maßzahl aus einer Verteilung: Anteilswerte.

3. Testverfahren: Unterschied zwischen Anteilswerten.

4. Homogenitätstest: Ist der Unterschied zwischen den Anteilswerten zufällig?

b) 5. Zwei Stichproben: 1. Personen in Führungsposition
2. Personen in untergeordneter Stellung

6. Zwei Merkmalsausprägungen

7. $n_1 + n_2 \gtreqless$ 2o ? $n_1 + n_2 = 44 + 36 =$ 8o $>$ 2o

8. $h_{ij} > 5$

9. $n_1 + n_2 \gtreqless$ 5o ? $n_1 + n_2 =$ 8o $>$ 5o

1o. z - Test

c) 11. $H_o: \pi_1 = \pi_2$ Der Anteil großer Personen in Führungsposition entspricht dem in untergeordneter Stellung.

$H_1: \pi_1 > \pi_2$ Es gibt mehr körperlich große Personen in Führungsposition als in untergeordneter Stellung.

12. $z_{1-\alpha}^{H_1 < H_o} = z_{o,95}^{o} = 1{,}645$

13. $$z_{\pi_1=\pi_2} = \frac{|p_1 - p_2| - \frac{1}{2n}}{\sqrt{\frac{p_1(1-p_1)}{n_1} + \frac{p_2(1-p_2)}{n_2}}} =$$

$$= \frac{|^{32}/_{44} - {}^{14}/_{36}| \quad \frac{1}{2.80}}{\sqrt{\frac{^{32}/_{44}(1 - {}^{32}/_{44})}{44} + \frac{^{14}/_{36}(1 - {}^{14}/_{36})}{36}}} = 3{,}15$$

14. $z_{\pi_1=\pi_2} \gtreqless z_{1-\alpha}$? $3{,}15 > 1{,}645$

15. $H_1: \pi_1 > \pi_2$

16. Aufgrund dieser Stichprobe kann man behaupten, daß Personen in Führungspositionen körperlich größer sind als Personen in untergeordneter Stellung. Das Risiko, daß diese Behauptung nicht zutrifft, beträgt maximal 5 %.

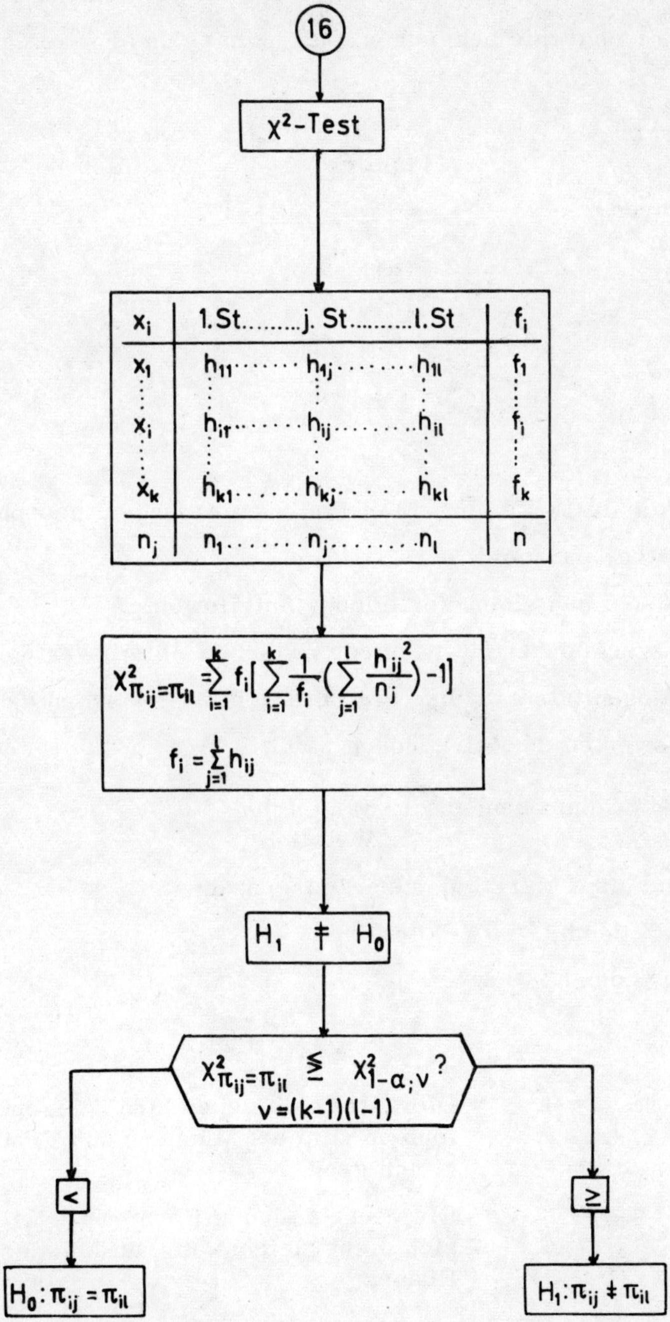
16
χ²-Test
x_i | 1.St.........j. St..........l.St | f_i
x_1 | h_11 ... h_1j ... h_1l | f_1
x_i | h_i1 ... h_ij ... h_il | f_i
x_k | h_k1 ... h_kj ... h_kl | f_k
n_j | n_1 ... n_j ... n_l | n
$\chi^2_{\pi_{ij}=\pi_{il}} = \sum_{i=1}^{k} f_i \left[\sum_{i=1}^{k} \frac{1}{f_i} \left(\sum_{j=1}^{l} \frac{h_{ij}^2}{n_j} \right) - 1 \right]$
$f_i = \sum_{j=1}^{l} h_{ij}$
H₁ ≠ H₀
$\chi^2_{\pi_{ij}=\pi_{il}} \lesseqgtr \chi^2_{1-\alpha;\nu}$?
ν = (k-1)(l-1)
<
≥
$H_0: \pi_{ij} = \pi_{il}$
$H_1: \pi_{ij} \neq \pi_{il}$

16. Aufgabe:

Verteilen sich die verschiedenen Formen der Geisteskrankheit, die man als Schizophrenie bezeichnet, auf Männer und Frauen gleichmäßig?

Form	Geschlecht	
	Männlich	Weiblich
Hebephren	3o	25
Kataton	6o	55
Paranoid	61	93
	151	173

$\alpha = 5\,\%$.

Lösung:

a) 1. Nominale Verteilung: Merkmalsausprägungen: hebephren, kataton, paranoid.

2. Maßzahl aus einer Verteilung: Anteilswerte.

3. Testverfahren: Unterschiede zwischen Anteilswerten.

4. Homogenitätstest: Sind die Unterschiede zwischen den Anteilswerten der Stichproben zufällig ?

b) 5. Zwei Stichproben: 1. Männlich
2. Weiblich

6. Mehr als 2 Merkmalsausprägungen: drei

7. 1oo % der $h_{ij} > 0$? ja

8. 8o % der $h_{ij} \geq 5$? ja

9. χ^2 - Test

c) 1o. $H_0: \pi_{i1} = \pi_{i2}$ Die Anteile der einzelnen Schizophrenieformen sind bei Männern und Frauen gleich groß.

$H_1: \pi_{i1} \neq \pi_{i2}$ Die verschiedenen Formen verteilen sich nicht gleichmäßig auf Männer und Frauen.

11. $\chi^2_{1-\alpha;\nu} = \chi^2_{0,95;2} = 5,99$

$\nu = (k - 1)(l - 1) = (3 - 1)(2 - 1) = 2$

k = Zahl der Merkmalsausprägungen

l = Zahl der Stichproben

12. $\chi^2_{\pi_{ij}=\pi_{il}} = \sum_{i=1}^{k} f_i \left[\sum_{i=1}^{k} \frac{1}{f_i} \left(\sum_{j=1}^{l} \frac{h_{ij}^2}{n_j}\right) - 1\right]$

$f_i = \sum_{j=1}^{l} h_{ij}$;

$$
\begin{aligned}
f_1 &= h_{11} + h_{12} = 30 + 25 = 55 \\
f_2 &= h_{21} + h_{22} = 60 + 55 = 115 \\
f_3 &= h_{31} + h_{32} = 61 + 93 = \underline{154} \\
\Sigma f_i &= 324
\end{aligned}
$$

$$
\chi^2_{\pi_{i1}=\pi_{i2}} = 324 \left[\frac{1}{55}\left(\frac{30^2}{151} + \frac{25^2}{173}\right) + \frac{1}{115}\left(\frac{60^2}{151} + \frac{55^2}{173}\right) + \frac{1}{154}\left(\frac{61^2}{151} + \frac{93^2}{173}\right) - 1\right] = 5,85
$$

13. $\chi^2_{\pi_{i1}=\pi_{i2}} \gtreqless \chi^2_{1-\alpha;\nu}$? $\quad 5,85 < 5,99$

14. $H_0: \pi_{i1} = \pi_{i2}$

15. Man kann auf Grund dieser Stichprobe nicht behaupten, daß sich die verschiedenen Formen der Schizophrenie unterschiedlich auf Männer und Frauen verteilen.

6. Anpassungstest für den Kontingenzkoeffizienten

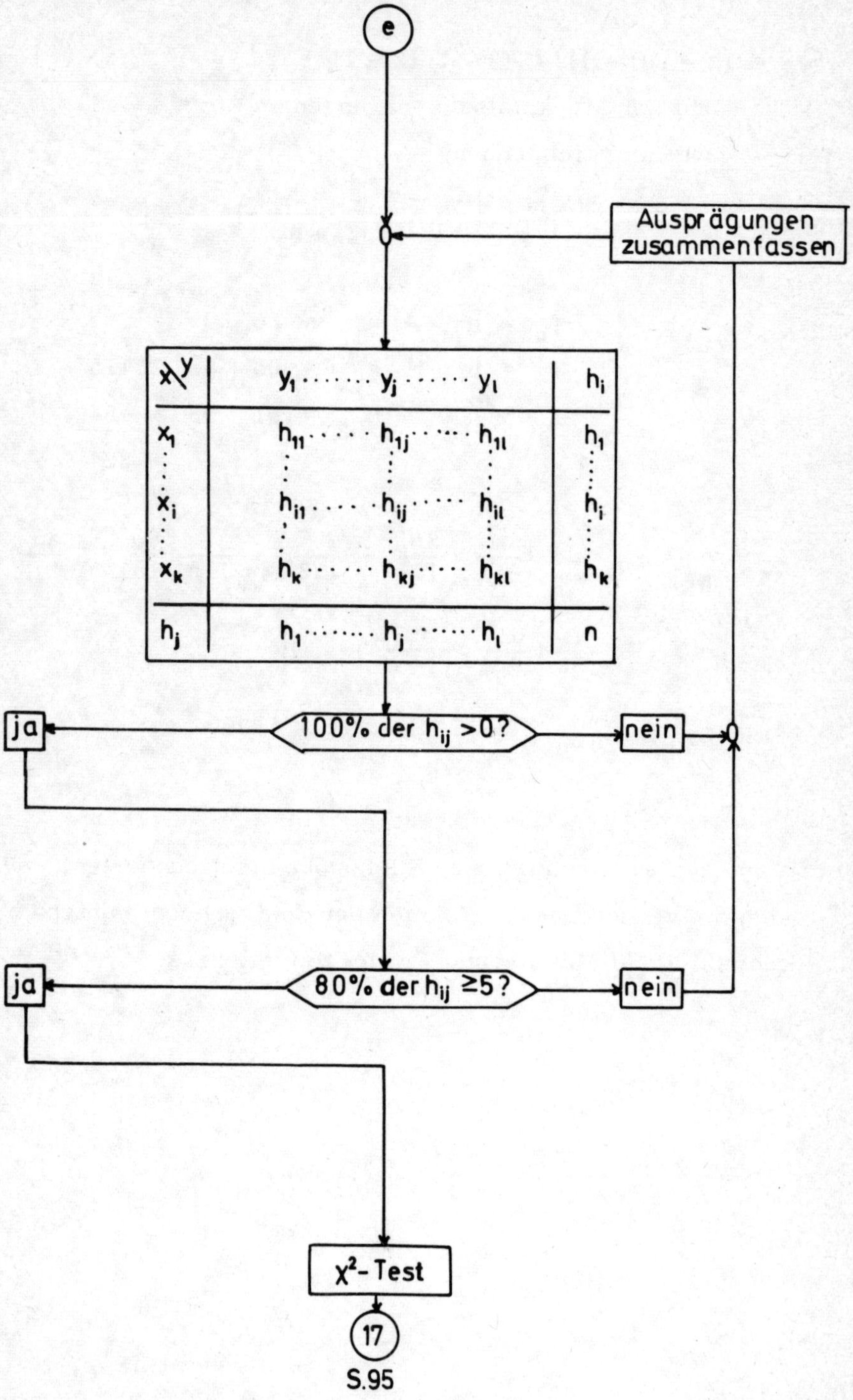

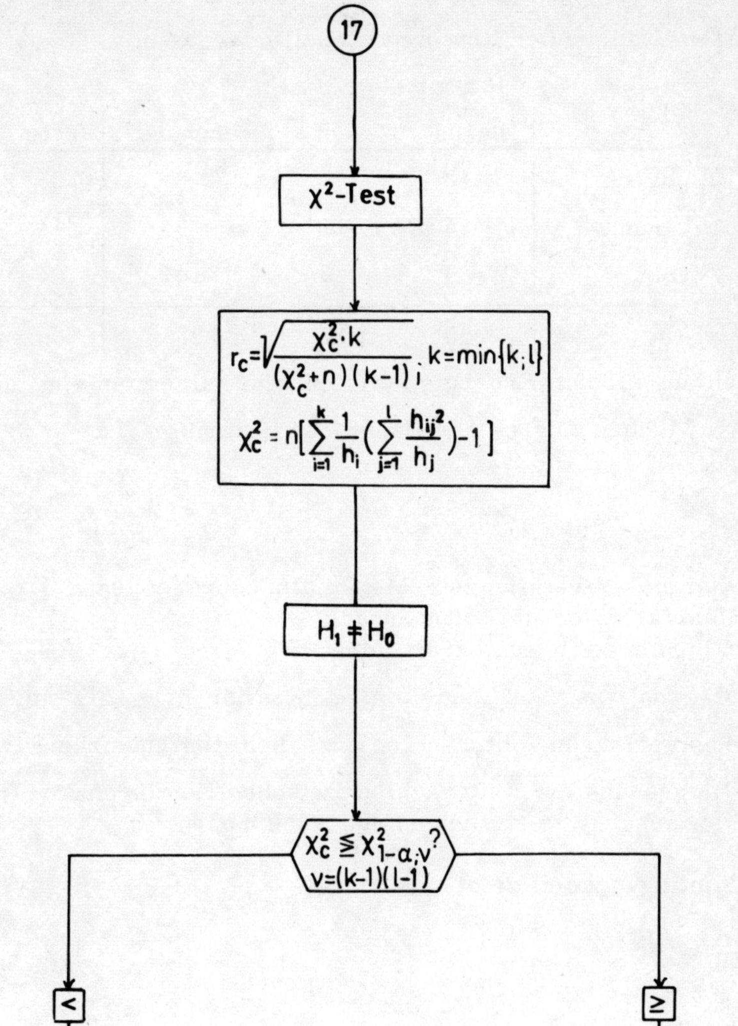
17
χ^2-Test
$r_c = \sqrt{\frac{\chi_c^2 \cdot k}{(\chi_c^2 + n)(k-1)}}$; $k = \min\{k; l\}$
$\chi_c^2 = n\left[\sum_{i=1}^{k} \frac{1}{h_i}\left(\sum_{j=1}^{l} \frac{h_{ij}^2}{h_j}\right) - 1\right]$
$H_1 \neq H_0$
$\chi_c^2 \lesseqgtr \chi^2_{1-\alpha;\nu}$?
$\nu = (k-1)(l-1)$
$<$
$\geq$
$H_0 : \rho_c = 0$
$H_1 : \rho_c \neq 0$

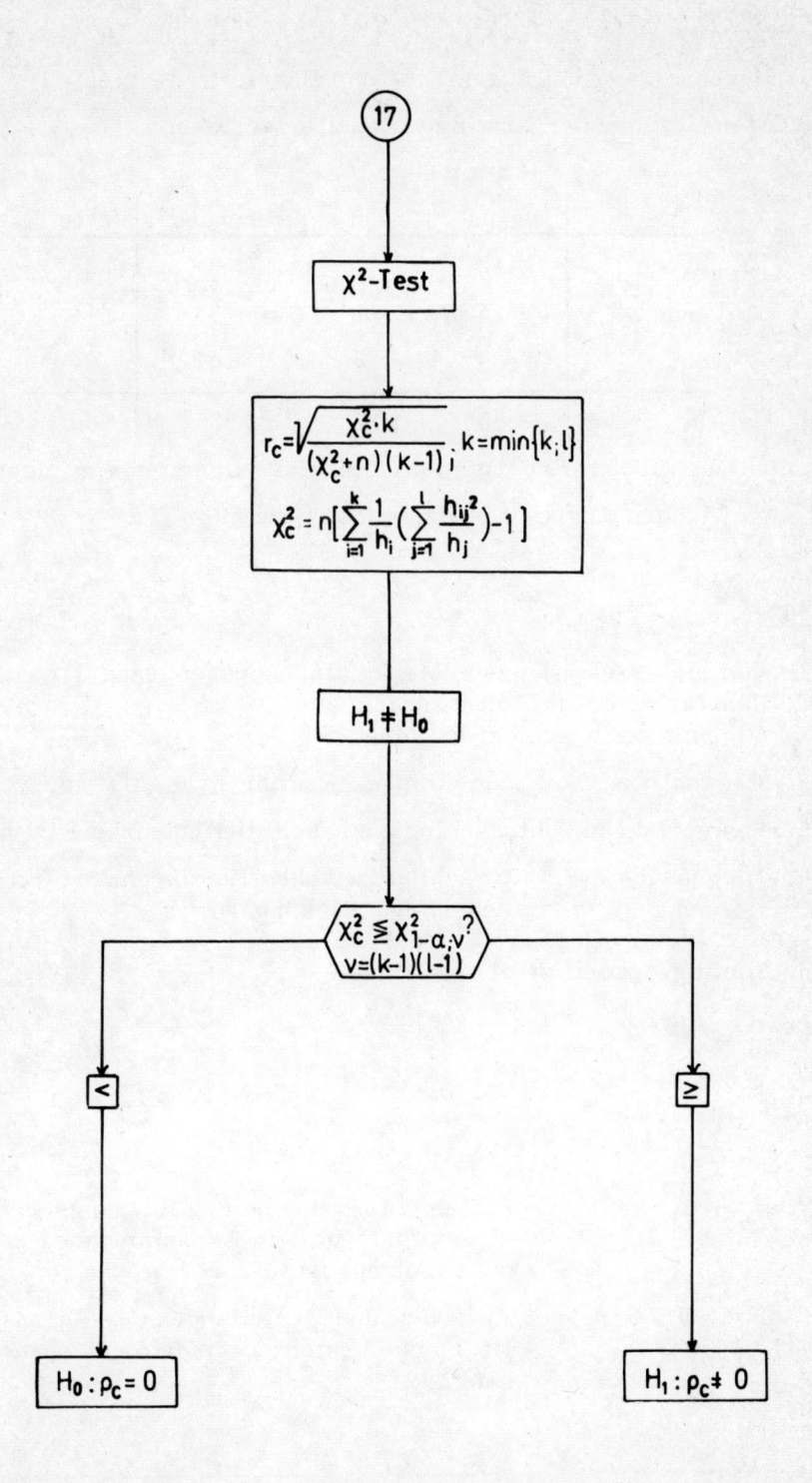

17. Aufgabe:

Bei 6o Personen wurden Augenfarbe und Haarfarbe festgestellt und diese Daten in folgender Kontingenztabelle dargestellt:

		Haarfarbe			
		braun	rot	schwarz	h_i
Augenfarbe	braun	12	5	8	25
	grün	5	1	5	11
	blau	8	6	1o	24
	h_j	25	12	23	6o

Kann man aus diesem Ergebnis ableiten, daß allgemein ein Zusammenhang zwischen Augen- und Haarfarbe besteht ? $\alpha = 5\%$

Lösung:

a) 1. Nominale Verteilungen. Merkmalsausprägungen:
Haarfarbe: braun, rot, schwarz
Augenfarbe: braun, grün, blau

2. Maßzahl aus zwei Verteilungen: Kontingenzkoeffizient.

3. Testverfahren: Unterschied zwischen Kontingenzkoeffizienten.

4. Anpassungstest: Unterschied zwischen Kontingenzkoeffizienten der Ausgangsverteilungen und Stichproben.

b) 5. Kontingenzkoeffizient.

6. 1oo % der $h_{ij} > 0$? ja

7. 8o % der $h_{ij} > 5$? ja

8. χ^2 - Test

c) 9. H_0: $\rho_c = 0$ Allgemein (in den beiden Ausgangsverteilungen) besteht kein Zusammenhang zwischen Augen- und Haarfarbe.

H_1: $\rho_c \neq 0$ Zwischen den Verteilungen der Augen- und Haarfarbe besteht allgemein ein Zusammenhang.

1o. $\chi^2_{1-\alpha;\nu} = \chi^2_{0,95;4} = 9{,}49$

$\nu = (k-1)(l-1) = (3-1)(3-1) = 4$

11. $\chi^2_c = n \left[\sum_{i=1}^{k} \frac{1}{h_i} \left(\sum_{j=1}^{l} \frac{h_{ij}^2}{h_j} \right) - 1 \right] =$

$$= 60 \left[\frac{1}{25} \left(\frac{12^2}{25} + \frac{5^2}{12} + \frac{8^2}{23} \right) + \right.$$

$$+ \frac{1}{11} \left(\frac{5^2}{25} + \frac{1^2}{12} + \frac{5^2}{23} \right) +$$

$$\left. + \frac{1}{24} \left(\frac{8^2}{25} + \frac{6^2}{12} + \frac{1o^2}{23} \right) - 1 \right] = 2{,}11$$

$$r_c = \sqrt{\frac{2{,}11 \cdot 3}{(2{,}11 + 60)(3-1)}} = 0{,}23$$

12. $\chi^2_c \lesseqgtr \chi^2_{1-\alpha;\nu}$? $\quad 2{,}11 < 9{,}49$

13. $H_0: \ \rho_c = 0$

14. Zwischen Augen- und Haarfarbe besteht in den untersuchten Stichproben ein Zusammenhang ($r_c > 0$). Es kann aber nicht allgemein behauptet werden, daß zwischen Augen- und Haarfarbe ein Zusammenhang besteht.
Auch aus Ausgangsverteilungen, zwischen denen kein Zusammenhang vorhanden ist, kann man Stichproben entnehmen, die einen Kontingenzkoeffizienten von $r_c = 0{,}23$ aufweisen.

(Da die Nullhypothese angenommen wurde, weiß man nicht, wie groß das Fehlerrisiko für diese Entscheidung ist.)

III. Ordinale Statistik

1. Maßzahlen

a) Zentralwert

Der Zentralwert oder auch Median einer Verteilung ist die Merkmalsausprägung jener Einheit, der die Hälfte aller Verteilungseinheiten vorangehen (oder mit ihr erreicht werden) und die Hälfte nachfolgen. Er ist eine ordinale Maßzahl, da zu seiner Ermittlung die Einheiten der Verteilung ihren Merkmalsausprägungen entsprechend geordnet werden müssen. Abgekürzt wird der Zentralwert der Stichprobe mit $\tilde{x}$ (sprich: x Schleife) und der der Ausgangsverteilung mit $\tilde{\mu}$ (sprich: mü Schleife). Er kann auf verschiedene Arten berechnet werden: entweder über die Ordnungszahl oder über die kumulierten Anteilswerte. Außerdem gibt es noch Formeln für die Feinberechnung, wenn die Ausprägungen in Intervallen vorliegen.
Formelmäßig dargestellt:

1. Ordnungszahl:

$$\tilde{x} = x \text{ von } O_{\frac{n}{2}}$$

$\frac{n}{2}$ wird notfalls auf eine ganze Zahl aufgerundet.

2. Kumulierte Anteilswerte:

$$\tilde{x} = x \text{ von } cp_{50}$$

3. Feinberechnung:

$$\tilde{x} = G + \left(\frac{50.n - 100.v}{100\,h}\right).\,I \qquad \text{(vgl. S. 101)}$$

Aufgabe:

Mietezahlungen von 15 Studenten:

44o, 12oo, 9oo, 9oo, 55o, 85o, 2ooo, 6oo, 44o, 6oo, 6oo, 5oo, 5oo, 1ooo, 6oo.

Wie groß ist die mittlere Mietezahlung?

Lösung:

1. Möglichkeit (Ordnungszahl):

$$O_{\frac{n}{2}} = O_{\frac{15}{2}} = O_{7,5} = O_8$$

Die Merkmalsausprägung der 8. Einheit ist der Zentralwert. Um jene Einheit zu bestimmen, müssen die 15 Einheiten ihren Ausprägungen entsprechend geordnet werden.

x_i	h_i	ch_i	=	$h_i + \sum_{j=1}^{i-1} h_j$
44o	2	2	=	2
5oo	2	4	=	2 + 2
55o	1	5	=	1 + 2 + 2
6oo	4	9	=	4 + 1 + 2 + 2
85o	1	1o	=	1 + 4 + 1 + 2 + 2
9oo	2	12		
1ooo	1	13		
12oo	1	14		
2ooo	1	15	=	1 + 1 + ... + 2 + 2

Mit Hilfe der kumulierten Häufigkeiten (ch_i) kann man leicht die 8. Einheit bestimmen. Sie trägt die Merkmalsausprägungen 6oo. Die mittlere Mietezahlung macht also S 6oo,-- aus. Die Hälfte der Studenten zahlt höchstens, die andere mindestens soviel.

2. Möglichkeit (Kumulierte Anteilswerte):

Man berechnet zuerst die Anteilswerte für die verschiedenen Ausprägungen und kumuliert diese. Die Merkmalsausprägung, bei der die Kumulation 5o erreicht oder überschreitet, ist der Zentralwert.

x_i	$p_i = \frac{h_i}{n}$	cp_i	=	$p_i + \sum_{j=1}^{i-1} p_j$
44o	o, 13	o, 13		
5oo	o, 13	o, 26	=	o, 13 + o, 13
55o	o, o7	o, 33	=	o, o7 + o, 26
6oo	o, 26	o, 59	=	o, 26 + o, 33
85o	o, o7	o, 66	=	o, o7 + o, 59
9oo	o, 13	o, 79	=	o, 13 + o, 66
1ooo	o, o7	o, 86	=	o, o7 + o, 79
12oo	o, o7	0, 93	=	o, o7 + o, 86
2ooo	o, o7	1, oo	=	o, o7 + o, 93
	1, oo			

Selbstverständlich erhält man auch nach diesem Verfahren mit x von cp_{59} S 6oo, -- als Zentralwert.

3. Möglichkeit

Oft sind die Merkmalsausprägungen in Intervallen zusammengefaßt. Wenn sich die Ausprägungen gleichmäßig innerhalb dieser Intervalle verteilen, kann man mit Hilfe der Feinberechnungsformel den Zentralwert genau bestimmen, sonst ist das Ergebnis nur ein Näherungswert. Für unser Beispiel wollen wir folgende Intervalle annehmen:

x_i	h_i	ch_i
unter 5oo	2	2
5oo bis unter 6oo	3	5
6oo bis unter 7oo	4	9
7oo bis unter 1ooo	3	12
1ooo und mehr	3	15
	15	

$$\tilde{x} = G + \left(\frac{50.n - 100.v}{100\,h}\right).\,I$$

G = untere Grenze des zentralen Ausprägungsintervalls

I = Breite des zentralen Ausprägungsintervalls

v = Summe der dem zentralen Intervall vorhergehenden Einheiten

h = Zahl der Einheiten im zentralen Intervall

$\frac{n}{2}$ = 7,5, aufgerundet 8; die 8. Einheit fällt in das Intervall 6oo bis unter 7oo. Dies ist daher das zentrale Intervall für das eine Feinberechnung durchgeführt wird.

G = 6oo; v = 5; h = 4; I = 1oo

$$\tilde{x} = 600 + \left(\frac{50.15 - 100.5}{100.4}\right).100 = 662{,}5$$

Nach der Feinberechnung erhält man als Zentralwert 662,5 S. Er weicht vom tatsächlichen Zentralwert um 62,5 S ab, da sich in unserem Beispiel die Ausprägungen nicht gleichmäßig innerhalb der Intervalle verteilen.

b) Rangkorrelationskoeffizient

Sind zwei Verteilungen zumindest ordinal, so kann man den zahlenmäßigen Zusammenhang durch den Rangkorrelationskoeffizienten von Spearman ausdrücken. Dieses ordinale Abhängigkeitsmaß drückt die Stärke des Zusammenhanges durch Zahlen zwischen 0 und 1 aus, die Richtung durch die Vorzeichen + und - . Der Rangkorrelationskoeffizient zwischen der Beurteilung des Eheglücks durch Ehefrau und Ehemann von - o,6o besagt z. B., daß die Beurteilungen beider Ehepartner voneinander abhängig sind. Außerdem bedeutet das Minus, daß die Bewertung der Ehepartner entgegengesetzt ist: Je besser die Ehefrau das Eheglück beurteilt, umso schlechter beurteilt es der Ehemann, und umgekehrt.

Den aus Stichproben berechneten Rangkorrelationskoeffizienten kürzt man mit r_s ab, den aus Ausgangsverteilungen mit ρ_s (sprich: rho von s). Er ist wie folgt definiert:

$$r_s = 1 - 6 \frac{\Sigma(R_i - R_j)^2 \cdot h_{ij}}{(n^3 - n) - \frac{1}{2}\left[\Sigma(h_i^3 - h_i) + \Sigma(h_j^3 - h_j)\right]}$$

h_i = Häufigkeit der i-ten Merkmalsausprägung der x-Verteilung

h_j = Häufigkeit der j-ten Merkmalsausprägung der y-Verteilung

h_{ij} = Häufigkeit für die Merkmalskombination i und j

$$n = \sum_{i=1}^{k} h_i = \sum_{j=1}^{l} h_j$$

Für die Rangzahlen R_i und R_j gelten folgende Definitionen:

$$R_i = \frac{1}{2h_i}\left[ch_i\,(ch_i + 1) - ch_{i-1}\,(ch_{i-1} + 1)\right] \quad ; \quad ch_i = \sum_{l=1}^{i} h_l$$

$$R_j = \frac{1}{2h_j}\left[ch_j\,(ch_j + 1) - ch_{j-1}\,(ch_{j-1} + 1)\right] \quad ; \quad ch_j = \sum_{k=1}^{j} h_k$$

Für umfangreiche Merkmalskombinationen ist die Korrelationstabelle ein gutes Berechnungshilfsmittel:

x \ y	y_1 ..... y_j ..... y_l	h_i
x_1	h_{11} .... h_{1j} .... h_{1l}	h_1
.	. . .	.
x_i	h_{i1} .... h_{ij} .... h_{il}	h_i
.	. . .	.
x_k	h_{k1} ... h_{kj} ... h_{kl}	h_k
h_j	h_1 .....h_j ..... h_l	n

Aufgabe:

1o Schüler erhielten folgende Beurteilungen in Mathematik und Latein (1 = sehr gut; 2 = gut; 3 = befriedigend; 4 = genügend; 5 = ungenügend):

Schüler	1	2	3	4	5	6	7	8	9	1o
Mathematik	2	4	2	4	3	4	4	2	4	4
Latein	4	4	5	3	3	2	4	2	1	3

Untermauern die Schulnoten die Behauptung, daß sich mathematische und altsprachliche Begabung gegenseitig ausschließen?

Lösung:

Da Merkmalskombinationen mehrfach vorkommen, werden obige Daten zuerst in eine Korrelationstabelle übertragen:

Latein

Mathematik: x \ y	sehr gut	gut	befr.	gen.	ungen.	h_i	ch_i	R_i	h_i^3	$h_i^3 - h_i$
gut		1		1	1	3	3	2	27	24
befr.			1			1	4	4	1	0
gen.	1	1	2	2		6	1o	7,5	216	210
h_j	1	2	3	3	1	10				234
ch_j	1	3	6	9	10					
R_j	1	2,5	5	8	10					
h_j^3	1	8	27	27	1					
$h_j^3 - h_j$	0	6	24	24	0	54				

Rangzahlen für Mathematik:

$$R_1 = \frac{1}{2.3} \left[3\ (3+1) - 0\right] = 2$$

$$R_2 = \frac{1}{2.1} \left[4\ (4+1) - 3\ (3+1)\right] = 4$$

$$R_3 = \frac{1}{2.6} \left[1o\ (1o+1) - 4\ (4+1)\right] = 7{,}5$$

Rangzahlen für Latein:

$$R_1 = \frac{1}{2.1}\left[1\,(1+1) - 0\right] = 1$$

$$R_2 = \frac{1}{2.2}\left[3\,(3+1) - 1\,(1+1)\right] = 2,5$$

$$R_3 = \frac{1}{2.3}\left[6\,(6+1) - 3\,(3+1)\right] = 5$$

$$R_4 = \frac{1}{2.3}\left[9\,(9+1) - 6\,(6+1)\right] = 8$$

$$R_5 = \frac{1}{2.1}\left[10\,(10+1) - 9\,(9+1)\right] = 10$$

Die Rangzahlen werden nun für die Berechnung des Zählers von r_s herangezogen.

x_i	y_j	h_{ij}	R_i	R_j	$R_i - R_j$	$(R_i - R_j)^2$	$(R_i - R_j)^2 h_{ij}$
gut	gut	1	2	2,5	- o,5	0,25	o,25
gut	gen.	1	2	8	- 6,o	36,oo	36,oo
gut	ungen.	1	2	1o	- 8,o	64,oo	64,oo
befr.	befr.	1	4	5	- 1,o	1,oo	1,oo
gen.	s. gut	1	7,5	1	6,5	42,25	42,25
gen.	gut	1	7,5	2,5	5,o	25,oo	25,oo
gen.	befr.	2	7,5	5	2,5	6,25	12,5o
gen.	gen.	2	7,5	8	- o,5	o,25	o,5o
							181,5o

$$r_s = 1 - 6\,\frac{181,50}{(1o^3 - 10) - \frac{1}{2}\left[(234 + 54)\right]} = -\,0,287$$

Bei diesen 1o Schülern besteht zwischen mathematischer und altsprachlicher Begabung ein Zusammenhang und zwar derart, daß ein guter Mathematiker eher ein schlechter Lateiner ist und umgekehrt.

2. Direkter Schluß

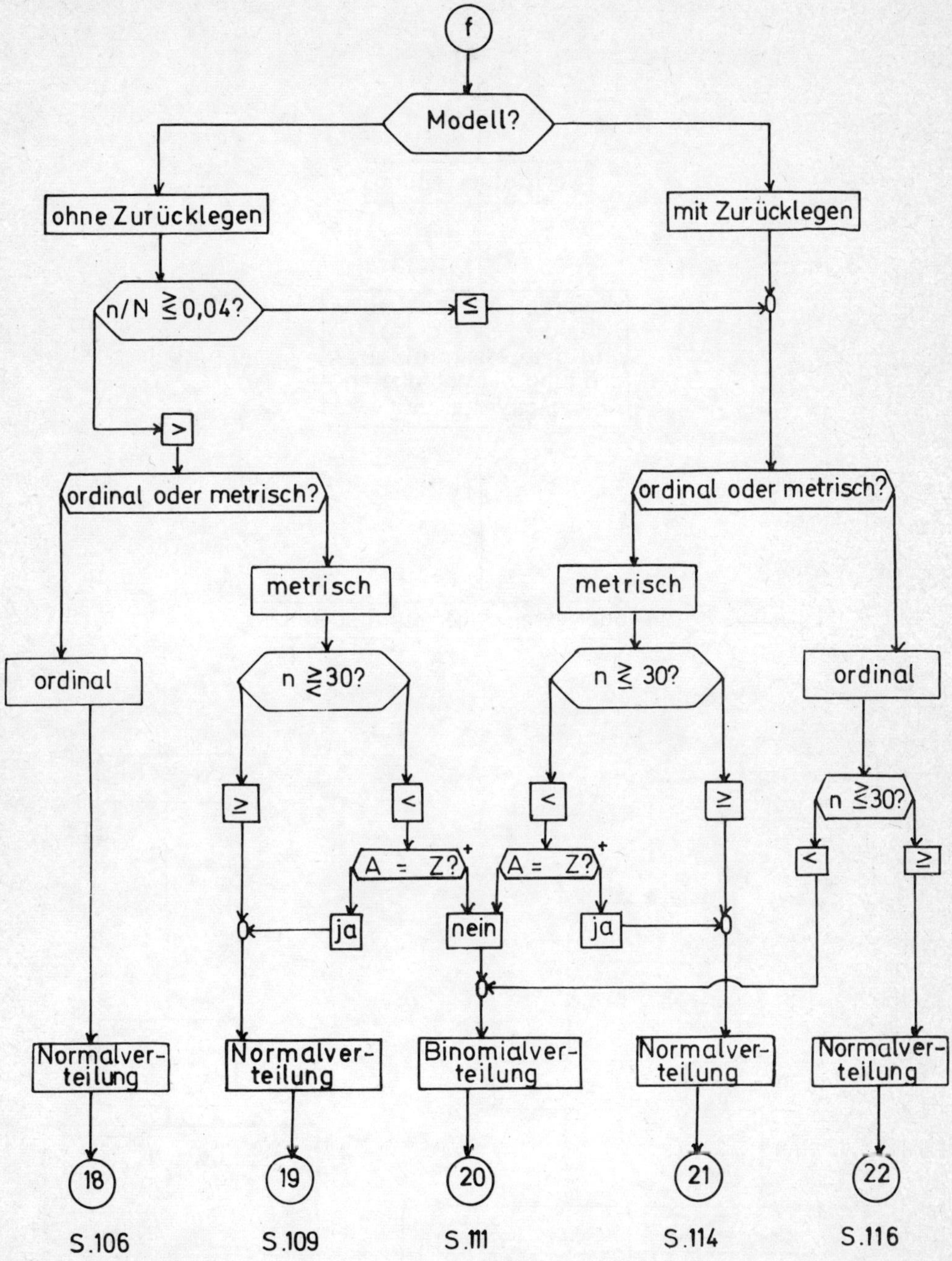
f
Modell?
ohne Zurücklegen
mit Zurücklegen
n/N ≷ 0,04?
≤
>
ordinal oder metrisch?
ordinal oder metrisch?
metrisch
metrisch
ordinal
n ≷ 30?
n ≷ 30?
ordinal
≥
<
<
≥
n ≷ 30?
A = Z?+
A = Z?+
<
≥
ja
nein
ja
Normalverteilung
Normalverteilung
Binomialverteilung
Normalverteilung
Normalverteilung
18
19
20
21
22
S.106
S.109
S.111
S.114
S.116

+ vgl. S.135

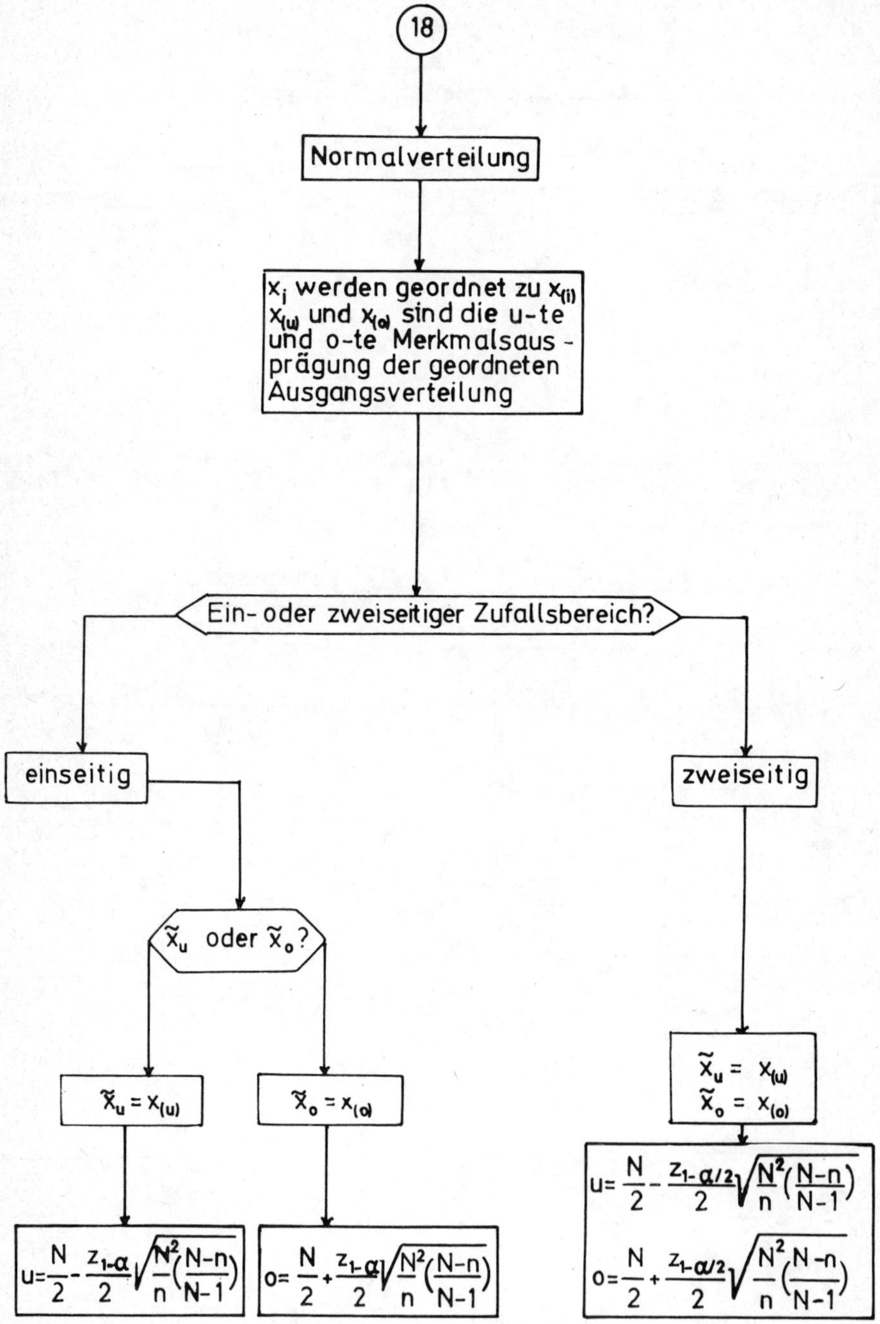
18
Normalverteilung
x_i werden geordnet zu x_(i)
x_(u) und x_(o) sind die u-te und o-te Merkmalsausprägung der geordneten Ausgangsverteilung
Ein- oder zweiseitiger Zufallsbereich?
einseitig
zweiseitig
x̃_u oder x̃_o?
x̃_u = x_(u)
x̃_o = x_(o)
u = N/2 − z_{1−α}/2 √(N²/n (N−n)/(N−1))
o = N/2 + z_{1−α}/2 √(N²/n (N−n)/(N−1))
x̃_u = x_(u)
x̃_o = x_(o)
u = N/2 − z_{1−α/2}/2 √(N²/n (N−n)/(N−1))
o = N/2 + z_{1−α/2}/2 √(N²/n (N−n)/(N−1))

18. Aufgabe:

Ein Obstgroßhändler beurteilt die eingekaufte Ware wie folgt:

Qualität x_i	Kisten h_i
schlecht	7o
ausreichend	8o
gut	1oo
sehr gut	15o
	4oo

Mindestens welche Qualität kann er für die Hälfte der Kisten garantieren, wenn er einem Kunden 2o Kisten verkauft? $\alpha = 5\ \%$.

Lösung:

a) 1. Ordinale Verteilung. Merkmalsausprägungen: sehr gut, gut, ausreichend, schlecht.

2. Maßzahl aus einer Verteilung: Zentralwert.

3. Schätzverfahren: Qualität der Kisten wird geschätzt.

4. Direkter Schluß: Ausgangsverteilung bekannt, Zentralwert der Stichprobe gesucht.

b) 5. Modell: ohne Zurücklegen.

6. $n / N = 2o / 4oo = o,o5 > o,o4$

7. ordinal

8. Normalverteilung

c) 9. Einseitiger Zufallsbereich

1o. $\tilde{x}_u = x_{(u)}$

11. $u = \frac{N}{2} - \frac{z_{1-\alpha}}{2} \sqrt{\frac{N^2}{n}\left(\frac{N-n}{N-1}\right)} = \frac{400}{2} - \frac{1,645}{2}$

$\cdot \sqrt{\frac{40o^2}{20}\left(\frac{400 - 20}{400 - 1}\right)} = 128$

$z_{1-\alpha} = z_{0,95} = 1,645$

12.

x_i	h_i	ch_i
schlecht	7o	7o
ausreichend	8o	15o
gut	1oo	25o
sehr gut	15o	4oo
	4oo	

$\tilde{x}_u$ = Ausprägung der 128. Einheit = ausreichend

13. Der Obstgroßhändler kann mit 95 % Wahrscheinlichkeit seinen Kunden mindestens ausreichende Qualität für die Hälfte der 2o Kisten versprechen.

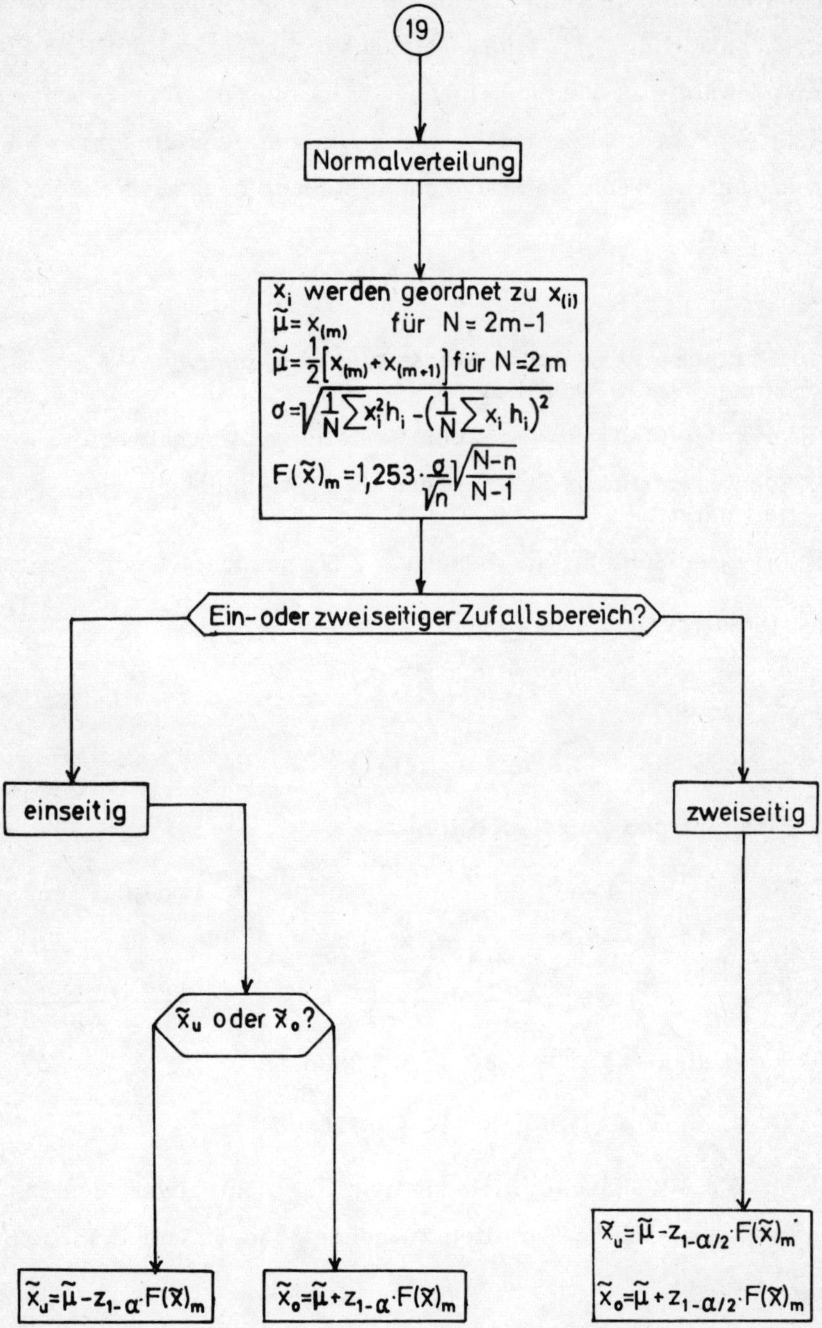
19
Normalverteilung
x_i werden geordnet zu $x_{(i)}$
$\tilde{\mu} = x_{(m)}$ für $N = 2m-1$
$\tilde{\mu} = \frac{1}{2}[x_{(m)} + x_{(m+1)}]$ für $N = 2m$
$\sigma = \sqrt{\frac{1}{N}\sum x_i^2 h_i - (\frac{1}{N}\sum x_i h_i)^2}$
$F(\tilde{x})_m = 1{,}253 \cdot \frac{\sigma}{\sqrt{n}} \sqrt{\frac{N-n}{N-1}}$
Ein- oder zweiseitiger Zufallsbereich?
einseitig
zweiseitig
$\tilde{x}_u$ oder $\tilde{x}_o$?
$\tilde{x}_u = \tilde{\mu} - z_{1-\alpha} \cdot F(\tilde{x})_m$
$\tilde{x}_o = \tilde{\mu} + z_{1-\alpha} \cdot F(\tilde{x})_m$
$\tilde{x}_u = \tilde{\mu} - z_{1-\alpha/2} \cdot F(\tilde{x})_m$
$\tilde{x}_o = \tilde{\mu} + z_{1-\alpha/2} \cdot F(\tilde{x})_m$

19. Aufgabe:

Von den 1ooo Familien einer Stadt verdienen 5o % mindestens S 4ooo,-- monatlich. Bei einer Befragung werden 5o Familien zufällig ausgewählt. In welchen Grenzen kann man in einer repräsentativen Stichprobe den Zentralwert des Einkommens dieser 5o Familien erwarten, wenn die Standardabweichung höchstens S 5oo,-- beträgt? $\alpha = 5\ \%$

Lösung:

a) 1. Metrische Verteilung. Merkmalsausprägungen: Einkommen in Schilling.

2. Ordinale Maßzahl aus einer Verteilung: Zentralwert.

3. Schätzverfahren: Zentralwert einer Stichprobe wird geschätzt.

4. Direkter Schluß: $\tilde{\mu}$ bekannt, $\tilde{x}$ gesucht.

b) 5. Modell: ohne Zurücklegen.

6. $n / N = 50 / 1000 = 0,05 > 0,04$

7. metrisch

8. $n = 50 > 30$, Normalverteilung

c) 9. Zweiseitiger Zufallsbereich

1o. $\tilde{x}_u = \tilde{\mu} - z_{1-\alpha/2} \cdot F(\tilde{x})_m; \quad \tilde{x}_o = \tilde{\mu} + z_{1-\alpha/2} F(\tilde{x})_m$

$\tilde{\mu} = 4000,--; \quad z_{1-\alpha/2} = z_{0,975} = 1,96$

$F(\tilde{x})_m = 1,253 \cdot \frac{\sigma}{\sqrt{n}} \sqrt{\frac{N-n}{N-1}} = 1,253 \cdot \frac{500}{\sqrt{50}} \sqrt{\frac{1000-50}{1000-1}} = 86,4$

$\tilde{x}_u = 4000 - 1,96 \cdot 86,4 = 3830,65$

$\tilde{x}_o = 4000 + 1,96 \cdot 86,4 = 4169,34$

11. Mit 95 % Wahrscheinlichkeit liegt der Zentralwert des Einkommens der 5o Familien zwischen 383o,65 und 4169,34 S.

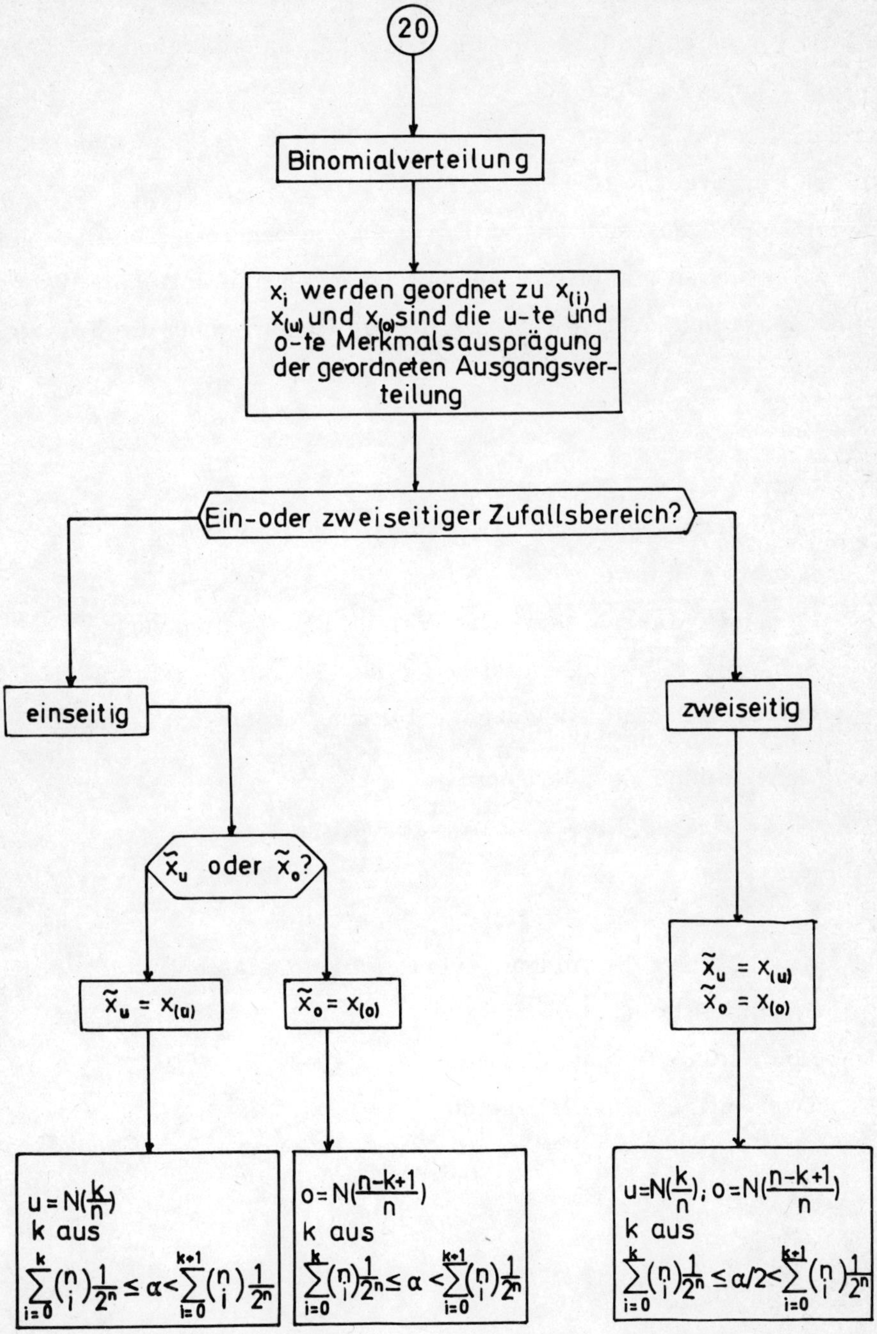
20
Binomialverteilung
x_i werden geordnet zu $x_{(i)}$
$x_{(u)}$ und $x_{(o)}$ sind die u-te und o-te Merkmalsausprägung der geordneten Ausgangsverteilung
Ein-oder zweiseitiger Zufallsbereich?
einseitig
zweiseitig
$\tilde{x}_u$ oder $\tilde{x}_o$?
$\tilde{x}_u = x_{(u)}$
$\tilde{x}_o = x_{(o)}$
$\tilde{x}_u = x_{(u)}$
$\tilde{x}_o = x_{(o)}$
$u = N(\frac{k}{n})$
k aus
$\sum_{i=0}^{k} \binom{n}{i} \frac{1}{2^n} \leq \alpha < \sum_{i=0}^{k+1} \binom{n}{i} \frac{1}{2^n}$
$o = N(\frac{n-k+1}{n})$
k aus
$\sum_{i=0}^{k} \binom{n}{i} \frac{1}{2^n} \leq \alpha < \sum_{i=0}^{k+1} \binom{n}{i} \frac{1}{2^n}$
$u = N(\frac{k}{n})$; $o = N(\frac{n-k+1}{n})$
k aus
$\sum_{i=0}^{k} \binom{n}{i} \frac{1}{2^n} \leq \alpha/2 < \sum_{i=0}^{k+1} \binom{n}{i} \frac{1}{2^n}$

2o. Aufgabe:

Für eine soziologische Untersuchung über die Wohngewohnheiten wurden 1ooo Familien zufällig ausgewählt und u. a. auch nach der Zahl der Wohnräume gegliedert:

Zahl der Räume	2	3	4	5	6	7	8 und mehr
Zahl der Familien	16	527	277	169	7	3	1

Für eine Vorwegaufbereitung will man 2o von den 1ooo Familien genauer untersuchen. Innerhalb welcher Grenzen muß mit 95 % Wahrscheinlichkeit der Zentralwert der Räume liegen, wenn die Vorwegstichprobe repräsentativ ist ?

Lösung:

a) 1. Metrische Verteilung. Merkmalsausprägungen:

Zahl der Räume: 2, 3, 4, ...

2. Ordinale Maßzahl aus einer Verteilung: Zentralwert.

3. Schätzverfahren: Zentralwert einer Stichprobe wird geschätzt.

4. Direkter Schluß: Ausgangsverteilung bekannt, $\tilde{x}$ gesucht.

b) 5. Modell: ohne Zurücklegen.

6. n / N = 2o / 1ooo = o,o2 < o,o4

7. metrisch

8. n = 2o < 3o

9. A = Z ? Ist die Ausgangsverteilung normalverteilt?

Annahme: nein

1o. Binomialverteilung

c) 11. Zweiseitiger Zufallsbereich

12. $\tilde{x}_u = x_{(u)} \quad ; \quad \tilde{x}_o = x_{(o)}$

$$u = N\left(\frac{k}{n}\right) \quad ; \quad o = N\left(\frac{n - k + 1}{n}\right)$$

$$k \text{ aus } \quad \sum_{i=0}^{k} \binom{n}{i} \frac{1}{2^n} \leq \alpha/2 < \sum_{i=0}^{k+1} \binom{n}{i} \frac{1}{2^n}$$

$$\sum_{i=0}^{5} \binom{20}{i} \frac{1}{2^{20}} = 0{,}0148 \leq 0{,}025 < 0{,}0370 =$$

$$= \sum_{i=0}^{5+1} \binom{20}{i} \frac{1}{2^{20}}$$

$k = 5$

$$u = 100o\left(\frac{5}{20}\right) = 250 \quad ; \quad o = 100o\left(\frac{20 - 5 + 1}{20}\right) = 800$$

13.

x_i	h_i	ch_i	
2	16	16	
3	527	543	⟵ $x_{(250)}$
4	277	82o	⟵ $x_{(800)}$
5	169	989	
6	7	996	
7	3	999	
8 u.m.	1	1ooo	
	1ooo		

$\tilde{x}_u = 3 \quad ; \quad \tilde{x}_o = 4$

14. Mit 95 % Wahrscheinlichkeit muß der Zentralwert der Wohnräume für die 2o Familien entweder 3 oder 4 Räume betragen.

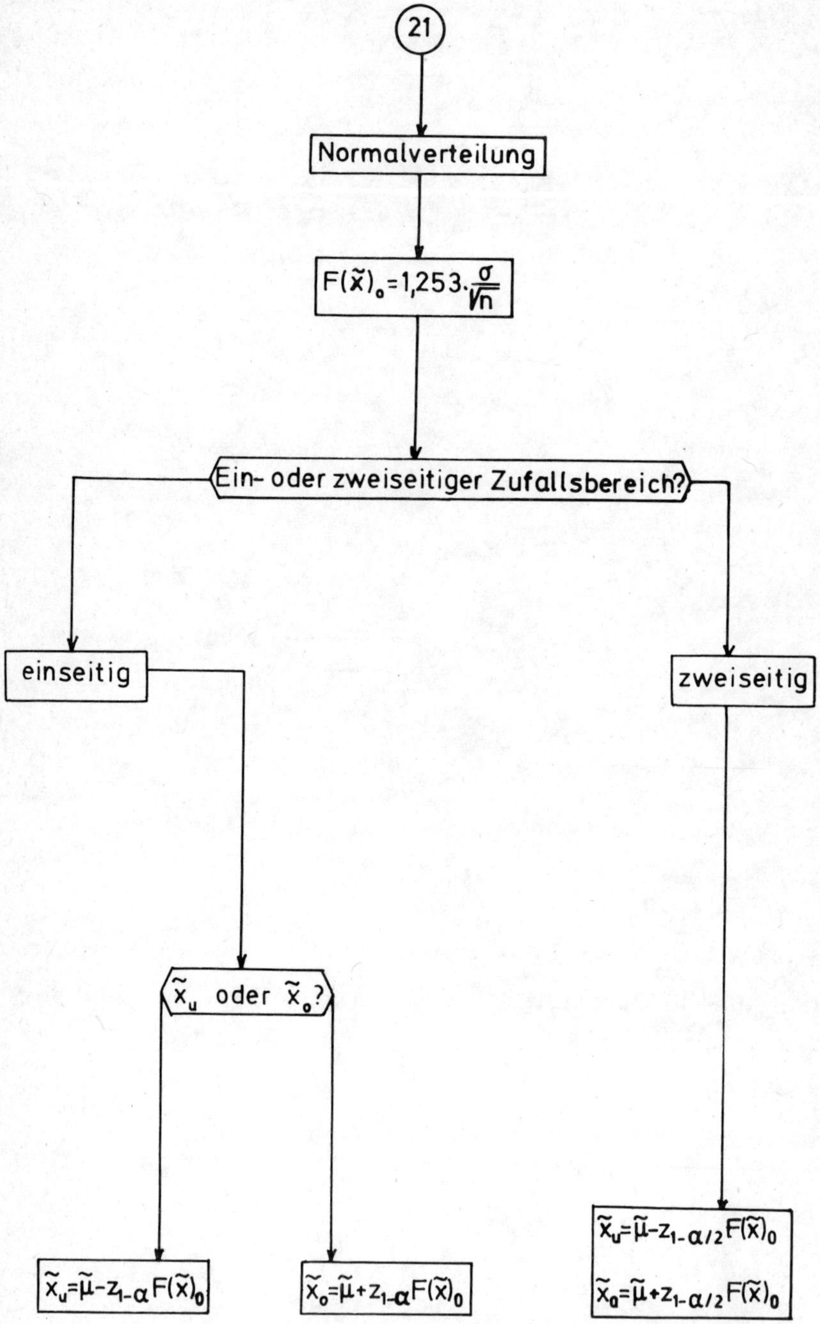

21
Normalverteilung
$F(\tilde{x})_o = 1,253 \cdot \frac{\sigma}{\sqrt{n}}$
Ein- oder zweiseitiger Zufallsbereich?
einseitig
zweiseitig
$\tilde{x}_u$ oder $\tilde{x}_o$?
$\tilde{x}_u = \tilde{\mu} - z_{1-\alpha} F(\tilde{x})_0$
$\tilde{x}_o = \tilde{\mu} + z_{1-\alpha} F(\tilde{x})_0$
$\tilde{x}_u = \tilde{\mu} - z_{1-\alpha/2} F(\tilde{x})_0$
$\tilde{x}_o = \tilde{\mu} + z_{1-\alpha/2} F(\tilde{x})_0$

21. Aufgabe:

Das Gewicht bestimmter Tabletten soll bei der Herstellung kontrolliert werden. Aus früheren Beobachtungen weiß man, daß das mittlere Gewicht 2,41 g und die Standardabweichung o,o1 g beträgt. Stündlich werden aus der laufenden Produktion 5 Tabletten entnommen und gewogen. Innerhalb welcher Grenzen muß der Zentralwert des Gewichts dieser 5 Tabletten liegen, damit die Produktion unter Kontrolle ist? $\alpha = 5\,\%$

Lösung:

a) 1. Metrische Verteilung. Merkmal: Gewicht in Gramm.
2. Ordinale Maßzahl aus einer Verteilung: Zentralwert.
3. Schätzverfahren: Zentralwert von Stichproben wird geschätzt.
4. Direkter Schluß: $\tilde{\mu}$ bekannt, $\tilde{x}$ gesucht.

b) 5. Modell: ohne Zurücklegen.
6. $n = 5$, N = sehr groß. n/N sicherlich kleiner als 4 %.
7. metrisch
8. $n = 5 < 30$
9. $A = Z$? Ist die Ausgangsverteilung normalverteilt ?
Annahme: ja
1o. Normalverteilung

c) 11. Zweiseitiger Zufallsbereich
12. $\tilde{x}_u = \tilde{\mu} - z_{1-\alpha/2} \cdot F(\tilde{x})_o$; $\tilde{x}_o = \tilde{\mu} + z_{1-\alpha/2} \cdot F(\tilde{x})_o$

$\tilde{\mu} = 2{,}41;\quad z_{1-\alpha/2} = z_{0,975} = 1{,}96$

$$F(\tilde{x})_o = 1{,}253 \cdot \frac{\sigma}{\sqrt{n}} = 1{,}253 \cdot \frac{0{,}01}{\sqrt{5}} = 0{,}0056$$

$$\tilde{x}_u = 2{,}41 - 1{,}96 \cdot 0{,}0056 = 2{,}399$$

$$\tilde{x}_o = 2{,}41 + 1{,}96 \cdot 0{,}0056 = 2{,}421$$

13. Damit die Produktion unter Kontrolle ist, muß der Zentralwert zwischen 2,399 und 2,421 g liegen.

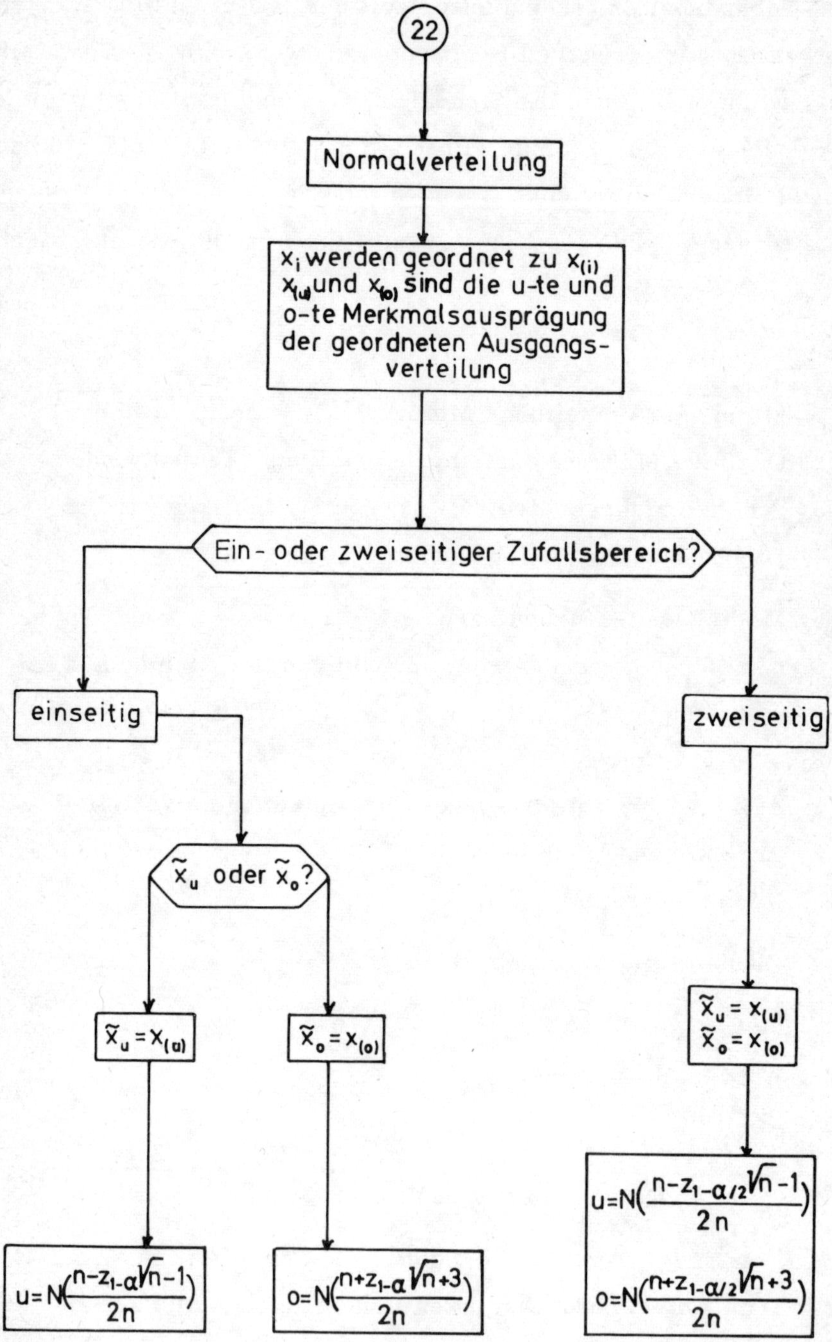
22
Normalverteilung
x_i werden geordnet zu $x_{(i)}$
$x_{(u)}$ und $x_{(o)}$ sind die u-te und o-te Merkmalsausprägung der geordneten Ausgangsverteilung
Ein- oder zweiseitiger Zufallsbereich?
einseitig
zweiseitig
$\tilde{x}_u$ oder $\tilde{x}_o$?
$\tilde{x}_u = x_{(u)}$
$\tilde{x}_o = x_{(o)}$
$\tilde{x}_u = x_{(u)}$
$\tilde{x}_o = x_{(o)}$
$u = N\left(\frac{n - z_{1-\alpha}\sqrt{n} - 1}{2n}\right)$
$o = N\left(\frac{n + z_{1-\alpha}\sqrt{n} + 3}{2n}\right)$
$u = N\left(\frac{n - z_{1-\alpha/2}\sqrt{n} - 1}{2n}\right)$
$o = N\left(\frac{n + z_{1-\alpha/2}\sqrt{n} + 3}{2n}\right)$

22. Aufgabe:

Bei der Musterung hatten 172o Rekruten folgende Tauglichkeitsgrade aufzuweisen:

x_i	h_i
1 = gut tauglich	5oo
2 = tauglich	71o
3 = noch tauglich	45o
4 = wenig tauglich	6o
	172o

3o Rekruten werden für eine Spezialaufgabe zufällig ausgewählt. Mit höchstens welchem Tauglichkeitsgrad kann man für die Hälfte dieser 3o Rekruten rechnen ? α = 5 %

Lösung:

a) 1. Ordinale Verteilung. Merkmalsausprägungen: gut tauglich, tauglich, noch tauglich, wenig tauglich.

2. Maßzahl aus einer Verteilung : Zentralwert.

3. Schätzverfahren: Tauglichkeitsgrad der Hälfte von 3o Rekruten wird geschätzt.

4. Direkter Schluß: Ausgangsverteilung bekannt, $\tilde{x}$ gesucht.

b) 5. Modell: ohne Zurücklegen.

6. n/N = 3o / 172o = o,o17 < o,o4

7. ordinal

8. n = 3o

9. Normalverteilung

c) 1o. Einseitiger Zufallsbereich

11. $\tilde{x}_o = x_{(o)}$

$$u = N \left(\frac{n + z_{1-\alpha} \sqrt{n} + 3}{2n} \right) = 1720 \left(\frac{30 + 1,645 \cdot \sqrt{30} + 3}{2 \cdot 30} \right) = 1204$$

12.

x_i	h_i	ch_i	
1	5oo	5oo	
2	71o	121o	⟵ $x_{(1204)}$
3	45o	166o	
4	6o	172o	
	172o		

$\tilde{x}_o = 2$

13. Mit 95 % Wahrscheinlichkeit hat die Hälfte der 3o Rekruten höchstens einen Tauglichkeitsgrad von 2 (= tauglich).

3. Indirekter Schluß

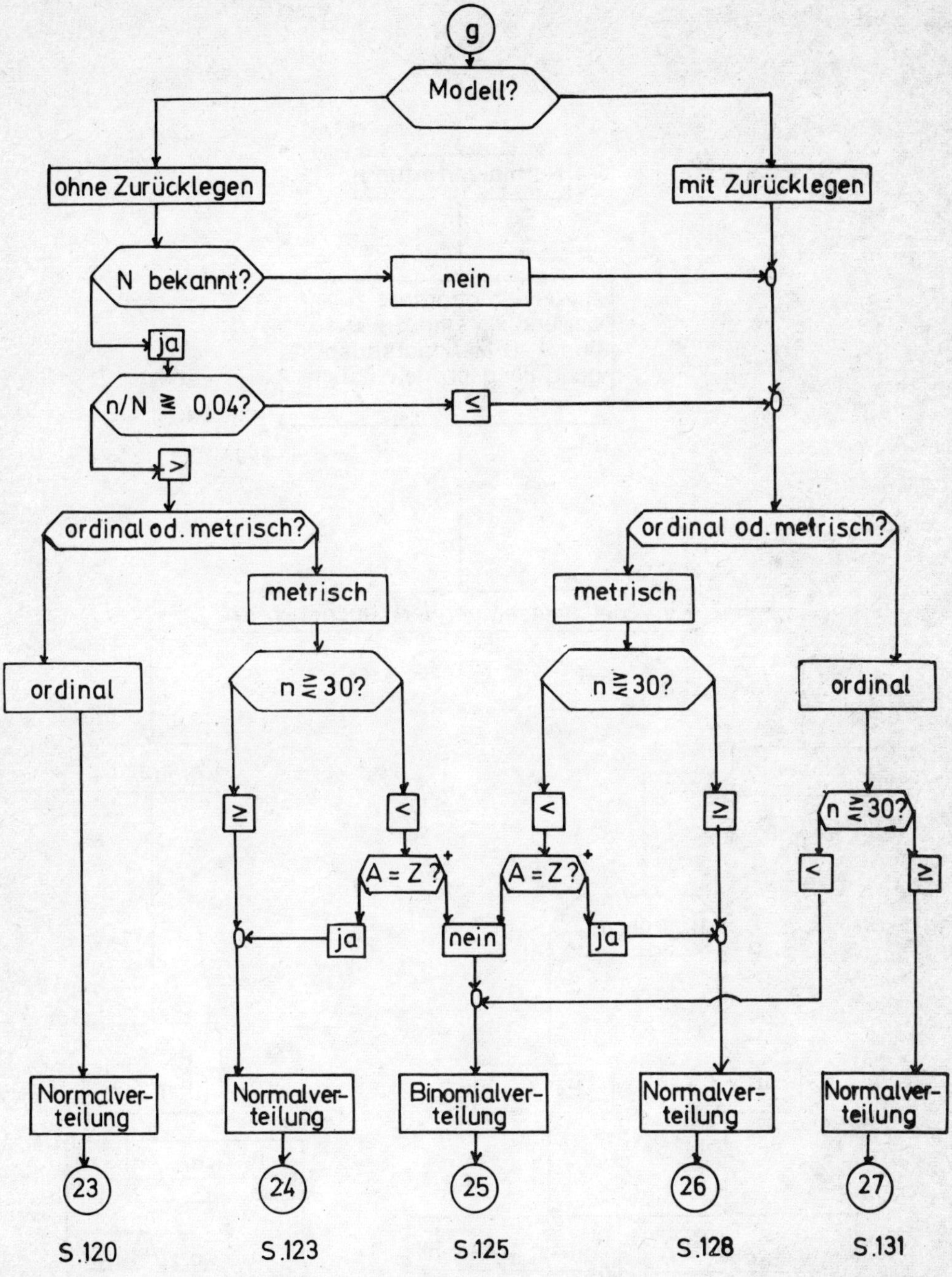
g
Modell?
ohne Zurücklegen
mit Zurücklegen
N bekannt?
nein
ja
n/N ≷ 0,04?
≤
>
ordinal od. metrisch?
ordinal od. metrisch?
metrisch
metrisch
ordinal
n ≷ 30?
n ≷ 30?
ordinal
≥
<
<
≥
n ≷ 30?
A = Z ?+
A = Z ?+
<
≥
ja
nein
ja
Normalverteilung
Normalverteilung
Binomialverteilung
Normalverteilung
Normalverteilung
23
24
25
26
27
S.120
S.123
S.125
S.128
S.131

+ vgl. S. 135

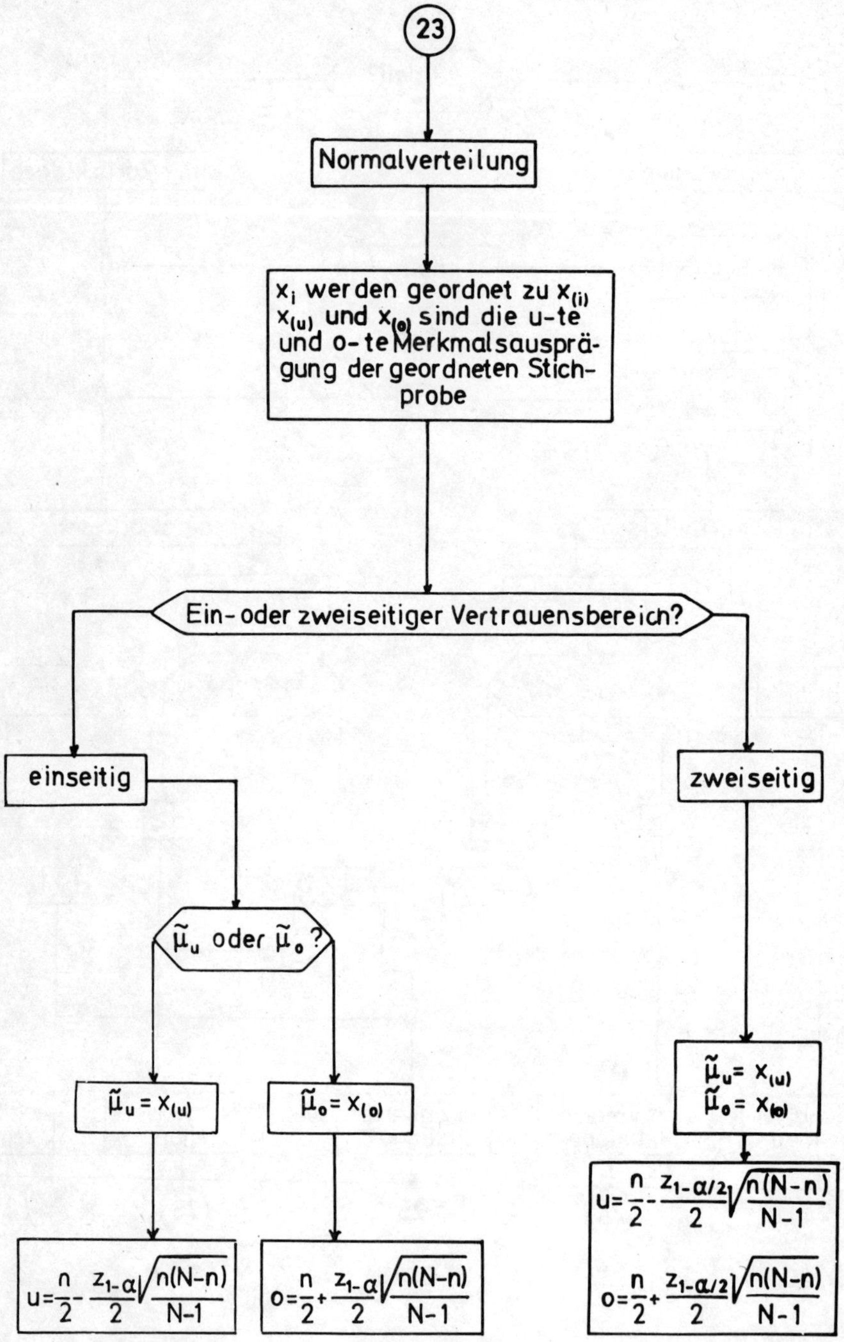

23
Normalverteilung
x_i werden geordnet zu $x_{(i)}$
$x_{(u)}$ und $x_{(o)}$ sind die u-te und o-te Merkmalsausprägung der geordneten Stichprobe
Ein- oder zweiseitiger Vertrauensbereich?
einseitig
zweiseitig
$\tilde{\mu}_u$ oder $\tilde{\mu}_o$?
$\tilde{\mu}_u = x_{(u)}$
$\tilde{\mu}_o = x_{(o)}$
$\tilde{\mu}_u = x_{(u)}$
$\tilde{\mu}_o = x_{(o)}$
$u = \frac{n}{2} - \frac{z_{1-\alpha/2}}{2}\sqrt{\frac{n(N-n)}{N-1}}$
$o = \frac{n}{2} + \frac{z_{1-\alpha/2}}{2}\sqrt{\frac{n(N-n)}{N-1}}$
$u = \frac{n}{2} - \frac{z_{1-\alpha}}{2}\sqrt{\frac{n(N-n)}{N-1}}$
$o = \frac{n}{2} + \frac{z_{1-\alpha}}{2}\sqrt{\frac{n(N-n)}{N-1}}$

23. Aufgabe:

Von 6oo Beschäftigten einer Firma wurden 3o befragt, wie sie mit den Sozialleistungen der Firma zufrieden sind:

x_i	h_i
sehr zufrieden (1)	5
zufrieden (2)	1o
ausreichend (3)	7
unzufrieden (4)	3
sehr unzufrieden (5)	5

Kann man mit 95 % Wahrscheinlichkeit annehmen, daß die Hälfte der Belegschaft die Sozialleistungen der Firma mindestens als ausreichend bezeichnet?

Lösung:

a) 1. Ordinale Verteilung. Merkmalsausprägungen: sehr zufrieden, ..., sehr unzufrieden.

2. Maßzahl aus einer Verteilung: Zentralwert.

3. Schätzverfahren: Einstellung der Belegschaft wird geschätzt.

4. Indirekter Schluß: Stichprobe bekannt, $\tilde{\mu}$ gesucht.

b) 5. Modell: ohne Zurücklegen.

6. N = 6oo

7. n / N = 3o / 6oo = o, o5 > o, o4

8. ordinal

9. Normalverteilung

c) 1o. Einseitiger Vertrauensbereich

11. $\tilde{\mu}_o = x_{(o)}$

$$o = \frac{n}{2} + \frac{z_{1-\alpha}}{2}\sqrt{\frac{n\,(N-n)}{N-1}} = \frac{30}{2} + \frac{1,645}{2}\sqrt{\frac{3o\,(6oo-30)}{6oo-1}} =$$

$$= 19,4$$

$$z_{1-\alpha} = z_{0,95} = 1,645$$

12.

x_i	h_i	ch_i	
1	5	5	
2	1o	15	
3	7	22	⟵ $x_{(19)}$
4	3	25	
5	5	3o	
	3o		

$\tilde{\mu}_o$ = ausreichend

13. Man kann mit 95 % Wahrscheinlichkeit annehmen, daß die Hälfte der Belegschaft die Sozialleistungen der Firma mindestens als ausreichend bezeichnet.

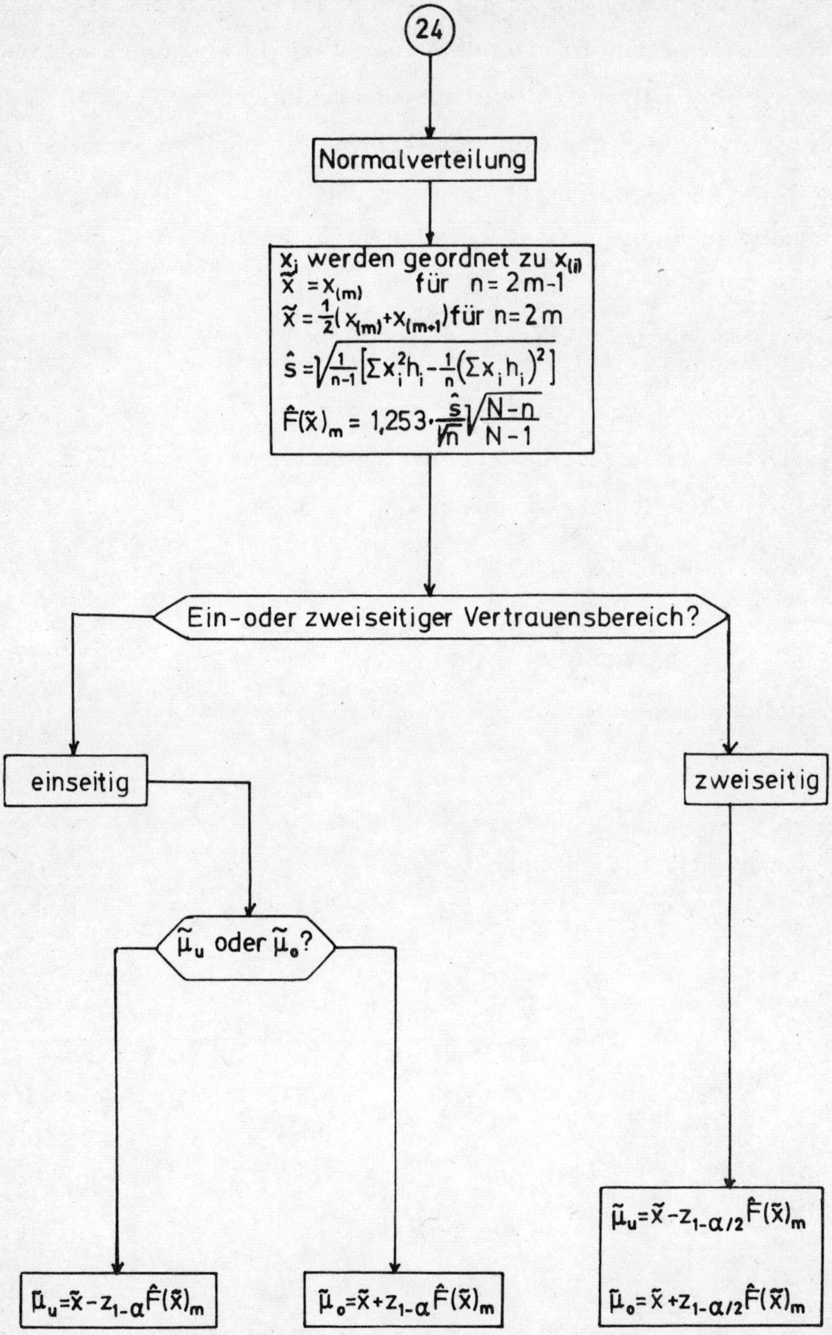
24
Normalverteilung
x_i werden geordnet zu $x_{(i)}$
$\tilde{x} = x_{(m)}$ für $n = 2m-1$
$\tilde{x} = \frac{1}{2}(x_{(m)} + x_{(m+1)})$ für $n = 2m$
$\hat{s} = \sqrt{\frac{1}{n-1}\left[\Sigma x_i^2 h_i - \frac{1}{n}(\Sigma x_i h_i)^2\right]}$
$\hat{F}(\tilde{x})_m = 1{,}253 \cdot \frac{\hat{s}}{\sqrt{n}} \sqrt{\frac{N-n}{N-1}}$
Ein-oder zweiseitiger Vertrauensbereich?
einseitig
zweiseitig
$\tilde{\mu}_u$ oder $\tilde{\mu}_o$?
$\tilde{\mu}_u = \tilde{x} - z_{1-\alpha} \hat{F}(\tilde{x})_m$
$\tilde{\mu}_o = \tilde{x} + z_{1-\alpha} \hat{F}(\tilde{x})_m$
$\tilde{\mu}_u = \tilde{x} - z_{1-\alpha/2} \hat{F}(\tilde{x})_m$
$\tilde{\mu}_o = \tilde{x} + z_{1-\alpha/2} \hat{F}(\tilde{x})_m$

24. Aufgabe:

Um das mittlere Heiratsalter der Männer eines Ortes festzustellen, wurden 3o Männer zufällig aus dem Heiratsregister ausgewählt und der Zentralwert ihres Heiratsalters berechnet. Innerhalb welcher Grenzen liegt der Zentralwert des Heiratsalters für die rund 5oo verheirateten Männer dieses Ortes, wenn er in der Stichprobe 28 Jahre beträgt und die Standardabweichung $s = 2,5$ Jahre ausmacht. $\alpha = 5\,\%$

Lösung:

a) 1. Metrische Verteilung. Merkmal: Heiratsalter.
2. Ordinale Maßzahl aus einer Verteilung: Zentralwert.
3. Schätzverfahren: Mittleres Heiratsalter wird geschätzt.
4. Indirekter Schluß: $\tilde{x}$ bekannt, $\tilde{\mu}$ gesucht.

b) 5. Modell: ohne Zurücklegen.
6. $N = 5oo$
7. $n / N = 3o / 5oo = o,o6 > o,o4$
8. metrisch
9. $n = 3o$
1o. Normalverteilung

c) 11. Zweiseitiger Vertrauensbereich
12. $\tilde{\mu}_u = \tilde{x} - z_{1-\alpha/2} \cdot \hat{F}(\tilde{x})_m \; ; \; \tilde{\mu}_o = \tilde{x} + z_{1-\alpha/2} \cdot \hat{F}(\tilde{x})_m$

$\tilde{x} = 28 \; ; \; z_{1-\alpha/2} = z_{0,975} = 1,96$

$$\hat{F}(\tilde{x})_m = 1,253 \cdot \frac{\hat{s}}{\sqrt{n}} \sqrt{\frac{N-n}{N-1}} = 1,253 \cdot \frac{2,54}{\sqrt{3o}} \sqrt{\frac{5oo - 3o}{5oo-1}} = 0,56$$

$$s = 2,5 \; ; \; \hat{s} = s\sqrt{\frac{n}{n-1}} = 2,5\sqrt{\frac{3o}{3o-1}} = 2,54$$

$\tilde{\mu}_u = 28 - 1,96 \cdot o,56 = 26,89$

$\tilde{\mu}_o = 28 + 1,96 \cdot o,56 = 29,11$

13. Mit 95 % Wahrscheinlichkeit liegt das zentrale Heiratsalter dieses Ortes für die Männer zwischen 26,89 und 29,11 Jahren.

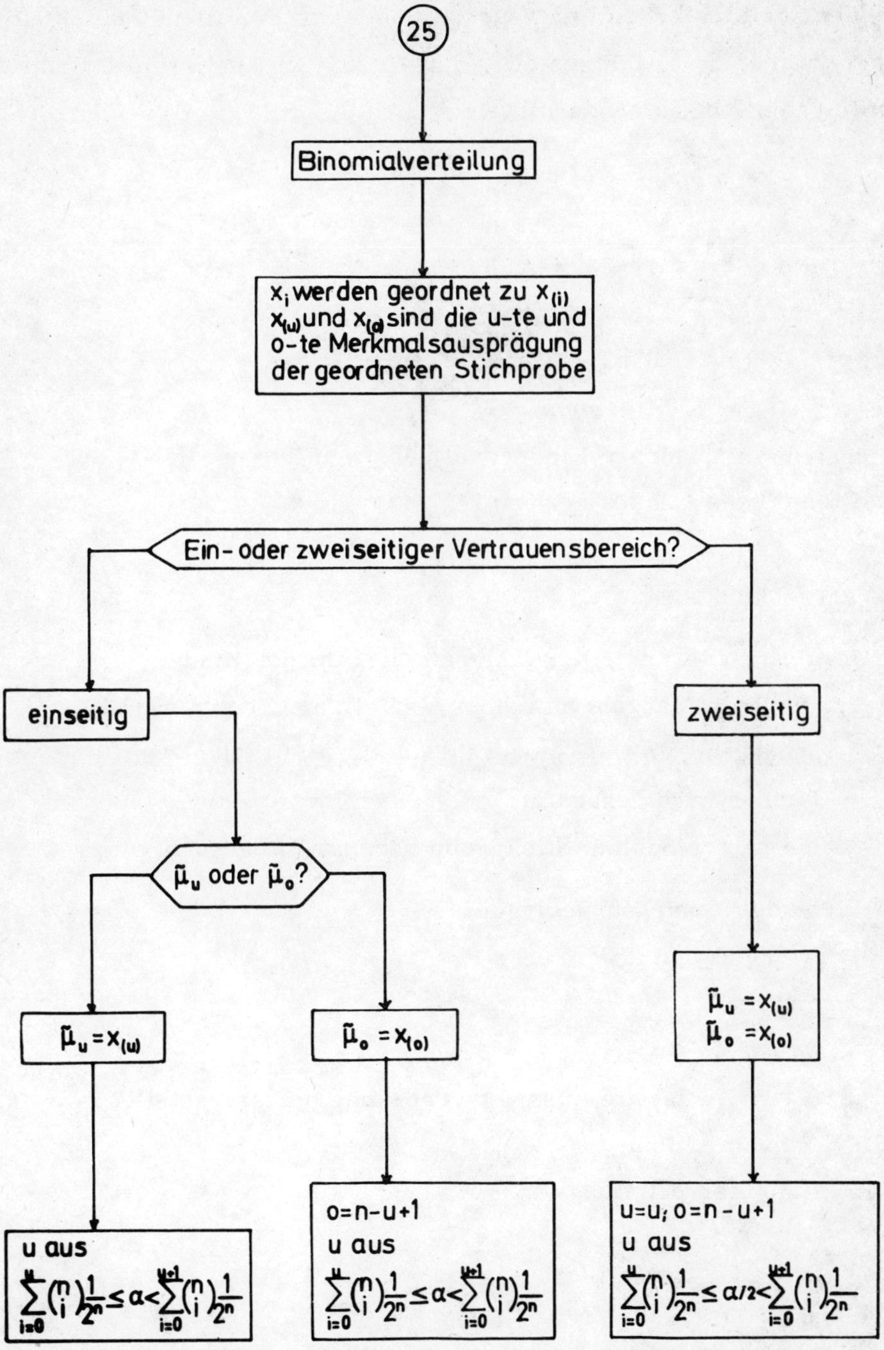
25
Binomialverteilung
x_i werden geordnet zu $x_{(i)}$
$x_{(u)}$ und $x_{(o)}$ sind die u-te und o-te Merkmalsausprägung der geordneten Stichprobe
Ein- oder zweiseitiger Vertrauensbereich?
einseitig
zweiseitig
$\tilde{\mu}_u$ oder $\tilde{\mu}_o$?
$\tilde{\mu}_u = x_{(u)}$
$\tilde{\mu}_o = x_{(o)}$
$\tilde{\mu}_u = x_{(u)}$
$\tilde{\mu}_o = x_{(o)}$
u aus
$\sum_{i=0}^{u}\binom{n}{i}\frac{1}{2^n} \le \alpha < \sum_{i=0}^{u+1}\binom{n}{i}\frac{1}{2^n}$
o=n-u+1
u aus
$\sum_{i=0}^{u}\binom{n}{i}\frac{1}{2^n} \le \alpha < \sum_{i=0}^{u+1}\binom{n}{i}\frac{1}{2^n}$
u=u; o=n-u+1
u aus
$\sum_{i=0}^{u}\binom{n}{i}\frac{1}{2^n} \le \alpha/2 < \sum_{i=0}^{u+1}\binom{n}{i}\frac{1}{2^n}$

25. Aufgabe:

In einer soziologischen Untersuchung über die Familienstruktur eines Landes wurde u. a. festgestellt, daß 2o zufällig ausgewählte Familien folgene Zahl an Kindern hatte:

x_i	h_i
0	4
1	6
2	5
3	3
4 u. mehr	2

Mindestens mit welcher Kinderzahl kann man für die Hälfte der Familien dieses Landes rechnen? $\alpha = 5\,\%$

Lösung:

a) 1. Metrische Verteilung. Merkmal: Zahl der Kinder.

2. Ordinale Maßzahl aus einer Verteilung: Zentralwert.

3. Schätzverfahren: Kinderzahl für die Hälfte der Familien des Landes wird geschätzt.

4. Indirekter Schluß: Stichprobe bekannt, $\tilde{\mu}$ gesucht.

b) 5. Modell: ohne Zurücklegen.

6. N unbekannt

7. metrisch

8. $n = 2o < 3o$

9. A = Z ? Ist die Ausgangsverteilung normalverteilt? Annahme: nein

1o. Binomialverteilung

c) 11. Einseitiger Vertrauensbereich

12. $\tilde{\mu}_u = x_{(u)}$

u aus $\sum_{i=0}^{u} \binom{n}{i} \frac{1}{2^n} \leq \alpha < \sum_{i=0}^{u+1} \binom{n}{i} \frac{1}{2^n}$

$$\sum_{i=0}^{5} \binom{20}{i} \frac{1}{2^{20}} = 0,0207 < 0,05 < 0,0577 =$$

$$= \sum_{i=0}^{6} \binom{20}{i} \frac{1}{2^{20}}$$

u = 5

13.

x_i	h_i	ch_i	
o	4	4	
1	6	1o	⟵ $x_{(5)}$
2	5	15	
3	3	18	
4 u. mehr	2	2o	
	2o		

$\tilde{\mu}_u = 1$

14. Mit 95 % Wahrscheinlichkeit hat die Hälfte der Familien dieses Landes mindestens 1 Kind.

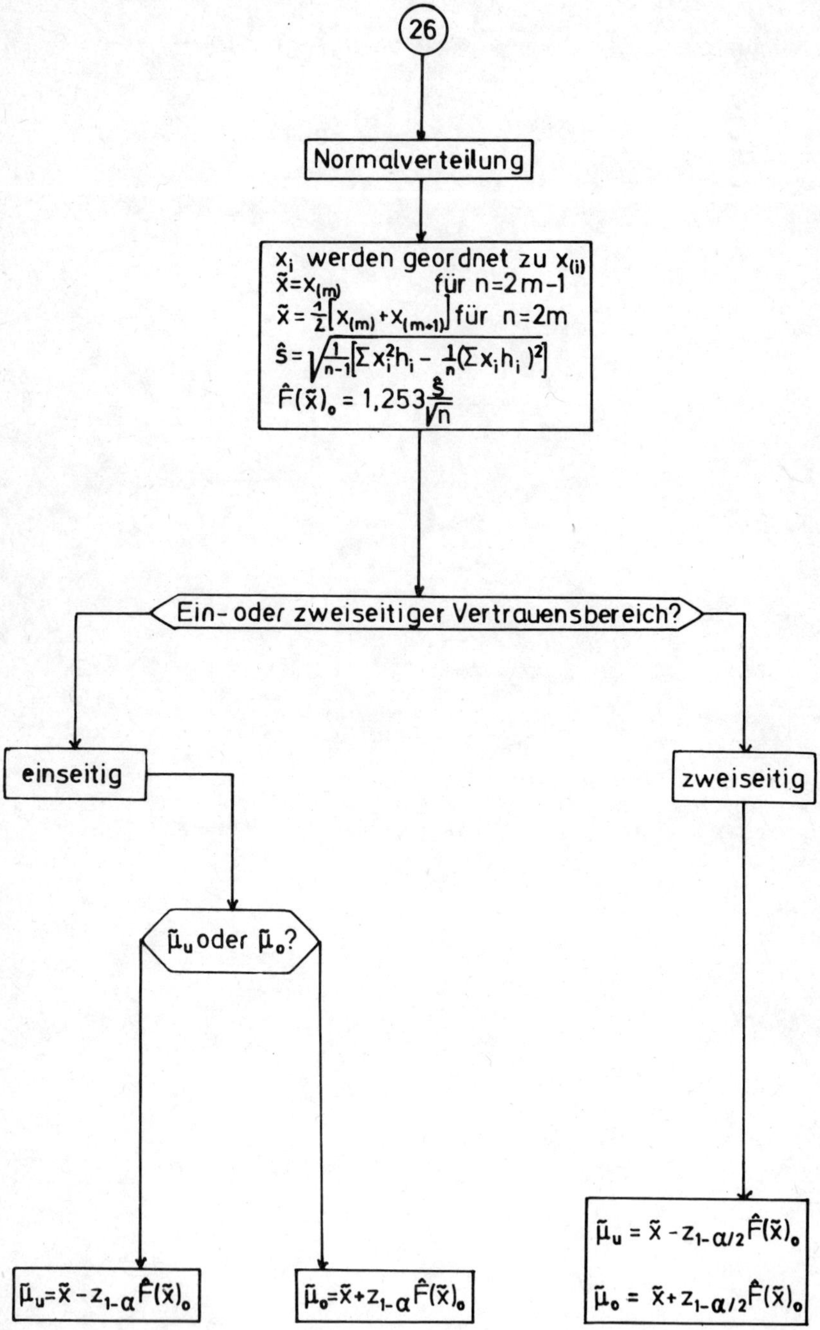
26
Normalverteilung
x_i werden geordnet zu $x_{(i)}$
$\tilde{x} = x_{(m)}$ für $n = 2m-1$
$\tilde{x} = \frac{1}{2}\left[x_{(m)} + x_{(m+1)}\right]$ für $n = 2m$
$\hat{s} = \sqrt{\frac{1}{n-1}\left[\Sigma x_i^2 h_i - \frac{1}{n}(\Sigma x_i h_i)^2\right]}$
$\hat{F}(\tilde{x})_o = 1{,}253 \frac{\hat{s}}{\sqrt{n}}$
Ein- oder zweiseitiger Vertrauensbereich?
einseitig
zweiseitig
$\tilde{\mu}_u$ oder $\tilde{\mu}_o$?
$\tilde{\mu}_u = \tilde{x} - z_{1-\alpha} \hat{F}(\tilde{x})_o$
$\tilde{\mu}_o = \tilde{x} + z_{1-\alpha} \hat{F}(\tilde{x})_o$
$\tilde{\mu}_u = \tilde{x} - z_{1-\alpha/2} \hat{F}(\tilde{x})_o$
$\tilde{\mu}_o = \tilde{x} + z_{1-\alpha/2} \hat{F}(\tilde{x})_o$

26. Aufgabe:

Der Trainer einer Basketballmannschaft registrierte folgende Trefferzahlen seiner 24 Spieler bei je 12 Korbwürfen:

x_i (= Treffer)	h_i (= Spieler)
2	1
3	1
4	2
5	3
6	6
7	5
8	4
9	1
1o	1

Mindestens welche Trefferzahl erreicht auf lange Sicht die Hälfte der Spieler ? $\alpha = 5\%$

Lösung:

a) 1. Metrische Verteilung. Merkmal: Trefferzahl.

2. Ordinale Maßzahl aus einer Verteilung: Zentralwert.

3. Schätzverfahren: Mittlere Trefferzahl für die Spieler wird geschätzt.

4. Indirekter Schluß: Stichprobe bekannt, $\tilde{\mu}$ gesucht.

b) 5. Modell: ohne Zurücklegen. N = unbekannt

6. metrisch

7. n = 24 < 3o

8. A = Z ? Ist die Ausgangsverteilung normalverteilt? Annahme: ja

9. Normalverteilung

c) 1o. Einseitiger Vertrauensbereich

11. $\tilde{\mu}_u = \tilde{x} - z_{1-\alpha} \cdot \hat{F}(\tilde{x})_o$

$\tilde{x} = 6$; $z_{1-\alpha} = z_{0,95} = 1,645$

$\hat{F}(\tilde{x})_o = 1,253 \cdot \frac{\hat{s}}{\sqrt{n}} = 1,253 \frac{1,87}{\sqrt{24}} = 0,478$

$\tilde{\mu}_u = 6 - 1,645 \cdot 0,478 = 5,2$

12. Auf lange Sicht erreicht mit 95 % Wahrscheinlichkeit die Hälfte der Spieler mindestens 5 Treffer bei je 12 Korbwürfen.

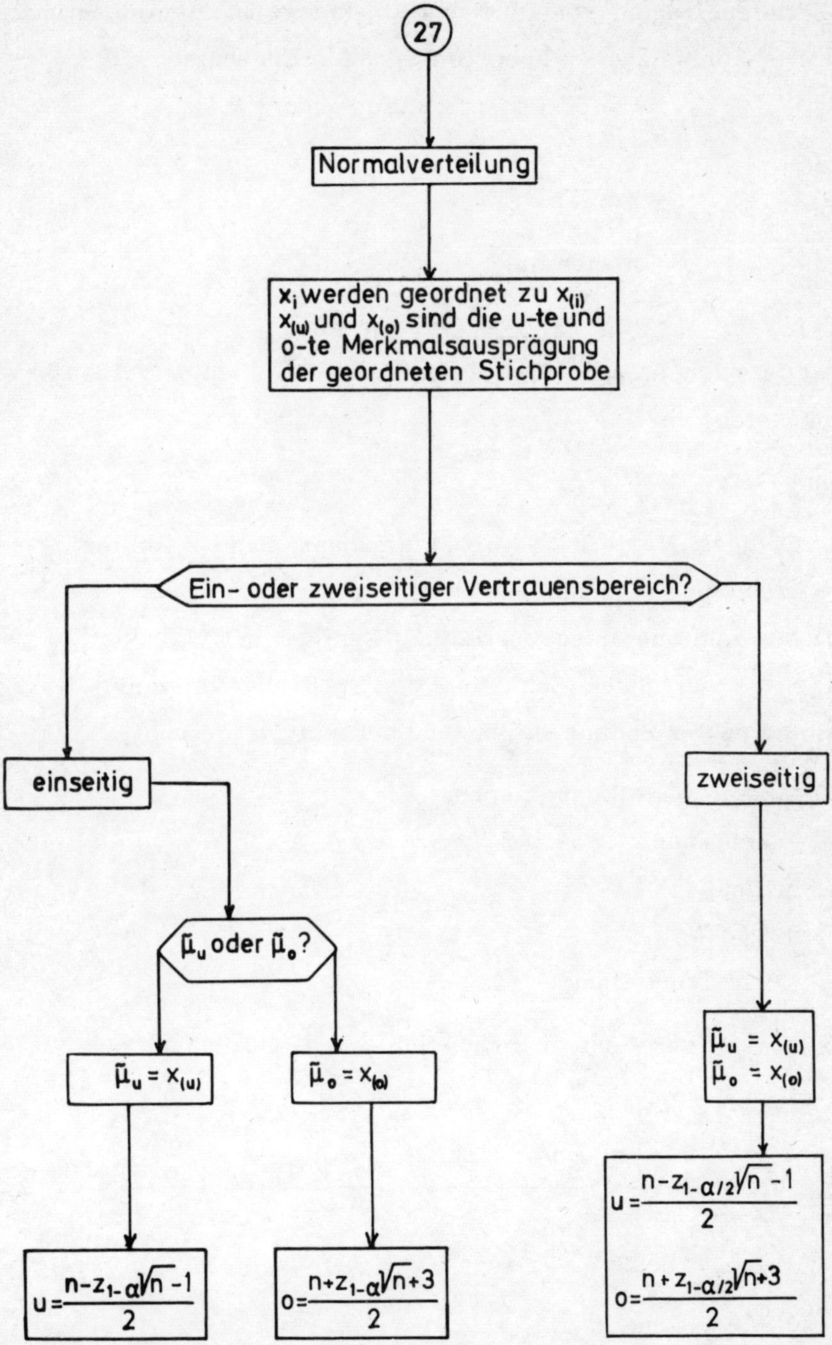
27
Normalverteilung
x_i werden geordnet zu $x_{(i)}$
$x_{(u)}$ und $x_{(o)}$ sind die u-te und o-te Merkmalsausprägung der geordneten Stichprobe
Ein- oder zweiseitiger Vertrauensbereich?
einseitig
zweiseitig
$\tilde{\mu}_u$ oder $\tilde{\mu}_o$?
$\tilde{\mu}_u = x_{(u)}$
$\tilde{\mu}_o = x_{(o)}$
$\tilde{\mu}_u = x_{(u)}$
$\tilde{\mu}_o = x_{(o)}$
$u = \frac{n - z_{1-\alpha}\sqrt{n} - 1}{2}$
$o = \frac{n + z_{1-\alpha}\sqrt{n} + 3}{2}$
$u = \frac{n - z_{1-\alpha/2}\sqrt{n} - 1}{2}$
$o = \frac{n + z_{1-\alpha/2}\sqrt{n} + 3}{2}$

27. Aufgabe:

Eine Zufallsbefragung von Fernsehteilnehmern über eine bestimmte Sendung in Fortsetzungen brachte folgendes Ergebnis:

Wie oft sehen Sie die Sendung ?

x_i	h_i
immer	5
meistens	12
manchmal	4
selten	1
nie	8

Wie häufig sehen sich die Hälfte der Fernsehteilnehmer diese Sendung höchstens an? $\alpha = 5\ \%$

Lösung:

a) 1. Ordinale Verteilung. Merkmalsausprägungen: immer, meistens, manchmal selten, nie.

2. Maßzahl aus einer Verteilung: Zentralwert.

3. Schätzverfahren: Schätzung der Fernsehbeteiligung.

4. Indirekter Schluß: Stichprobe bekannt, $\tilde{\mu}$ gesucht.

b) 5. Modell: ohne Zurücklegen.

6. N unbekannt

7. ordinal

8. n = 3o

9. Normalverteilung

c) 1o. Einseitiger Vertrauensbereich

11. $\tilde{\mu}_o = x_{(o)}$

$$o = \frac{n + z_{1-\alpha}\sqrt{n} + 3}{2} = \frac{30 + 1,645\ \sqrt{30} + 3}{2} = 21$$

$$z_{1-\alpha} = z_{0,95} = 1,645$$

12.

x_i	h_i	ch_i	
nie	8	8	
selten	1	9	
manchmal	4	13	
mcistens	12	25	⟵ $x_{(21)}$
immer	5	3o	

$$\tilde{\mu}_o = \text{meistens}$$

13. Die Hälfte der Fernsehteilnehmer sieht sich diese Sendung mit 95 % Wahrscheinlichkeit höchstens "meistens" an.

4. Anpassungstest

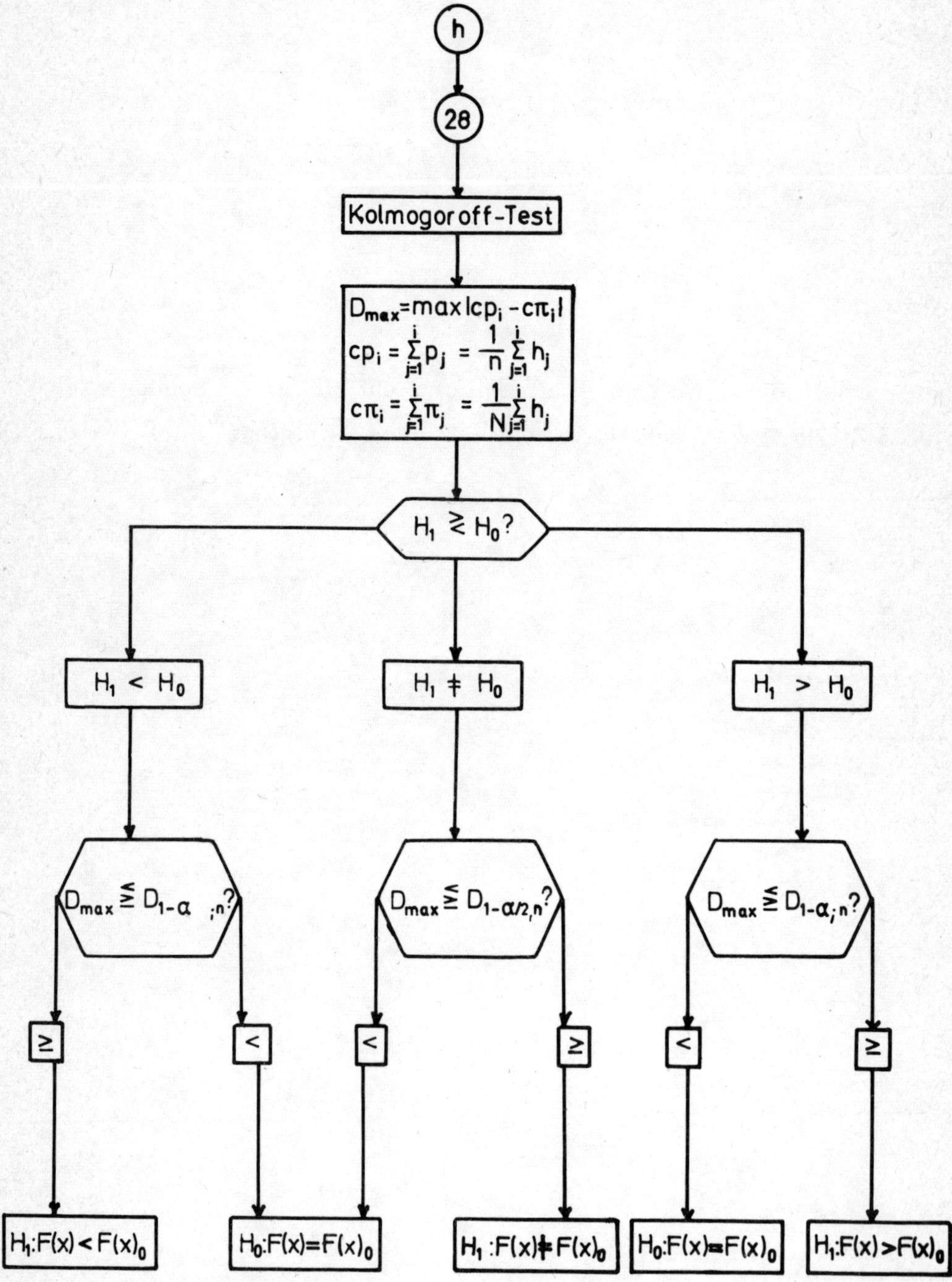
h
28
Kolmogoroff-Test
$D_{max} = \max |cp_i - c\pi_i|$
$cp_i = \sum_{j=1}^{i} p_j = \frac{1}{n} \sum_{j=1}^{i} h_j$
$c\pi_i = \sum_{j=1}^{i} \pi_j = \frac{1}{N} \sum_{j=1}^{i} h_j$
$H_1 \gtrless H_0$?
$H_1 < H_0$
$H_1 \neq H_0$
$H_1 > H_0$
$D_{max} \gtreqless D_{1-\alpha;n}$?
$D_{max} \gtreqless D_{1-\alpha/2;n}$?
$D_{max} \lesseqgtr D_{1-\alpha;n}$?
≧
<
<
≧
<
≧
$H_1: F(x) < F(x)_0$
$H_0: F(x) = F(x)_0$
$H_1: F(x) \neq F(x)_0$
$H_0: F(x) = F(x)_0$
$H_1: F(x) > F(x)_0$

Mit Hilfe des Kolmogoroff-Tests kann man u. a. auch die Frage entscheiden, ob die Ausgangsverteilung einer Normalverteilung entspricht. Die entsprechende Abfrage wird in den Flußdiagrammen folgendermaßen abgekürzt: $A = Z$? Dazu ein Beispiel:

28. Aufgabe:

Kann man annehmen, daß die Stichprobe von Aufgabe (26) aus einer normalverteilten Ausgangsverteilung stammt? $\alpha = 5\%$

Lösung:

a) 1. Metrische Verteilung. Merkmalsausprägungen:
Zahl der Korbwürfe: 2, 3, 4, ..., 10.
2. Ordinale Maßzahlen aus einer Verteilung: Quantile.
3. Testverfahren: Differenz zwischen Quantilen der Stichprobe und der Normalverteilung wird getestet.
4. Anpassungstest: Vergleich von Maßzahlen der Stichprobe und Ausgangsverteilung.

b) 5. $H_o: F(x) = Z$ Die Ausgangsverteilung ist normalverteilt.
$H_1: F(x) \neq Z$ Die Ausgangsverteilung ist nicht normalverteilt.
$H_1 \neq H_o$
6. $D_{1-\alpha/2;n} = D_{0,975;24} = 0,269$
7. $D_{max} = \max |cp_i - c\pi_i|$; In unserem Beipiel sind die $c\pi_i$ die Perzentile der Normalverteilung: $c\pi_i = \Phi_z$. Um diese zu ermitteln, muß die Stichprobe in z - Merkmale transformiert werden. Die Formel dafür lautet:

$$z_i = \frac{x_i - \bar{x}}{s}$$

x_i	h_i	p_i	cpi	$z_i = \frac{x_i - \bar{x}}{s}$	Φ_{z_i}	$D_i = \lvert cp_i - \Phi_{z_i} \rvert$
2	1	o, o417	o, o417	- 2, 27	o, o116	o, o3o1
3	1	o, o417	o, o834	- 1, 74	o, o4o9	o, o425
4	2	o, o833	o, 1667	- 1, 2o	o, 1151	o, o516
5	3	o, 125o	o, 2917	- o, 67	o, 2514	o, o4o3
6	6	o, 25oo	o, 5417	- o, 13	o, 4483	o, o934
7	5	o, 2o83	o, 75oo	o, 4o	o, 6554	o, o946
8	4	o, 1666	o, 9166	o, 94	o, 8264	o, o9o2
9	1	o, o417	o, 9583	1, 47	o, 9292	o, o291
1o	1	o, o417	1, oooo	2, o1	o, 9778	o, o222

$$\bar{x} = 6,25 \; ; \quad s = 1,87 \; ; \quad z_i = \frac{x_i - 6,25}{1,87}$$

$$z_1 = \frac{2 - 6,25}{1,87} = -2,27$$

Mit der Ausprägung - 2, 27 werden in der standardisierten Normalverteilung o, o116, das sind 1, 16 % der Ausprägungen, erreicht.

$$z_2 = \frac{3 - 6,5}{1,87} = -1,74$$

Mit der Ausprägung - 1, 74 werden in der standardisierten Normalverteilung o, o4o9, das sind 4, o9 % der Ausprägungen, erreicht.

$$D_{max} = 0,0946$$

8. $D_{max} \gtreqless D_{1-\alpha/2;n}$? o, o946 < o, 269

9. H_o : F(x) = Z

1o. Man kann die Behauptung nicht ablehnen, daß die Stichprobe aus einer normalverteilten Ausgangsverteilung stammt.

5. Homogenitätstest

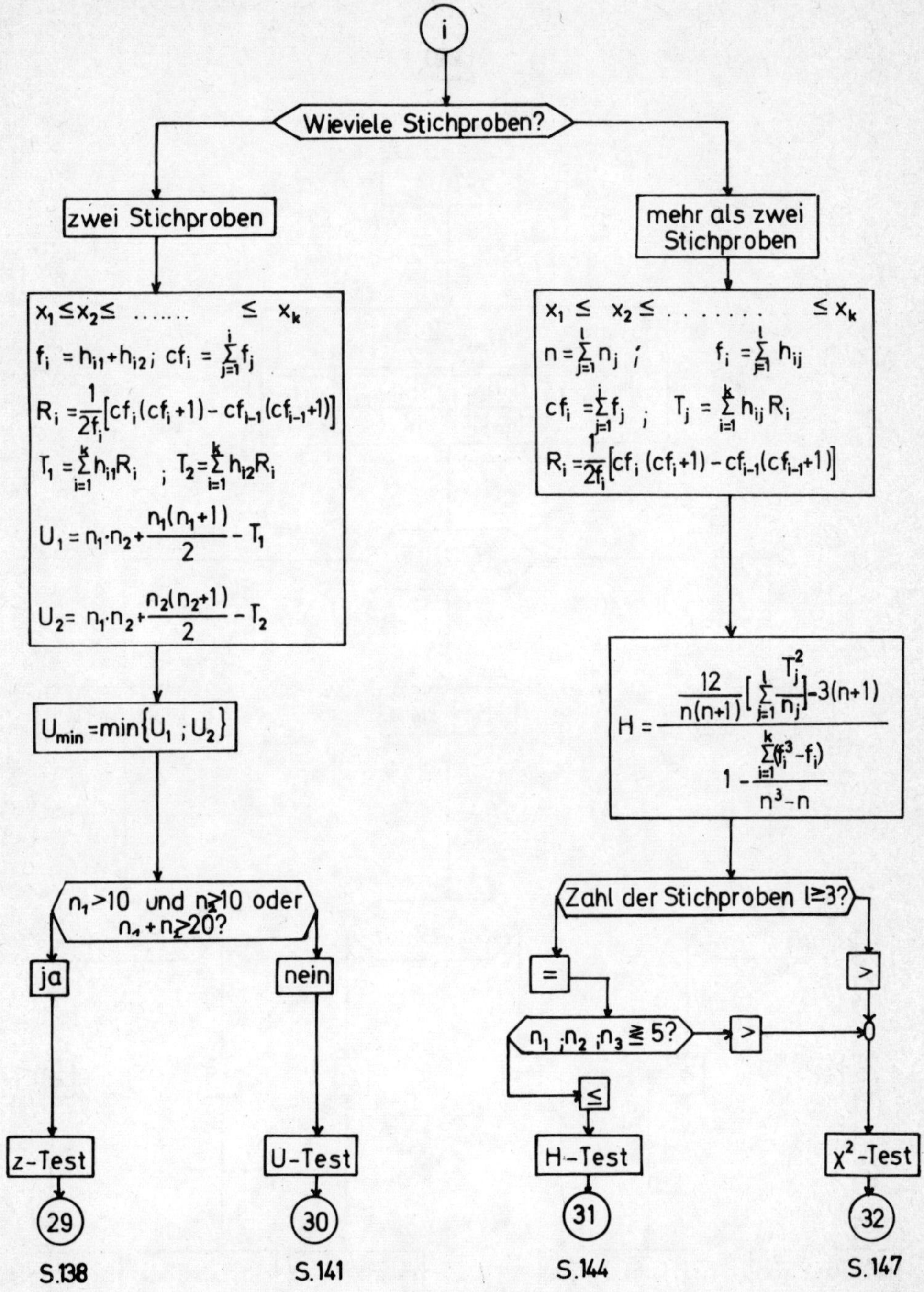
i
Wieviele Stichproben?
zwei Stichproben
mehr als zwei Stichproben
$x_1 \le x_2 \le \dots \le x_k$
$f_i = h_{i1} + h_{i2}$; $cf_i = \sum_{j=1}^{i} f_j$
$R_i = \frac{1}{2f_i}[cf_i(cf_i+1) - cf_{i-1}(cf_{i-1}+1)]$
$T_1 = \sum_{i=1}^{k} h_{i1} R_i$; $T_2 = \sum_{i=1}^{k} h_{i2} R_i$
$U_1 = n_1 \cdot n_2 + \frac{n_1(n_1+1)}{2} - T_1$
$U_2 = n_1 \cdot n_2 + \frac{n_2(n_2+1)}{2} - T_2$
$U_{min} = \min\{U_1 ; U_2\}$
$n_1 > 10$ und $n_2 \geq 10$ oder $n_1 + n_2 \geq 20$?
ja
nein
z-Test
U-Test
$x_1 \le x_2 \le \dots \le x_k$
$n = \sum_{j=1}^{l} n_j$; $f_i = \sum_{j=1}^{l} h_{ij}$
$cf_i = \sum_{j=1}^{i} f_j$; $T_j = \sum_{i=1}^{k} h_{ij} R_i$
$R_i = \frac{1}{2f_i}[cf_i(cf_i+1) - cf_{i-1}(cf_{i-1}+1)]$
$H = \frac{\frac{12}{n(n+1)}\left[\sum_{j=1}^{l} \frac{T_j^2}{n_j}\right] - 3(n+1)}{1 - \frac{\sum_{i=1}^{k}(f_i^3 - f_i)}{n^3 - n}}$
Zahl der Stichproben $l \geqq 3$?
=
>
$n_1 ; n_2 ; n_3 \geqq 5$?
>
≤
H-Test
χ^2-Test
29
30
31
32
S.138
S.141
S.144
S.147

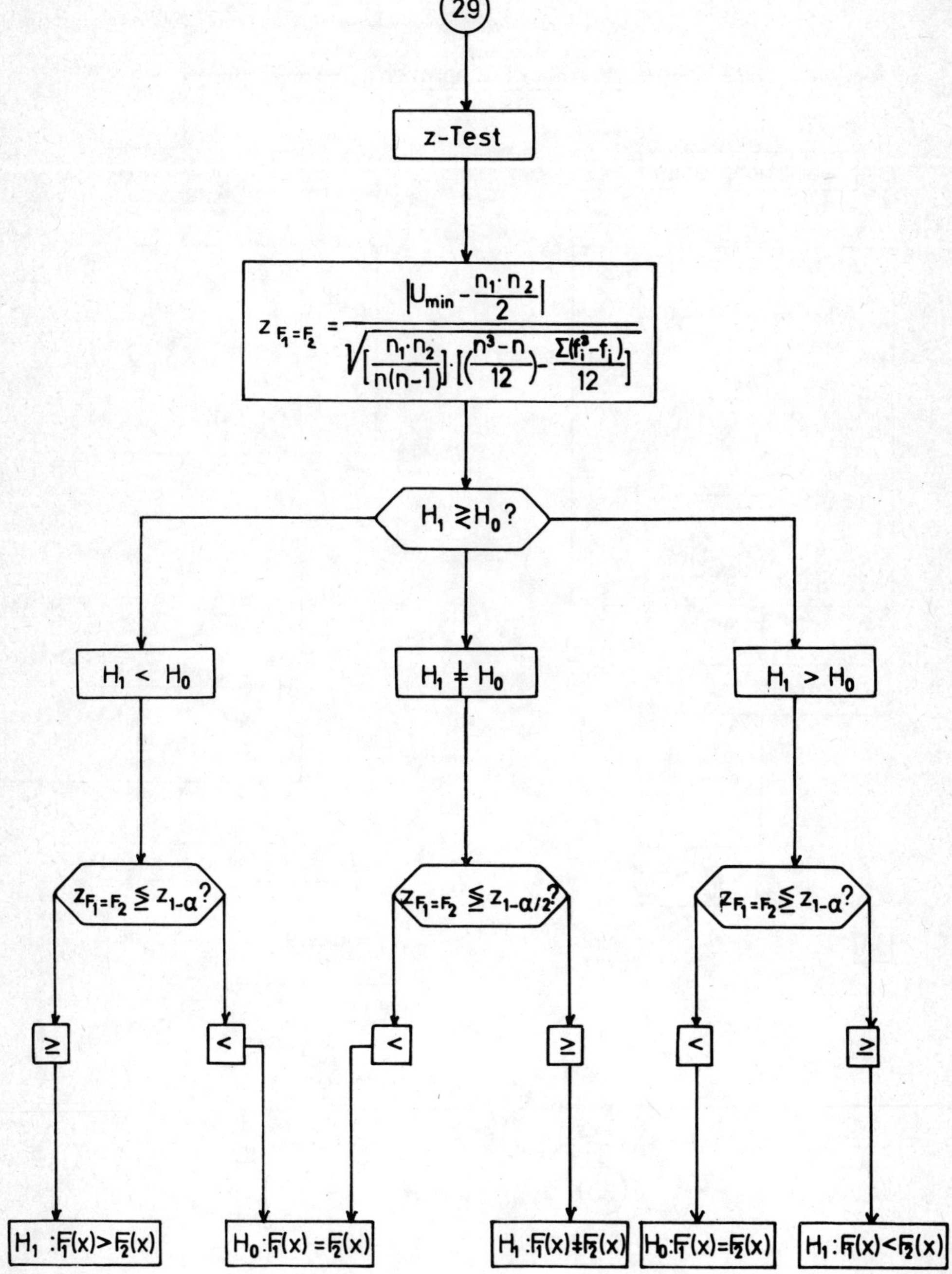
29
z-Test
$z_{F_1=F_2} = \frac{\left|U_{min} - \frac{n_1 \cdot n_2}{2}\right|}{\sqrt{\left[\frac{n_1 \cdot n_2}{n(n-1)}\right] \cdot \left[\left(\frac{n^3-n}{12}\right) - \frac{\Sigma(f_i^3-f_i)}{12}\right]}}$
$H_1 \gtrless H_0$?
$H_1 < H_0$
$H_1 \neq H_0$
$H_1 > H_0$
$z_{F_1=F_2} \gtreqless z_{1-\alpha}$?
$z_{F_1=F_2} \gtreqless z_{1-\alpha/2}$?
$z_{F_1=F_2} \gtreqless z_{1-\alpha}$?
≥
<
<
≥
<
≥
$H_1: F_1(x) > F_2(x)$
$H_0: F_1(x) = F_2(x)$
$H_1: F_1(x) \neq F_2(x)$
$H_0: F_1(x) = F_2(x)$
$H_1: F_1(x) < F_2(x)$

29. Aufgabe:

Von einem bestimmten Vitamin wird angenommen, daß es die Energie erhöht. In einem Versuch wurde 1oo Männern das Vitamin verabreicht und weiteren 1oo Männern Placebos. Ihre Reaktionen zeigt folgende Tabelle:

	Behandelte Gruppe	Kontrollgruppe
Mehr Energie	36	2o
Keine Veränderung	56	7o
Weniger Energie	8	1o

Bestätigt dieses Ergebnis die Annahme, daß das Vitamin die Energie erhöht ? $\alpha = 5\,\%$

Lösung:

a) 1. Ordinale Verteilung. Merkmalsausprägungen: Mehr Energie, keine Veränderung, weniger Energie.

2. Maßzahlen aus einer Verteilung: Quantile.

3. Testverfahren: Unterschied zwischen Stichproben wird getestet.

4. Homogenitätstest: Stammen die Stichproben aus der gleichen Ausgangsverteilung ?

b) 5. Zwei Stichproben: 1. Behandelte Gruppe

2. Kontrollgruppe

6. $n_1 = 1oo > 1o$; $n_2 = 1oo > 1o$

7. z - Test

c) 8. H_o: $F_1(x) = F_2(x)$ Das Vitamin hat keinen Einfluß auf die Energie.

H_1: $F_1(x) > F_2(x)$ Das Vitamin erhöht die Energie.

$H_1 < H_o$

9. $z_{1-\alpha} = z_{0,95} = 1,645$

1o. $$z_{F_1=F_2} = \frac{\left|U_{min} - \frac{n_1 \cdot n_2}{2}\right|}{\sqrt{\left[\frac{n_1 \cdot n_2}{n\,(n-1)}\right]\left[\left(\frac{n^3 - n}{12}\right) - \frac{\Sigma(f_i^3 - f_i)}{12}\right]}}$$

x_i	h_{i1}	h_{i2}	f_i	cf_i	R_i	$h_{i1} \cdot R_i$	$h_{i2} \cdot R_i$	f_i^3	$f_i^3 - f$
Mehr Energie	36	2o	56	56	28,5	1o26	57o	175616	17556o
Keine Veränderung	56	7o	126	182	119,5	6692	8365	2ooo376	2ooo25o
Weniger Energie	8	1o	18	2oo	191,5	1532	1915	5832	5814
	1oo	1oo	2oo			925o	1o85o		2181624

$$R_1 = \frac{1}{2 \cdot 56}\left[56\,(56 + 1) - 0\right] = 28,5$$

$$R_2 = \frac{1}{2.126}\left[182\,(182 + 1) - 56\,(56 + 1)\right] = 119,5$$

$$R_3 = \frac{1}{2.18}\left[2oo\,(2oo + 1) - 182\,(182 + 1)\right] = 191,5$$

$$U_1 = 1oo \cdot 1oo + \frac{1oo\,(1oo + 1)}{2} - 925o = 58oo$$

$$U_2 = 1oo \cdot 1oo + \frac{1oo\,(1oo + 1)}{2} - 1o85o = 42oo$$

$$U_{min} = 42oo$$

$$z_{F_1 = F_2} = \frac{\left|42oo - \frac{1oo \cdot 1oo}{2}\right|}{\sqrt{\left[\frac{1oo \cdot 1oo}{2oo\,(2oo-1)}\right]\left[\left(\frac{2oo^3 - 2oo}{12}\right) - \frac{2181624}{12}\right]}} = 2,29$$

11. $z_{F_1=F_2} \gtreqless z_{1-\alpha}$? $\quad 2,29 > 1,645$

12. $H_1 : F_1(x) > F_2(x)$

13. Das Vitamin erhöht die Energie. Das Risiko, daß diese Behauptung nicht zutrifft, beträgt maximal 5 %.

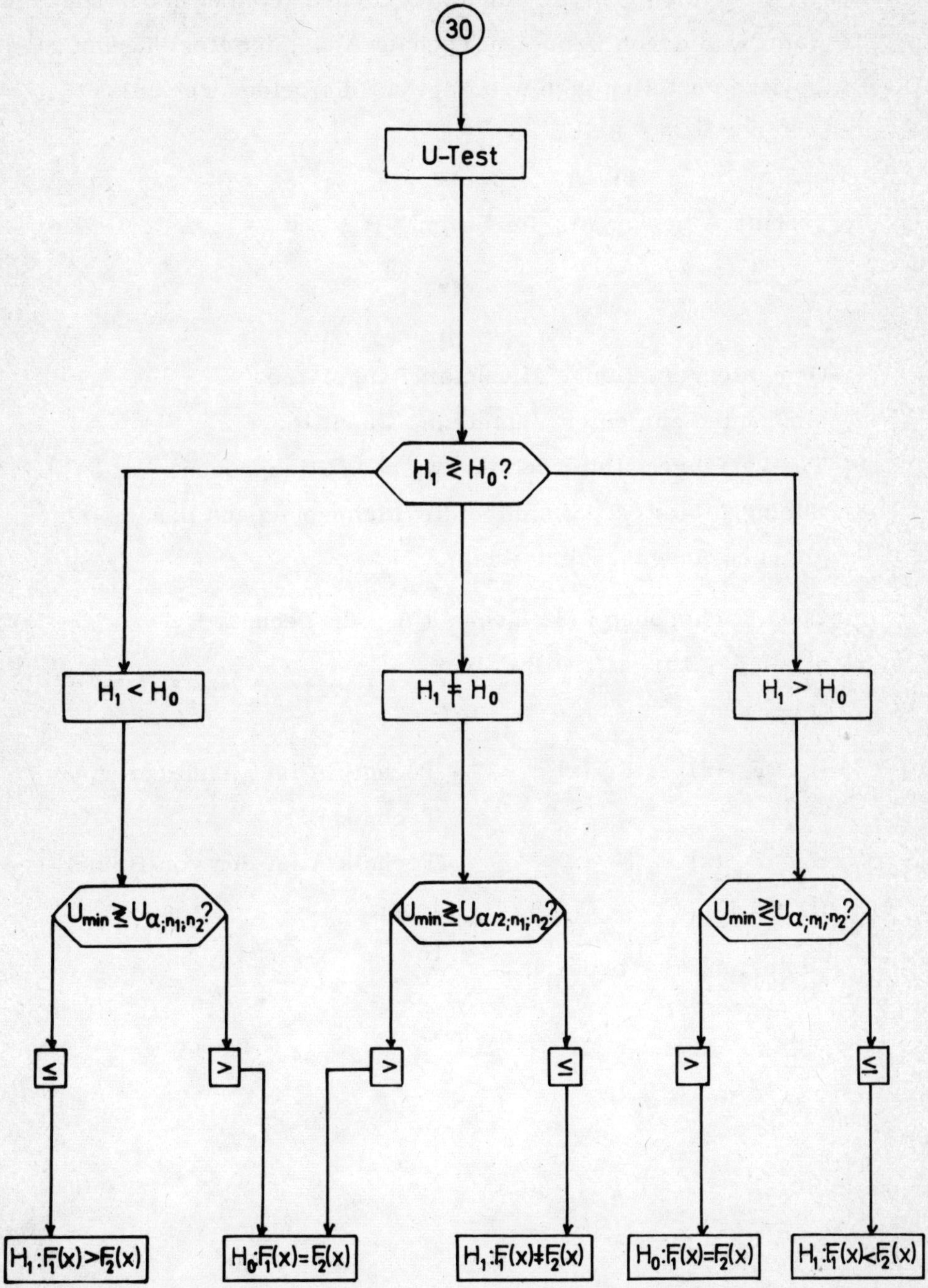
30
U-Test
H1 ≷ H0?
H1 < H0
H1 ≠ H0
H1 > H0
Umin ≷ Uα;n1;n2?
Umin ≷ Uα/2;n1;n2?
Umin ≷ Uα;n1;n2?
≤
>
>
≤
>
≤
H1: F1(x) > F2(x)
H0: F1(x) = F2(x)
H1: F1(x) ≠ F2(x)
H0: F1(x) = F2(x)
H1: F1(x) < F2(x)

3o. Aufgabe:

Die Rangliste der Ergebnisse eines sportlichen Wettbewerbes enthält 14 Namen. 6 davon wendeten Technik A an, der Rest Technik B. Die Rangplätze verteilen sich wie folgt auf die beiden Techniken:

A	2	3	4	6	8	9		
B	1	5	7	1o	11	12	13	14

Ist die Technik A besser als die Technik B? $\alpha = 5\,\%$

Lösung:

a) 1. Ordinale Verteilung. Merkmal: Rangplätze.

2. Maßzahlen aus einer Verteilung: Quantile.

3. Testverfahren: Unterschied zwischen Stichproben.

4. Homogenitätstest: Stammen die Stichproben aus der gleichen Ausgangsverteilung?

b) 5. Zwei Stichproben: 1. Technik A; 2. Technik B.

6. $n_1 = 6 < 10$; $n_2 = 8 < 10$

7. U - Test

c) 8. H_0: $F_1(x) = F_2(x)$ — Technik A ist gleich gut wie Technik B.

H_1: $F_1(x) > F_2(x)$ — Technik A ist der von B überlegen.

$H_1 < H_0$

9. $U_{\alpha;\, n_1;\, n_2} = U_{0,05;\, 6;\, 8} = 10$

1o. $U_{min} = \min\{U_1;\ U_2\}$

A	B
2	1
3	5
4	7
6	1o
8	11
9	12
$T_1 = 32$	13
	14
	$T_2 = 73$

$$U_1 = 6 \cdot 8 + \frac{6 \cdot 7}{2} - 32 = 37$$

$$U_2 = 6 \cdot 8 + \frac{8 \cdot 9}{2} - 73 = 11$$

$$U_{min} = 11$$

11. $U_{min} \lesseqgtr U_{\alpha;\, n_1;\, n_2}$? $11 > 10$

12. $H_o\colon F_1(x) = F_2(x)$

13. Auf Grund dieser Ergebnisse kann man nicht behaupten, daß die Technik A besser ist als die Technik B.

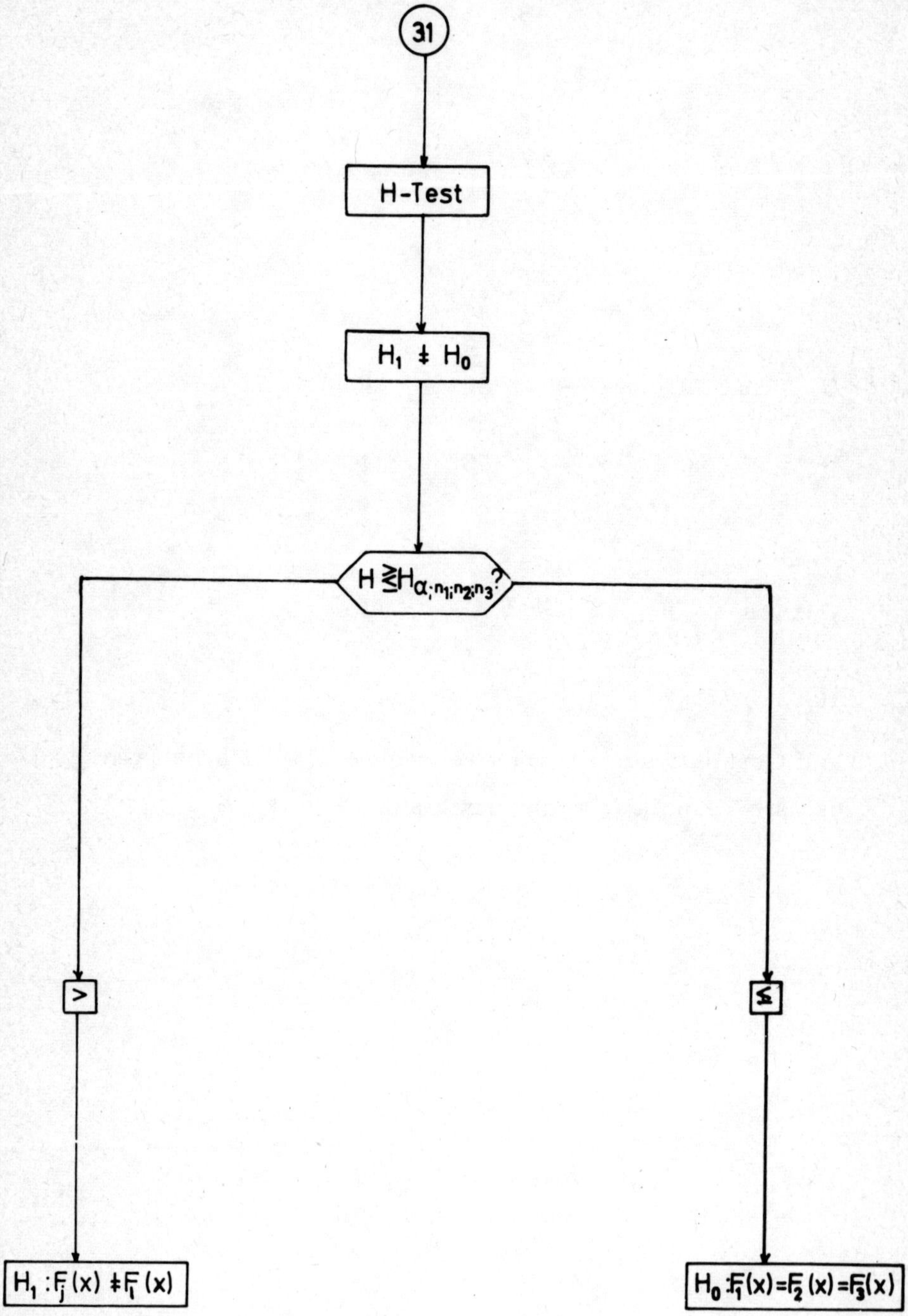
31
H-Test
H₁ ≠ H₀
H ≷ H α; n1; n2; n3 ?
>
≤
H₁ : Fj (x) ≠ Fi (x)
H₀ : F1 (x) = F2 (x) = F3 (x)

31. Aufgabe:

Eine Marktforschungsabteilung einer Firma will feststellen, welche von drei Verpackungen die Kunden am besten anspricht. In einer Voruntersuchung erhielt man folgendes Ergebnis:

Beurteilung	Verpackung A	Verpackung B	Verpackung C
sehr gut (1)	o	3	1
gut (2)	3	1	2
schlecht (3)	2	1	2

Besteht ein signifikanter Unterschied in der Beurteilung der Verpackungen ? $\alpha = 5\,\%$

Lösung:

a) 1. Ordinale Verteilung. Merkmalsausprägungen: sehr gut, gut, schlecht.

2. Maßzahl aus einer Verteilung: Quantile.

3. Testverfahren: Unterschiede zwischen Stichproben.

4. Homogenitätstest: Sind die Unterschiede zwischen den Stichproben zufällig?

b) 5. Mehr als 2 Stichproben: 1. Verpackung A
2. Verpackung B
3. Verpackung C

6. Zahl der Stichproben $l = 3$

7. $n_1 = 5$; $n_2 = 5$; $n_3 = 5$

8. H - Test

9. H_0: $F_1(x) = F_2(x) = F_3(x)$ Die drei Verpackungen werden gleich beurteilt.

H_1: $F_j(x) \neq F_l(x)$ Die drei Verpackungen werden unterschiedlich beurteilt.

1o. $H_{\alpha; n_1; n_2; n_3} = H_{0,05; 5; 5; 5} = 5,78$

11. $$H = \frac{\frac{12}{n(n+1)} \left[\sum_{j=1}^{l} \frac{T_j^2}{n_j} \right] - 3(n+1)}{1 - \frac{\Sigma (f_i^3 - f_i)}{n^3 - n}} \quad ; \quad T_j = \sum_{i=1}^{k} h_{ij} R_i$$

x_i	h_{i1}	h_{i2}	h_{i3}	f_i	cf_i	R_i	$h_{i1}R_i$	$h_{i2}R_i$	$h_{i3}R_i$	f_i^3	$f_i^3 - f_i$
1	0	3	1	4	4	2,5	0,0	7,5	2,5	64	6o
2	3	1	2	6	1o	7,5	22,5	7,5	15,o	216	21o
3	2	1	2	5	15	13,o	26,o	13,o	26,o	125	12o
	5	5	5	15			48,5	28,o	43,5		39o

$$R_1 = \frac{1}{2 \cdot 4} \left[4(4+1) - 0 \right] = 2,5$$

$$R_2 = \frac{1}{2 \cdot 6} \left[1o(1o+1) - 4(4+1) \right] = 7,5$$

$$R_3 = \frac{1}{2.5} \left[15(15+1) - 1o(1o+1) \right] = 13$$

$$H = \frac{\frac{12}{15(15+1)} \left[\frac{48,5^2}{5} + \frac{28^2}{5} + \frac{43,5^2}{5} \right] - 3(15+1)}{1 - \frac{39o}{15^3 - 15}} = 2,585$$

12. $H \gtreqless H_{\alpha; n_1; n_2; n_3}$? $2,585 < 5,78$

13. $H_o: F_1(x) = F_2(x) = F_3(x)$

14. Auf Grund der Voruntersuchung ist man nicht in der Lage zu behaupten, daß in der Beurteilung zwischen den drei Verpackungen ein signifikanter Unterschied besteht.

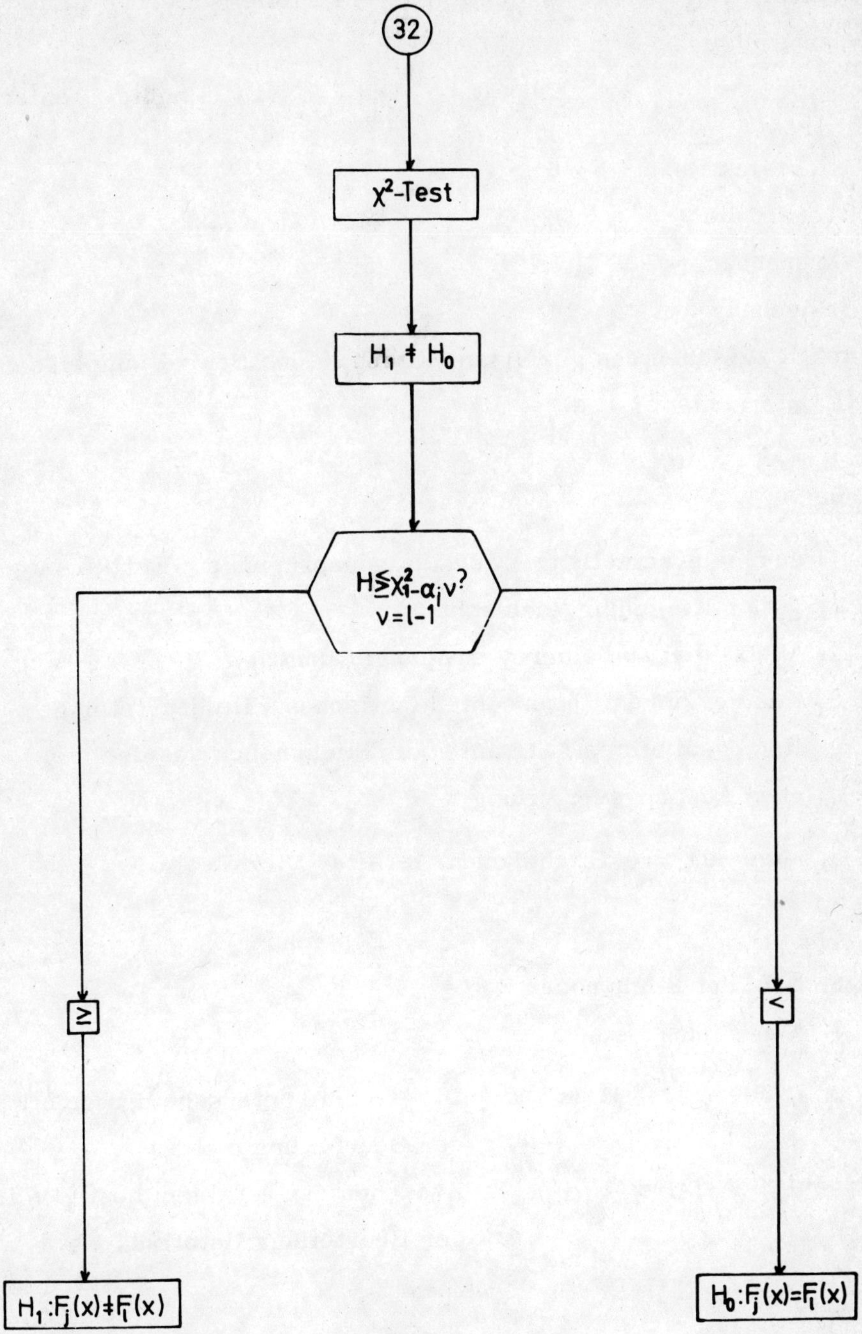
32
χ²-Test
H₁ ≠ H₀
H ≧ χ²₁₋α; ν?
ν = l-1
≥
<
H₁ : Fⱼ(x) ≠ Fₗ(x)
H₀ : Fⱼ(x) = Fₗ(x)

32. Aufgabe:

Bei einem Filmfestival wurden folgende 4 Filme von den jeweils anwesenden Juroren wie folgt beurteilt:

	Erstklassig (1)	Gut (2)	Mittelmäßig (3)	Schlecht (4)
1. Alias Nick Beal	6	27	47	2o
2. Böser Bube	11	67	22	o
3. Verbrechen	o	25	3o	25
4. Bestechung	26	38	16	o

Bestehen zwischen den gezeigten Filmen in der Beurteilung signifikante Unterschiede? $\alpha = 5\ \%$

Lösung:

a) 1. Ordinale Verteilung. Merkmalsausprägungen: Erstklassig, gut, mittelmäßig, schlecht.

2. Maßzahlen aus einer Verteilung: Quantile.

3. Testverfahren: Unterschiede zwischen Filmbeurteilungen.

4. Homogenitätstest: Stammen die Stichproben aus der gleichen Ausgangsverteilung ?

b) 5. Mehr als zwei Stichproben: 1. Alias Nick Beal
⋮
4. Bestechung

6. Zahl der Stichproben $l = 4 > 3$

7. χ^2 - Test

c) 8. $H_o: F_j(x) = F_l(x)$ Die 4 Filme unterscheiden sich in der Beurteilung nicht.

$H_1: F_j(x) \neq F_l(x)$ Zwischen den 4 Filmen bestehen in der Beurteilung Unterschiede.

9. $\chi^2_{1-\alpha;\nu} = \chi^2_{0,95;\,3} = 7,81$

$\nu = 1 - 1 = 4 - 1 = 3$

1o.

x_i	h_{i1}	h_{i2}	h_{i3}	h_{i4}	f_i	cf_i	R_i	$h_{i1}R_i$	$h_{i2}R_i$	$h_{i3}R_i$	$h_{i4}R_i$
1	6	11	o	26	43	43	22	132	242	o	572
2.	27	67	25	38	157	2oo	122	3294	8174	3o5o	4636
3	47	22	3o	16	115	315	258	12126	5676	774o	4128
4	2o	o	25	o	45	36o	338	676o	o	845o	o
	1oo	1oo	8o	8o	36o			22312	14o92	1924o	9336

$$R_1 = \frac{1}{2.43}\left[43\,(43+1) - 0\right] = 22$$

$$R_2 = \frac{1}{2.157}\left[200\,(200+1) - 43\,(43+1)\right] = 122$$

$$R_3 = \frac{1}{2.115}\left[315\,(315+1) - 200\,(200+1)\right] = 258$$

$$R_4 = \frac{1}{2.45}\left[360\,(360+1) - 315\,(315+1)\right] = 338$$

$$H = \frac{\dfrac{12}{360\,(360+1)}\left[\dfrac{22312^2}{100} + \dfrac{14092^2}{100} + \dfrac{1924o^2}{80} + \dfrac{9336^2}{80}\right] - 3\,(360+1)}{1 - \dfrac{5561040}{36o^3 - 360}} =$$

$= 110,8$

11. $H \gtreqless \chi^2_{1-\alpha;\nu}$? $94,95 > 7,81$

12. $H_1\!: F_j\,(x) \neq F_1\,(x)$

13. Die gezeigten Filme unterscheiden sich in der Beurteilung signifikant. Das Risiko, daß diese Behauptung nicht zutrifft, beträgt maximal 5 %.

6. Anpassungstest für den Rangkorrelationskoeffizienten

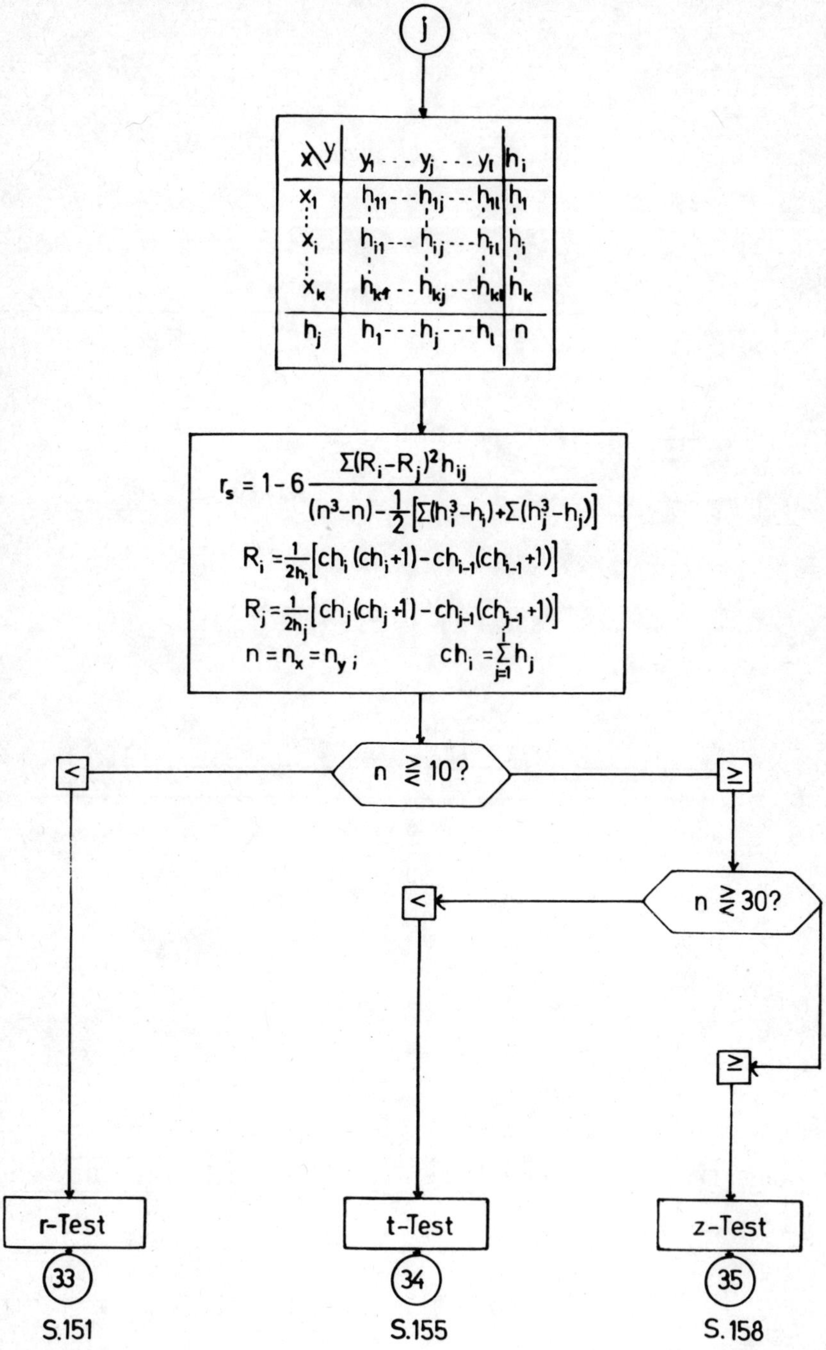

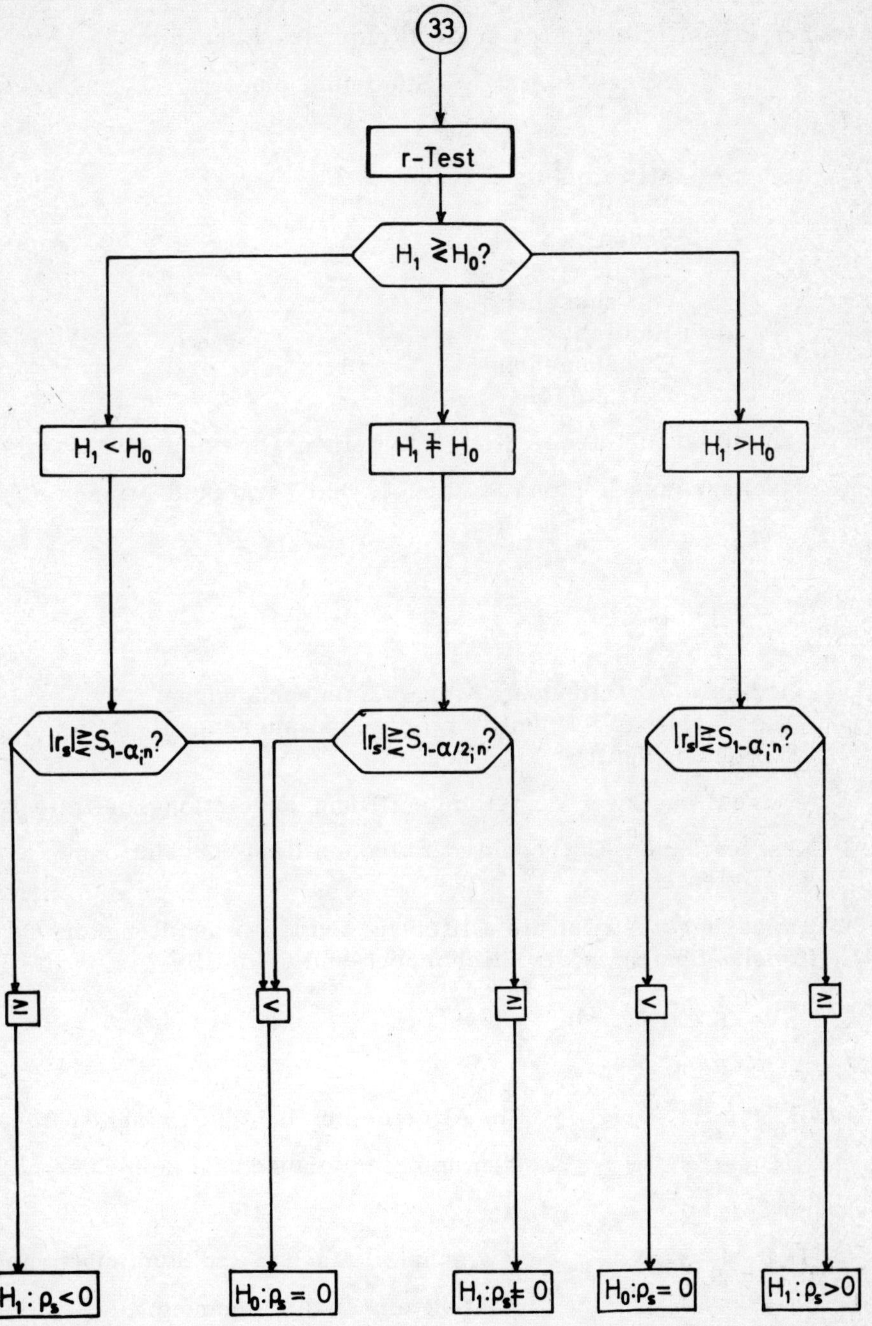
33
r-Test
H1 ≷ H0?
H1 < H0
H1 ≠ H0
H1 > H0
|rs| ≷ S1-α;n?
|rs| ≷ S1-α/2;n?
|rs| ≷ S1-α;n?
≥
<
≥
<
≥
H1 : ρs < 0
H0 : ρs = 0
H1 : ρs ≠ 0
H0 : ρs = 0
H1 : ρs > 0

33. Aufgabe:

8 Studentinnen wurden nach ihrem Studienabschnitt und nach ihrem Aussehen klassifiziert. Man erhielt folgendes Ergebnis:

Aussehen (x_i)	Studienabschnitt (y_i)
Mittelmäßig	2.
Häßlich	1.
Schön	1.
Häßlich	3.
Gut aussehend	1.
Häßlich	3.
Gut aussehend	1.
Mittelmäßig	2.

Kann man auf Grund dieser Stichprobe einen allgemeinen Zusammenhang zwischen Aussehen und Studienabschnitt von Studentinnen ableiten? $\alpha = 5\ \%$

Lösung:

a) 1. Ordinale Verteilungen. Merkmalsausprägungen:
Aussehen: häßlich, mittelmäßig, gut aussehend, schön
Studienabschnitt: 1., 2., 3.

2. Maßzahl aus zwei Verteilungen: Rangkorrelationskoeffizient.

3. Testverfahren: Unterschied zwischen Rangkorrelationskoeffizienten.

4. Anpassungstest: Ist die Differenz zwischen den Rangkorrelationskoeffizienten der Stichproben und 0 zufällig?

b) 5. $n = 8 < 10$

6. r - Test

c) 7. H_o: $\rho_s = 0$ Im Allgemeinen besteht zwischen Aussehen und Studienabschnitt kein Zusammenhang.

H_1: $\rho_s \neq 0$ Zwischen Aussehen und Studienabschnitt besteht ein Zusammenhang.

$H_1 \neq H_o$

8. $S_{1-\alpha/2;\,n} = S_{0,975;\,8} = 0,6905$

9. $$r_s = 1 - 6\,\frac{\Sigma\,(R_i - R_j)^2\,h_{ij}}{(n^3 - n) - \frac{1}{2}\left[\Sigma(h_i^3 - h_i) + \Sigma(h_j^3 - h_j)\right]}$$

x \ y		Studienabschnitt 1.	2.	3.	h_i	ch_i	R_i	h_i^3	$h_i^3 - h_i$
Aussehen	(1) häßlich	1		2	3	3	2	27	24
	(2) mittelmäßig		2		2	5	4,5	8	6
	(3) gut aussehend	2			2	7	6,5	8	6
	(4) schön	1			1	8	8	1	-
	h_j	4	2	2	8				36
	ch_j	4	6	8					
	R_j	2,5	5,5	7,5					
	h_j^3	64	8	8					
	$h_j^3 - h_j$	6o	6	6	72				

x_i	y_j	R_i	R_j	$R_i - R_j$	$(R_i - R_j)^2$
2	2	4,5	5,5	- 1	1,oo
1	1	2	2,5	-o,5	o,25
4	1	8	2,5	5,5	3o,25
1	3	2	7,5	- 5,5	3o,25
3	1	6,5	2,5	4	16,oo
1	3	2	7,5	- 5,5	30,25
3	1	6,5	2,5	4	16,oo
2	2	4,5	5,5	- 1	1,oo
					125,oo

$$r_s = 1 - 6\,\frac{125}{(8^3 - 8) + \frac{1}{2}\,(36 + 72)} = -\,0,3441$$

1o. $|r_s| \gtreqless S_{1-\alpha; n}$? o, 3441 < o, 69o5

11. H_o: $\rho_s = 0$

12. Zwischen dem Aussehen und dem Studienabschnitt der 8 Studentinnen besteht ein Zusammenhang: Je geringer der Studienabschnitt, umso besser das Aussehen.
Man ist aber nicht in der Lage, diesen Zusammenhang zu verallgemeinern, da man auch aus Ausgangsverteilungen, zwischen denen kein Zusammenhang besteht, Stichproben entnehmen kann, die zufällig ein r_s von - o, 3441 aufweisen.

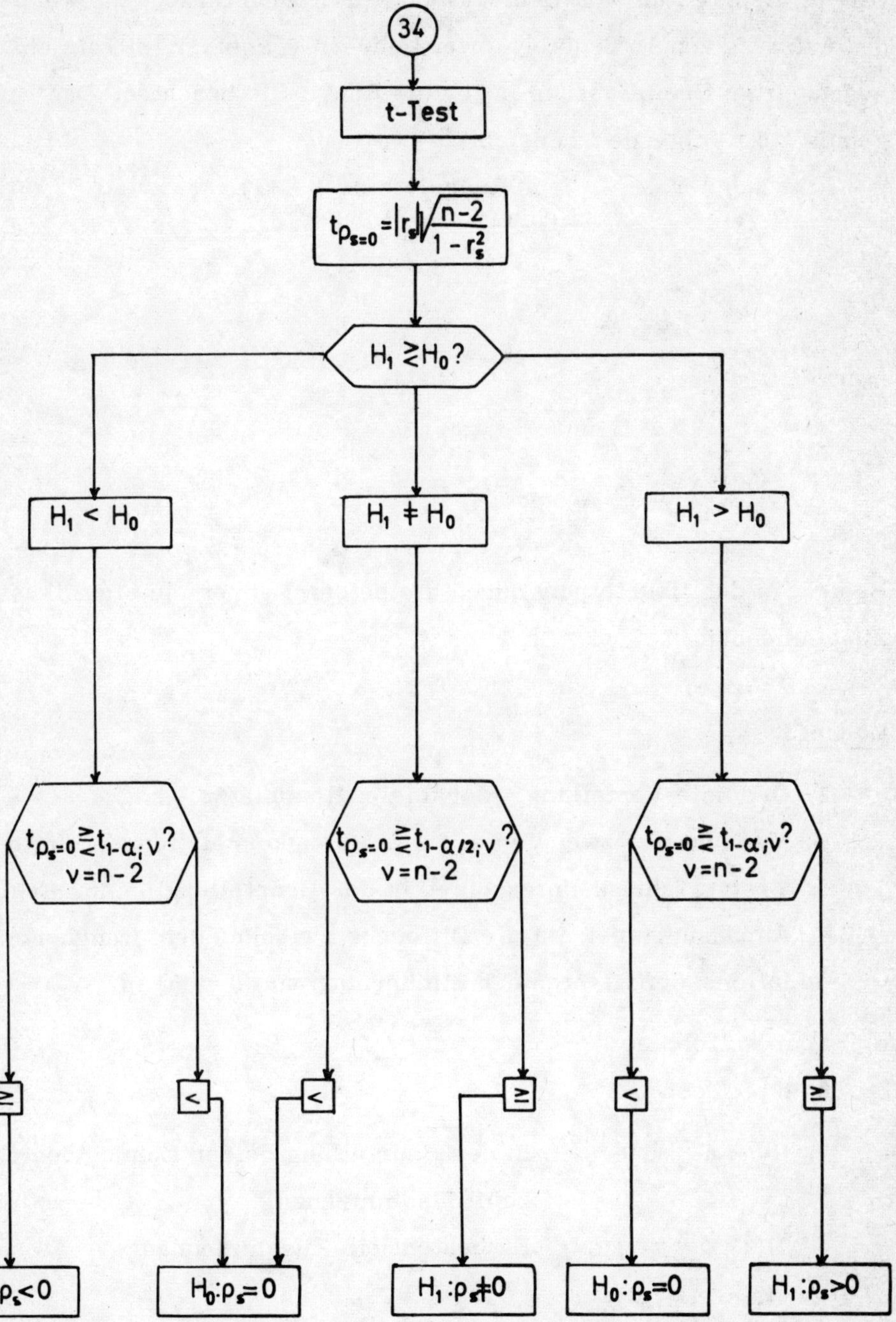
34
t-Test
$t_{\rho_s=0} = |r_s| \sqrt{\frac{n-2}{1-r_s^2}}$
$H_1 \gtrless H_0$?
$H_1 < H_0$
$H_1 \neq H_0$
$H_1 > H_0$
$t_{\rho_s=0} \gtreqless t_{1-\alpha;\nu}$? $\nu = n-2$
$t_{\rho_s=0} \gtreqless t_{1-\alpha/2;\nu}$? $\nu = n-2$
$t_{\rho_s=0} \gtreqless t_{1-\alpha;\nu}$? $\nu = n-2$
$\geq$
$<$
$<$
$\geq$
$<$
$\geq$
$H_1: \rho_s < 0$
$H_0: \rho_s = 0$
$H_1: \rho_s \neq 0$
$H_0: \rho_s = 0$
$H_1: \rho_s > 0$

34. Aufgabe:

Um die Beurteilung von Deutsch-Aufsätzen zu untersuchen, wurden die Aufsätze von 1o Schülern zwei Lehrern vorgelegt, die sie ohne gegenseitige Beeinflussung in je eine Rangreihe brachten. Das Ergebnis zeigt folgende Übersicht:

Schüler	Rangplatz nach Lehrer I	Rangplatz nach Lehrer II
A	3	1
B	1o	9
C	4	8
D	2	5
E	5	4
F	6	6
G	8	2
H	7	3
I	1	7
J	9	1o

Besteht in der Beurteilung durch die beiden Lehrer ein signifikanter Zusammenhang ? $\alpha = 5\ \%$

Lösung:

a) 1. Ordinale Verteilung. Merkmale: Rangplätze.

2. Maßzahl aus zwei Verteilungen: Rangkorrelationskoeffizient.

3. Testverfahren: Unterschied in der Beurteilung beider Lehrer?

4. Anpassungstest: Ist die Differenz zwischen dem Rangkorrelationskoeffizienten der Stichproben und 0 zufällig?

b) 5. $n = 1o < 3o$

6. t - Test

c) 7. $H_o: \rho_s = 0$ In der Beurteilung beider Lehrer besteht kein Zusammenhang.

$H_1: \rho_s \neq 0$ Es besteht ein Zusammenhang.

$H_1 \neq H_o$

8. $t_{1-\alpha/2;\nu} = t_{0,975;\,8} = 2{,}306$

$\nu = n - 2 = 10 - 2 = 8$

9. $t_{\rho_S = 0} = |r_s| \sqrt{\frac{n-2}{1-r_s^2}}$

Lehrer I	Lehrer II	$R_i - R_j$	$(R_i - R_j)^2$
3	1	2	4
1o	9	1	1
4	8	- 4	16
2	5	- 3	9
5	4	1	1
6	6	0	0
8	2	6	36
7	3	4	16
1	7	- 6	36
9	1o	- 1	1
			12o

$$r_s = 1 - 6 \frac{120}{(1o^3 - 10) - 0} = 0{,}273$$

$$t_{\rho_{S=0}} = 0{,}273 \sqrt{\frac{10 - 2}{1 - 0{,}273^2}} = 0{,}803$$

1o. $t_{\rho_{S=0}} \gtreqless t_{1-\alpha/2;\nu}$? $\quad 0{,}803 < 2{,}306$

11. $H_0 : \rho_s = 0$

12. Auf Grund dieser Stichprobe ist man nicht in der Lage, einen signifikanten Zusammenhang in der Beurteilung der beiden Lehrer anzunehmen.

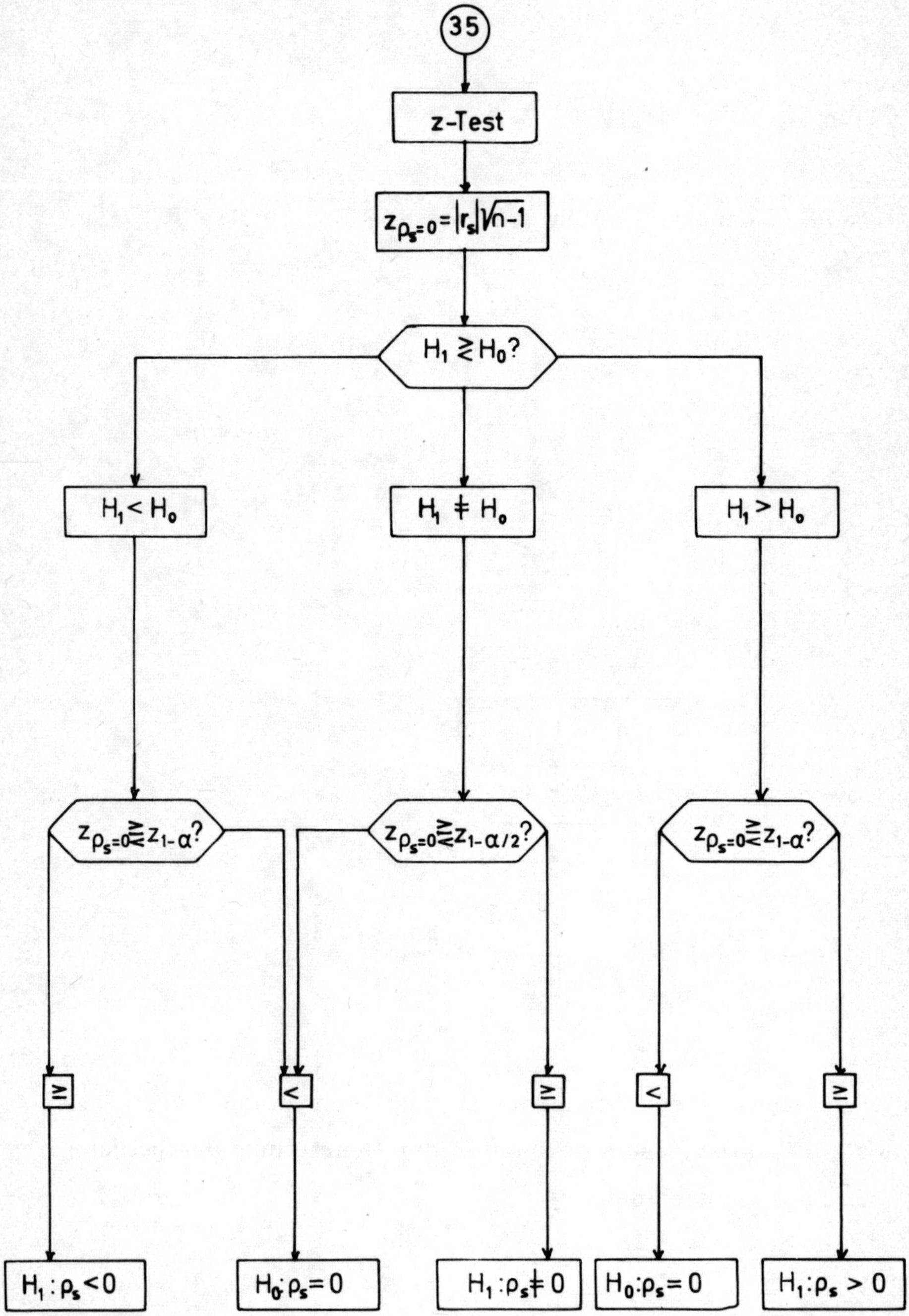
35
z-Test
$z_{\rho_s=0} = |r_s|\sqrt{n-1}$
$H_1 \gtrless H_0$?
$H_1 < H_0$
$H_1 \neq H_0$
$H_1 > H_0$
$z_{\rho_s=0} \gtreqless z_{1-\alpha}$?
$z_{\rho_s=0} \gtreqless z_{1-\alpha/2}$?
$z_{\rho_s=0} \gtreqless z_{1-\alpha}$?
≧
<
≧
<
≧
$H_1: \rho_s < 0$
$H_0: \rho_s = 0$
$H_1: \rho_s \neq 0$
$H_0: \rho_s = 0$
$H_1: \rho_s > 0$

35. Aufgabe:

In einem Hüttenwerk mit ca. 2o.ooo Beschäftigten wurde eine neue Abteilung eingerichtet. Der psychologische Dienst des Werkes machte Eignungsuntersuchungen (Eignungsgrade: 1 = gut geeignet, 2 = geeignet, 3 = noch geeignet, 4 = wenig geeignet, 5 = ungeeignet). Ein Jahr später wurde eine Bewährungskontrolle der 82 in der neuen Abteilung arbeitenden Personen durchgeführt (1 = sehr bewährt, 2 = bewährt, 3 = bedingt bewährt, 4 = wenig bewährt, 5 = nicht bewährt). Der Rangkorrelationskoeffizient zwischen Eignungs- und Bewährungsgrad der 82 Personen beträgt o,71. Kann die Eignungsuntersuchung als geglückt bezeichnet werden? $\alpha = 5\,\%$.

Lösung:

a) 1. Ordinale Verteilungen. Merkmale: Eignungs- und Bewährungsgrade.
2. Maßzahl aus zwei Verteilungen: Rangkorrelationskoeffizient.
3. Testverfahren: Unterschied zwischen Eignungs- und Bewährungsgrad ?
4. Anpassungstest: Ist die Differenz zwischen dem Rangkorrelationskoeffizienten der Stichproben und 0 zufällig ?

b) 5. $n = 82 > 10$
6. $n = 82 > 30$
7. z - Test

c) 8. $H_o: \rho_s = 0$ Zwischen Eignungs- und Bewährungsgrad besteht kein Zusammenhang.

$H_1: \rho_s > 0$ Je besser der Eignungsgrad,umso besser der Bewährungsgrad.

$H_1 > H_o$

9. $z_{1-\alpha} = z_{0,95} = 1,645$

1o. $z_{\rho=0} = |r_s|\sqrt{n - 1} = 0,71 . \sqrt{82 - 1} = 6,39$

11. $z_{\rho=0} \gtreqless z_{1-\alpha}$? $6,39 > 1,645$

12. H_1: $\rho_s > 0$

13. Die Eignungsuntersuchung kann als geglückt bezeichnet werden. Je besser der Eignungsgrad einer untersuchten Person, umso besser ist ihr Bewährungsgrad. Das Risiko, daß diese Behauptung nicht zutrifft, beträgt maximal 5 %.

IV. Metrische Statistik

1. Maßzahlen

a) Arithmetisches Mittel und Standardabweichung

Von den zahlreichen Maßzahlen, die zur kurzen und prägnanten Kennzeichnung metrischer Verteilungen dienen, ist das arithmetische Mittel (oder auch Durchschnitt) am bekanntesten. Für Stichproben wird es mit $\bar{x}$ (sprich: x quer) und für Ausgangsverteilungen mit μ (sprich: mü) abgekürzt. Es wird nach folgender Formel berechnet.

$$\bar{x} = \frac{\sum_{i=1}^{k} x_i h_i}{\sum_{i=1}^{k} h_i} \qquad \sum_{i=1}^{k} x_i h_i = x_1 h_1 + x_2 h_2 + \ldots + x_k h_k$$

Da $\sum_{i=1}^{k} h_i = n$ kann man auch schreiben:

$$\bar{x} = \frac{\sum x_i h_i}{n}$$

x_i = i - te Merkmalsausprägung

h_i = Häufigkeit der i - ten Merkmalsausprägung

n = Stichprobenumfang

Die Standardabweichung (oder auch mittlere quadratische Abweichung) dient zur Ergänzung des arithmetischen Mittels. Das Quadrat der Standardabweichung nennt man auch Varianz. Diese ist das arithmetische Mittel aus den Abweichungsquadraten der Ausprägungen vom Durchschnitt der Verteilung, abgekürzt mit s^2 für Stichproben und σ^2 (sprich: sigma zum Quadrat) für Ausgangsverteilungen.

$$s^2 = \frac{\Sigma (x_i - \bar{x})^2 h_i}{n} \qquad \text{(Varianz)}$$

$$s = \sqrt{\frac{\Sigma (x_i - \bar{x})^2 h_i}{n}} \qquad \text{(Standardabweichung)}$$

Zur Berechnung eignet sich folgende Formel besser:

$$s^2 = \frac{\Sigma x_i^2 h_i}{n} - \bar{x}^2 \qquad \text{(Varianz)}$$

$$s = \sqrt{\frac{\Sigma x_i^2 h_i}{n} - \bar{x}^2} \qquad \text{(Standardabweichung)}$$

Aufgabe:

In einer Gebärklinik wurde während einer Woche das Geburtsgewicht ausgetragener Mädchen in kg registriert:

3,6 2,9 3,2 3,4 3,5 3,1 3,o 3,o 3,4 3,1 2,9 2,8
3,1 3,2 3,8 3,5 3,1 3,5 3,4 3,2

Wie groß ist das Geburtsgewicht im Durchschnitt und die Standardabweichung?

Lösung:

1. Möglichkeit:

Da jede Ausprägung einzeln angeführt ist (auch wenn dieselbe mehrmals vorkommt), addiert man sie und dividiert das Ergebnis durch den Umfang der Verteilung:

$$\sum_{i=1}^{20} x_i h_i = \sum_{i=1}^{20} x_i, \quad \text{da } h_i = 1 \text{ für alle } i$$

$$\sum_{i=1}^{20} x_i = 3,6 + 2,9 + 3,2 + \ldots\ldots\ldots + 3,2 = 64,7$$

$$n = 20$$

$$\bar{x} = \frac{64,7}{20} = 3,235 \text{ kg}$$

Das Durchschnittsgewicht beträgt 3,235 kg.

Auch für die Standardabweichung vereinfacht sich die Formel, wenn für alle $h_i = 1$ gilt:

$$\sum_{i=1}^{20} x_i^2 = 3,6^2 + 2,9^2 + \ldots\ldots\ldots\ldots + 3,2^2 = 210,65$$

$$\bar{x}^2 = 3,235^2 = 10,465225$$

$$s = \sqrt{\frac{210,65}{20} - 10,465225} = 0,26$$

Die Standardabweichung beträgt o,26 kg.

2. Möglichkeit:

Die gleichen Ausprägungen werden zusammengefaßt und ihre Häufigkeit festgestellt. Wie daraus das arithmetische Mittel berechnet wird, zeigt folgende Übersicht:

x_i	h_i	$x_i h_i$	x_i^2	$x_i^2 h_i$
2,8	1	2,8	7,84	7,84
2,9	2	5,8	8,41	16,82
3,o	2	6,o	9,oo	18,oo
3,1	4	12,4	9,61	38,44
3,2	3	9,6	1o,24	3o,72
3,4	3	1o,2	11,56	34,68
3,5	3	1o,5	12,25	36,75
3,6	1	3,6	12,96	12,96
3,8	1	3,8	14,44	14,44
	2o	64,7		21o,65

$$\sum_{i=1}^{9} x_i h_i = 64,7 \quad ; \quad n = 20$$

$$\bar{x} = \frac{64,7}{20} = 3,235$$

$$s = \sqrt{\frac{210,65}{20} - 3,235^2} = 0,26$$

3. Möglichkeit:

Wenn sehr viele unterschiedliche Merkmalsausprägungen vorliegen, faßt man diese meist in Ausprägungsintervalle zusammen. Für die Festlegung dieser Intervalle gibt es keine allgemein gültige Regel. Sie sollen so bestimmt werden, daß sich die Ausprägungen innerhalb des Intervalls gleichmäßig verteilen, damit der Durchschnitt aus der Intervallober- und -untergrenze ein guter Repräsentant für das ganze Intervall ist. Für das Geburtsgewicht kann man beispielsweise folgende Intervalle verwenden:

x_i	h_i	$x_i' = \frac{\text{Ob. Grenze} + \text{Unt. Grenze}}{2}$	$x_i' h_i$
2,65 bis unter 2,95	3	2,8	8,4
2,95 bis unter 3,25	9	3,1	27,9
3,25 bis unter 3,55	6	3,4	2o,4
3,55 bis unter 3,85	2	3,7	7,4
	2o		64,1

$$\sum_{i=1}^{4} x_i' h_i = 64,1$$

$$n = 2o \qquad \bar{x} = \frac{64,1}{20} = 3,2o5$$

Das aus Ausprägungsintervallen berechnete arithmetische Mittel stimmt nur dann mit dem tatsächlichen überein, wenn die oben angeführte Forderung für die Intervalle erfüllt ist. In unserem Beispiel weicht das aus den angeführten Intervallen berechnete Durchschnittsgewicht von 3,2o5 kg um o,o3 kg vom richtigen Gewicht ab.

Das gleiche gilt für die Standardabweichung. Berechnet man sie aus obigen Schätzwerten x'_i für die einzelnen Intervalle, so erhält man $s = 0,25$ kg.

b) Maßkorrelationskoeffizient

Einen Maßkorrelationskoeffizienten berechnet man, wenn man feststellen will, ob zwischen metrischen Verteilungen ein Zusammenhang besteht. Diese Maßzahl drückt nicht nur die Stärke des Zusammenhanges durch Zahlen zwischen 0 und 1 aus, sondern auch die Richtung durch die Vorzeichen + und - . Ein Maßkorrelationskoeffizient von 0 drückt aus, daß zwischen beiden Verteilungen kein Zusammenhang besteht. Ist vollständige Abhängigkeit gegeben, dann ist sein Zahlenwert 1 .

Ein Maßkorrelationskoeffizient von + o,97 zwischen Ehedauer in Jahren und durchschnittlicher Kinderzahl besagt z. B., daß erstens zwischen Ehedauer und Kinderzahl ein starker Zusammenhang besteht (da 0,97 nahe bei 1 liegt) und zweitens, daß mit zunehmender Ehedauer auch die Kinderzahl zunimmt. Das Vorzeichen ist positiv. Ein Maßkorrelationskoeffizient zwischen Einkommen und Kinderzahl von - o,6o besagt andererseits, daß zwar ein Zusammenhang zwischen beiden vorhanden ist. Dieser ist aber nicht so stark wie zwischen Ehedauer und Kinderzahl ($0,6 < 0,97$). Außerdem bedeutet das Minus, daß mit zunehmendem Einkommen die Kinderzahl abnimmt.

Berechnet man den Maßkorrelationskoeffizienten aus Stichproben, so wird er mit r_M abgekürzt und mit ρ_M (sprich: rho von M), wenn er aus Ausgangsverteilungen ermittelt wurde. Für Berechnungszwecke ist folgende Form am besten geeignet:

$$r_M = \frac{n \Sigma x_i y_j h_{ij} - \Sigma x_i h_i \Sigma y_j h_j}{\sqrt{\left[n \Sigma x_i^2 h_i - (\Sigma x_i h_i)^2\right] \left[n \Sigma y_j^2 h_j - (\Sigma y_j h_j)^2\right]}}$$

x_i = i - te Merkmalsausprägung der ersten (oder x -) Verteilung

h_i = Häufigkeit der i - ten Merkmalsausprägung

y_j = j - te Merkmalsausprägung der zweiten (oder y -) Verteilung

h_j = Häufigkeit der j - ten Merkmalsausprägung

h_{ij} = Häufigkeit für die Merkmalskombination i und j

$n = \sum_{i=1}^{k} h_i = \sum_{j=1}^{l} h_j$

k = Zahl der Merkmalsausprägungen der ersten Verteilung

l = Zahl der Merkmalsausprägungen der zweiten Verteilung

Sind zahlreiche gleiche Merkmalskombinationen gegeben, berechnet man den Maßkorrelationskoeffizienten am besten mit Hilfe einer Korrelationstabelle:

x \ y	y_1	……	y_j	……	y_l	h_i
x_1	h_{11}	……	h_{1j}	……	h_{1l}	h_1
⋮	⋮		⋮		⋮	⋮
x_2	h_{i1}	……	h_{ij}	……	h_{il}	h_i
⋮	⋮		⋮		⋮	⋮
x_k	h_{k1}	……	h_{kj}	……	h_{kl}	h_k
h_j	h_1	……	h_j	……	h_l	n

Aufgabe:

Ein Psychologe vermutet, daß ein Kind in einer bestimmten experimentellen Situation umso weniger irrelevante Antworten gibt, je älter es ist. Unterstützen folgende Daten seine Vermutung?

Alter x_i	7	3	11	2	9	4	7	12	5	4	11	5	6	9	1o
Zahl d. irrelevanten Antw. y_j	12	12	6	11	7	13	7	5	9	1o	5	11	1o	8	3

Lösung:

Da wenige gleiche Merkmalskombinationen gegeben sind, berechnet man r_M wie folgt:

x_i	y_j	x_i^2	y_j^2	$x_i y_j$
7	12	49	144	84
3	12	9	144	36
11	6	121	36	66
2	11	4	121	22
9	7	81	49	63
4	13	16	169	52
7	7	49	49	49
12	5	144	25	6o
5	9	25	81	45
4	1o	16	1oo	4o
11	5	121	25	55
5	11	25	121	55
6	1o	36	1oo	6o
9	8	81	64	72
1o	3	1oo	9	3o
1o5	129	877	1237	789

$$r_M = \frac{15 \cdot 789 - 1o5 \cdot 129}{\sqrt{\left[15 \cdot 877 - 1o5^2\right]\left[15 \cdot 1237 - 129^2\right]}} = -\,o{,}85$$

Der Maßkorrelationskoeffizient von - o,85 weist auf eine starke negative Abhängigkeit hin. Je älter das Kind,umso weniger irrelevante Antworten gibt es.

2. Direkter Schluß

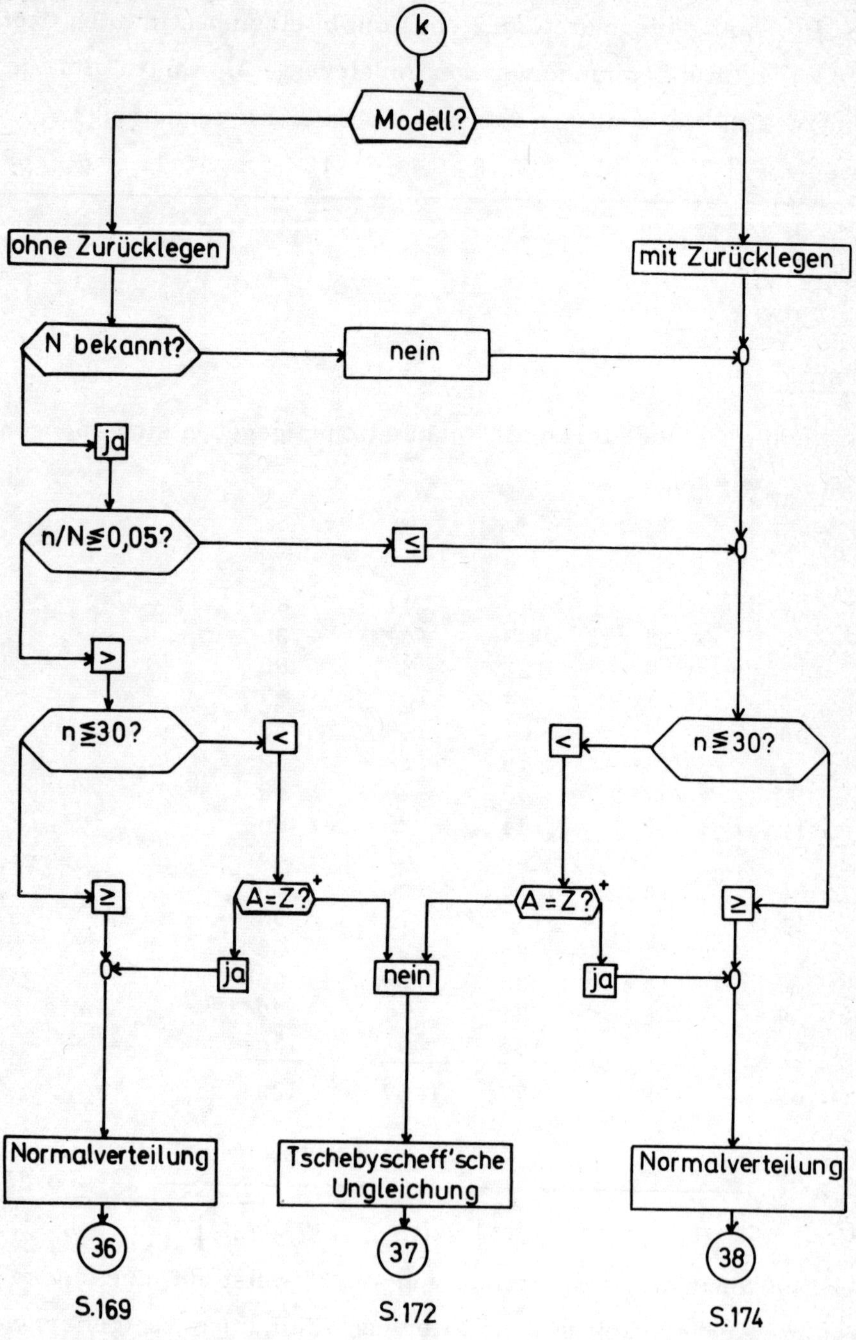

+ vgl. S.135

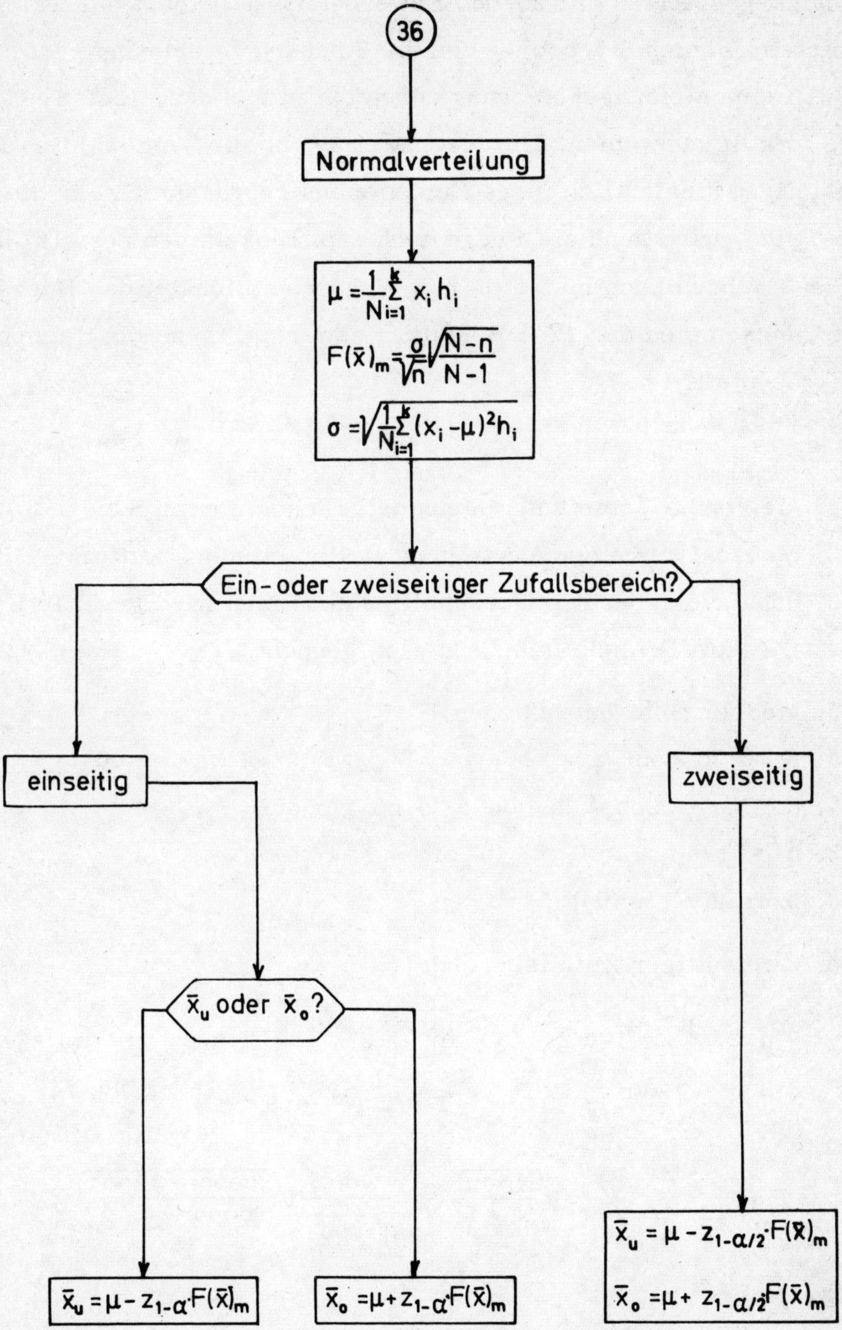
36
Normalverteilung
$\mu = \frac{1}{N}\sum_{i=1}^{k} x_i h_i$
$F(\bar{x})_m = \frac{\sigma}{\sqrt{n}}\sqrt{\frac{N-n}{N-1}}$
$\sigma = \sqrt{\frac{1}{N}\sum_{i=1}^{k}(x_i - \mu)^2 h_i}$
Ein-oder zweiseitiger Zufallsbereich?
einseitig
zweiseitig
$\bar{x}_u$ oder $\bar{x}_o$?
$\bar{x}_u = \mu - z_{1-\alpha} \cdot F(\bar{x})_m$
$\bar{x}_o = \mu + z_{1-\alpha} \cdot F(\bar{x})_m$
$\bar{x}_u = \mu - z_{1-\alpha/2} \cdot F(\bar{x})_m$
$\bar{x}_o = \mu + z_{1-\alpha/2} \cdot F(\bar{x})_m$

36. Aufgabe:

In einem Großbetrieb mit 2o.ooo Erwerbstätigen beträgt das Durchschnittseinkommen S 5.ooo,-- und die Standardabweichung S 4oo,--. Man will eine Meinungsbefragung durchführen und dazu 12oo Erwerbstätige zufällig auswählen. Um festzustellen, ob die ausgewählten Erwerbstätigen hinsichtlich ihres Einkommens repräsentativ für die 2o.ooo sind, wird auch die Frage nach dem Einkommen gestellt. In welchen Grenzen kann man mit 95 % Wahrscheinlichkeit das Durchschnittseinkommen der 12oo Befragten erwarten, wenn die Stichprobe repräsentativ ist ?

Lösung:

a) 1. Metrische Verteilung. Merkmal: Einkommen in S .

2. Maßzahl aus einer Verteilung: Arithmetisches Mittel.

3. Schätzverfahren: Durchschnittseinkommen wird geschätzt.

4. Direkter Schluß: μ bekannt, $\bar{x}$ gesucht.

b) 5. Modell: ohne Zurücklegen.

6. $N = 2o.ooo$

7. $n / N = 12oo / 2o.ooo = o,o6 > o,o5$

8. $n = 12oo > 3o$

9. Normalverteilung

c) 1o. Zweiseitiger Zufallsbereich

11. $\bar{x}_u = \mu - z_{1-\alpha/2} \cdot F(\bar{x})_m ; \quad \bar{x}_o = \mu + z_{1-\alpha/2} \cdot F(\bar{x})_m$

$\mu = 5ooo ; \qquad z_{1-\alpha/2} = z_{0,975} = 1,96 ;$

$$F(\bar{x})_m = \frac{\sigma}{\sqrt{n}} \sqrt{\frac{N-n}{N-1}} = \frac{4oo}{\sqrt{12oo}} \sqrt{\frac{2oooo - 12oo}{2oooo - 1}} = 11,2o$$

$\bar{x}_u$ = 5ooo - 1,96 . 11,2o = 4978,o5

$\bar{x}_o$ = 5ooo + 1,96 . 11,2o = 5o21,95

12. Mit 95 % Wahrscheinlichkeit liegt das Durchschnittseinkommen der 12oo zu befragenden Erwerbstätigen zwischen S 4.978,o5 und S 5.o21,95.

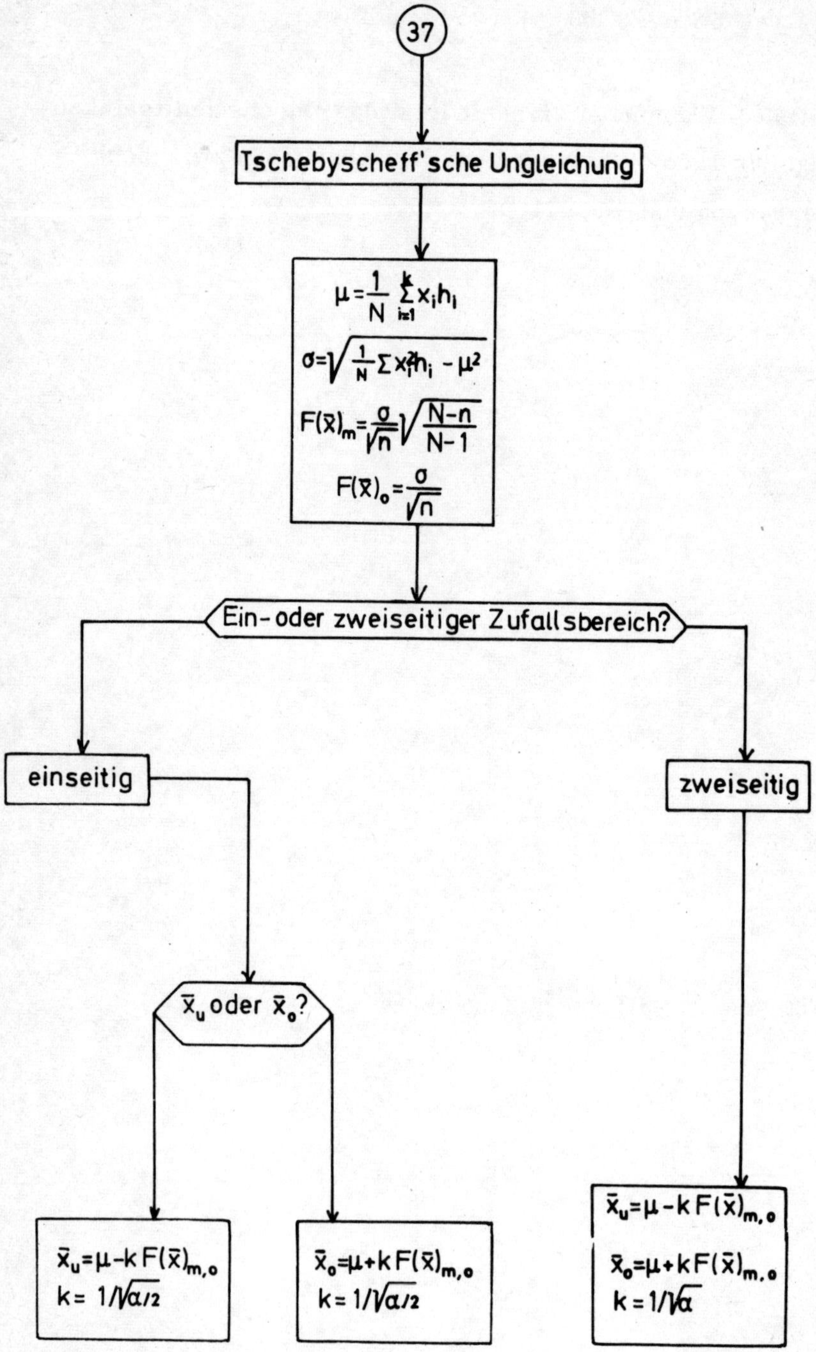

37
Tschebyscheff'sche Ungleichung
$\mu = \frac{1}{N}\sum_{i=1}^{k} x_i h_i$
$\sigma = \sqrt{\frac{1}{N}\sum x_i^2 h_i - \mu^2}$
$F(\bar{x})_m = \frac{\sigma}{\sqrt{n}}\sqrt{\frac{N-n}{N-1}}$
$F(\bar{x})_o = \frac{\sigma}{\sqrt{n}}$
Ein- oder zweiseitiger Zufallsbereich?
einseitig
zweiseitig
$\bar{x}_u$ oder $\bar{x}_o$?
$\bar{x}_u = \mu - k\,F(\bar{x})_{m,o}$
$k = 1/\sqrt{\alpha/2}$
$\bar{x}_o = \mu + k\,F(\bar{x})_{m,o}$
$k = 1/\sqrt{\alpha/2}$
$\bar{x}_u = \mu - k\,F(\bar{x})_{m,o}$
$\bar{x}_o = \mu + k\,F(\bar{x})_{m,o}$
$k = 1/\sqrt{\alpha}$

37. Aufgabe:

Die durchschnittliche Weitsprungleistung eines Sportlers beträgt 5,8o m, die Standardabweichung o,25 m. Bei einem Bewerb werden 3 Sprünge durchgeführt. Mit welcher durchschnittlichen Weitsprungleistung kann der Sportler rechnen? α = o,o5

Lösung:

a) 1. Metrische Verteilung. Merkmal: Weitsprungleistung in Meter.

2. Maßzahl aus einer Verteilung: Arithmetisches Mittel.

3. Schätzverfahren: Durchschnittliche Weitsprungleistung wird geschätzt.

4. Direkter Schluß: μ bekannt, $\bar{x}$ gesucht.

b) 5. Modell: ohne Zurücklegen.

6. N unbekannt

7. n = 3 <3o

8. A = Z ? Ist die Ausgangsverteilung normalverteilt ?
Annahme: nein

9. Tschebyscheff'sche Ungleichung

c) 1o. Zweiseitiger Zufallsbereich

11. $\bar{x}_u = \mu - k \,.\, F(\bar{x})_o$

$\bar{x}_o = \mu + k \,.\, F(\bar{x})_o$; $\mu = 5{,}80$

$k = 1/\sqrt{\alpha} = 1/\sqrt{o{,}05} = 4{,}47$

$F(\bar{x})_o = \frac{\sigma}{\sqrt{n}} = \frac{o{,}25}{\sqrt{3}} = 0{,}14$

$\bar{x}_u = 5{,}80 - 4{,}47 \,.\, 0{,}14 = 5{,}17$

$\bar{x}_o = 5{,}80 + 4{,}47 \,.\, 0{,}14 = 6{,}42$

12. Der Sportler kann mit 95 % Wahrscheinlichkeit eine durchschnittliche Weitsprungleistung zwischen 5,17 und 6,42 Metern erwarten.

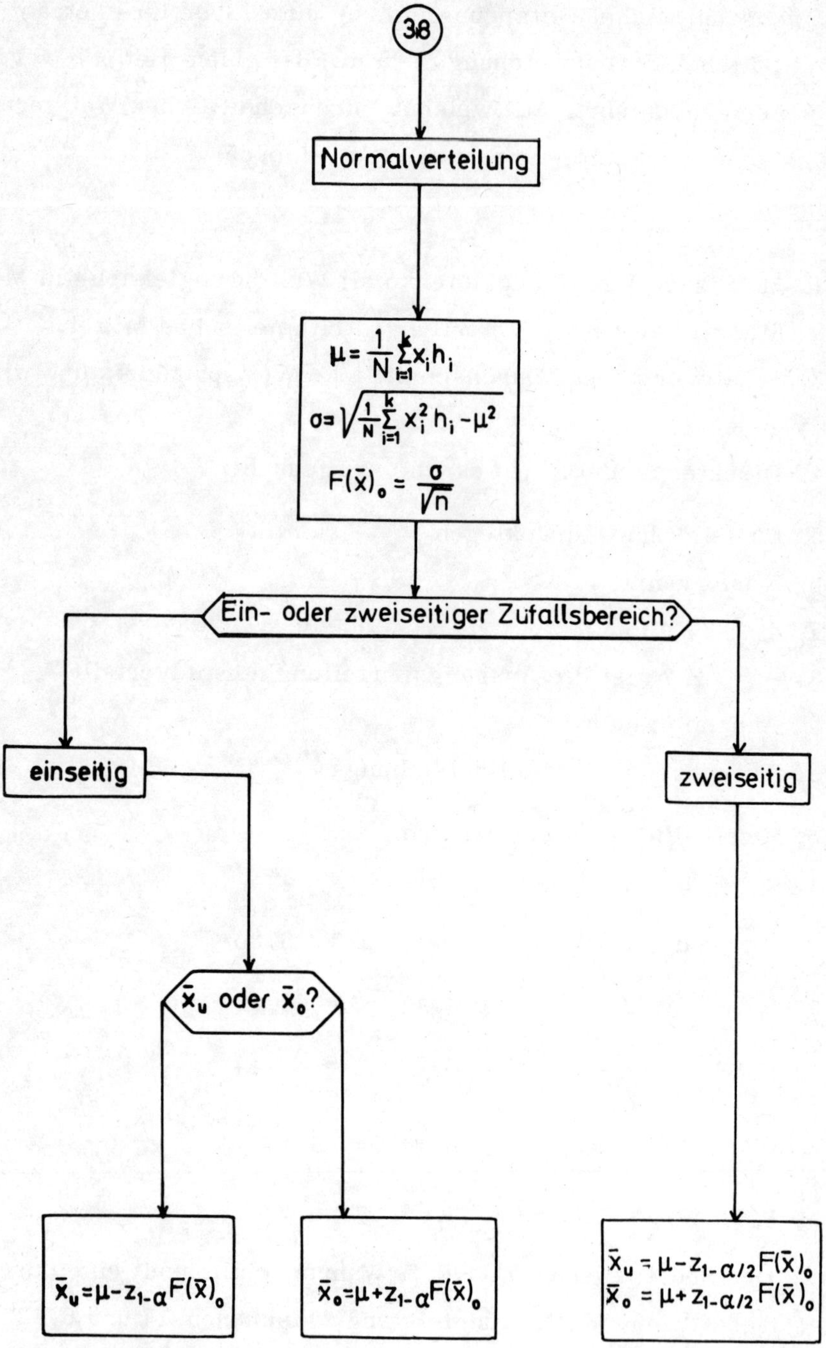

38
Normalverteilung
$\mu = \frac{1}{N}\sum_{i=1}^{k} x_i h_i$
$\sigma = \sqrt{\frac{1}{N}\sum_{i=1}^{k} x_i^2 h_i - \mu^2}$
$F(\bar{x})_o = \frac{\sigma}{\sqrt{n}}$
Ein- oder zweiseitiger Zufallsbereich?
einseitig
zweiseitig
$\bar{x}_u$ oder $\bar{x}_o$?
$\bar{x}_u = \mu - z_{1-\alpha} F(\bar{x})_o$
$\bar{x}_o = \mu + z_{1-\alpha} F(\bar{x})_o$
$\bar{x}_u = \mu - z_{1-\alpha/2} F(\bar{x})_o$
$\bar{x}_o = \mu + z_{1-\alpha/2} F(\bar{x})_o$

38. Aufgabe:

In der Automatendreherei eines Betriebes werden Stellringe eines bestimmten Typs hergestellt. Zur Überprüfung, ob eine Maschine die vorgeschriebenen Qualitätsbestimmungen einhält, entnimmt man der Maschine nach einer bestimmten, vorher festgelegten Zeit die letzten 5 produzierten Stellringe, mißt jeweils ihre Dicke und berechnet das arithmetische Mittel. Innerhalb welcher Grenzen muß dieser Durchschnitt liegen, damit die Maschine noch unter Kontrolle ist, wenn man die Maschine auf 1o mm eingestellt hat und weiß, daß die Standardabweichung des Automaten 5,1 μm beträgt? $\alpha = 5\ \%$

Lösung:

a) 1. Metrische Verteilung. Merkmal: Dicke in Millimeter.
2. Maßzahl aus einer Verteilung: Durchschnitt.
3. Schätzverfahren: Durchschnittliche Dicke wird geschätzt.
4. Direkter Schluß: μ bekannt, $\bar{x}$ gesucht.

b) 5. Modell: ohne Zurücklegen.
6. N unbekannt
7. $n < 30$
8. A = Z ? Ist die Ausgangsverteilung normalverteilt ?
Annahme: ja
9. Normalverteilung

c) 1o. Zweiseitiger Zufallsbereich (oder auch: Kontrollbereich)
11. $\bar{x}_u = \mu - z_{1-\alpha/2} \cdot F(\bar{x})_o \; ; \; \bar{x}_o = \mu + z_{1-\alpha/2} \cdot F(\bar{x})_o$

$\mu = 10 mm \quad ; \quad z_{1-\alpha/2} = z_{0,975} = 1,96$

$$F(\bar{x})_o = \frac{\sigma}{\sqrt{n}} = \frac{o,0051}{\sqrt{5}} = 0,00228$$

$$\bar{x}_u = 10 - 1,96 \cdot 0,00228 = 9,9955$$

$$\bar{x}_o = 10 + 1,96 \cdot 0,00228 = 10,0045$$

12. Der Durchschnitt der Messungen muß zwischen 9,9955 und 1o,oo45 mm liegen, damit die Maschine noch "unter Kontrolle" ist.

3. Indirekter Schluß

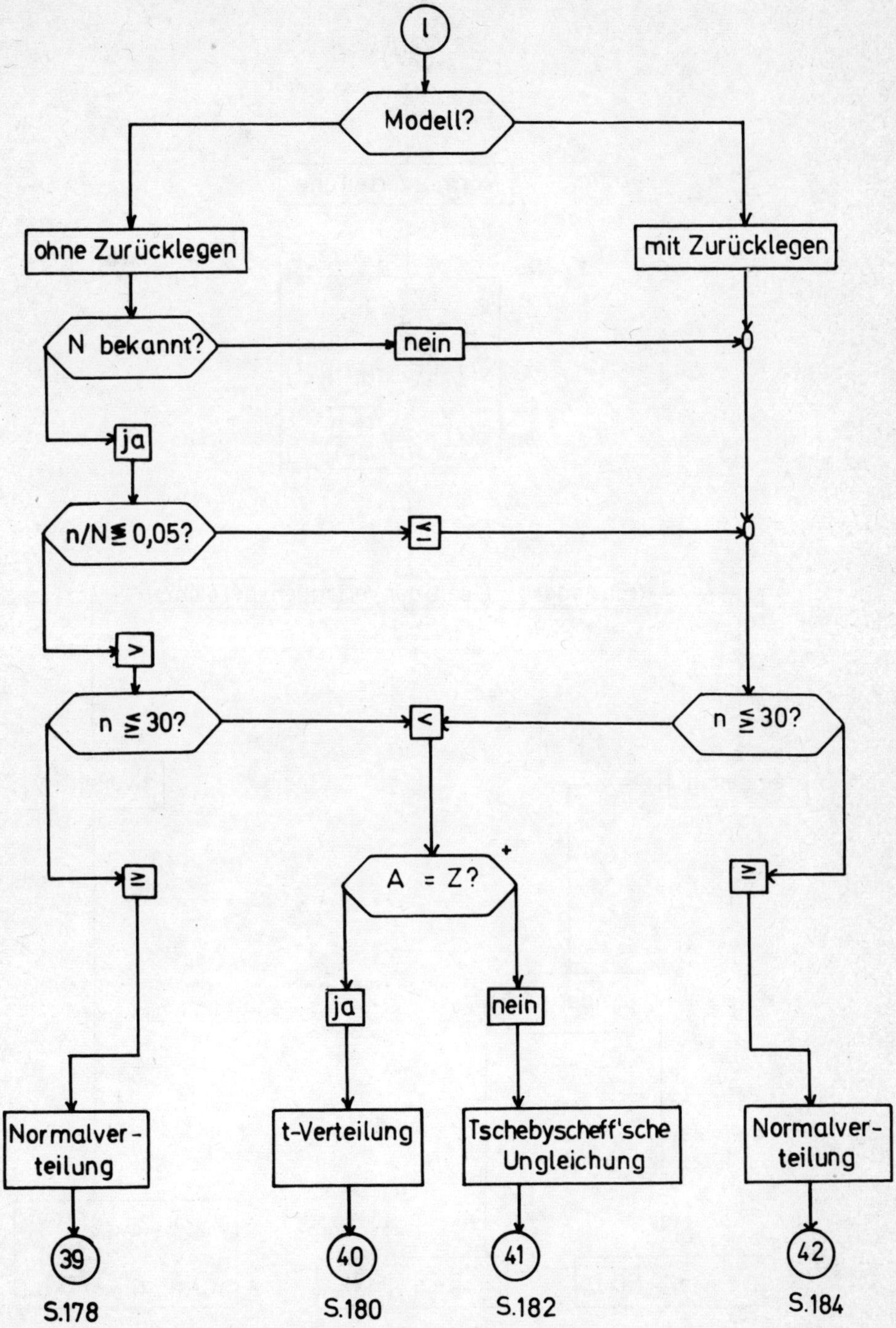

+ vgl. S. 135

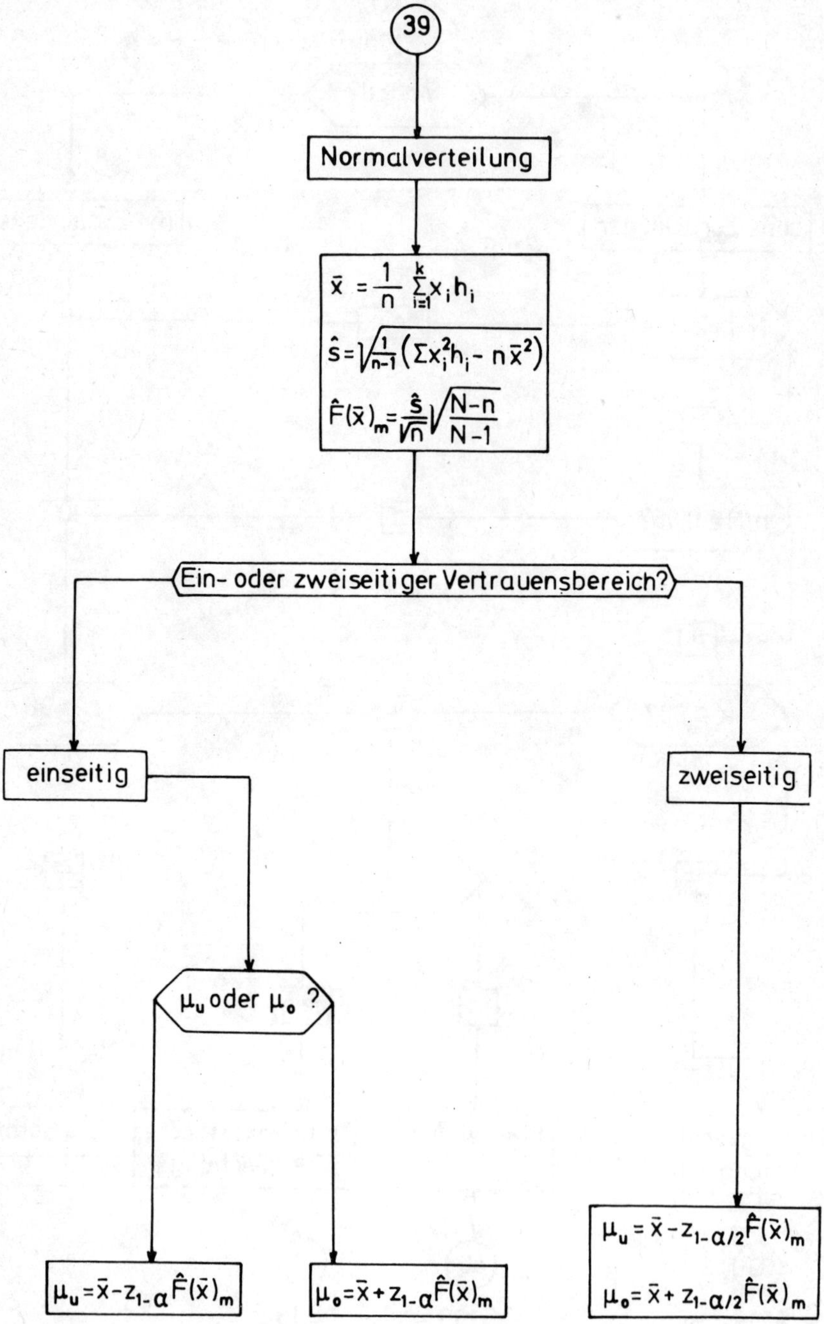
39
Normalverteilung
$\bar{x} = \frac{1}{n} \sum_{i=1}^{k} x_i h_i$
$\hat{s} = \sqrt{\frac{1}{n-1}\left(\sum x_i^2 h_i - n\bar{x}^2\right)}$
$\hat{F}(\bar{x})_m = \frac{\hat{s}}{\sqrt{n}} \sqrt{\frac{N-n}{N-1}}$
Ein- oder zweiseitiger Vertrauensbereich?
einseitig
zweiseitig
μ_u oder μ_o ?
$\mu_u = \bar{x} - z_{1-\alpha} \hat{F}(\bar{x})_m$
$\mu_o = \bar{x} + z_{1-\alpha} \hat{F}(\bar{x})_m$
$\mu_u = \bar{x} - z_{1-\alpha/2} \hat{F}(\bar{x})_m$
$\mu_o = \bar{x} + z_{1-\alpha/2} \hat{F}(\bar{x})_m$

39. Aufgabe:

Aus den 12oo Rechnungen eines Monats werden 72 zufällig herausgegriffen. Der durchschnittliche Rechnungsbetrag ist S 52o,--, die Standardabweichung S 81,--. Innerhalb welcher Grenzen liegt mit 95 % Wahrscheinlichkeit der Gesamtbetrag der 12oo Rechnungen?

Lösung:

a) 1. Metrische Verteilung. Merkmal: Rechnungen nach Schillingen.

2. Maßzahl aus einer Verteilung: Durchschnitt.

3. Schätzverfahren: Rechnungsgesamtbetrag wird geschätzt.

4. Indirekter Schluß: $\bar{x}$ bekannt, $N\mu$ gesucht.

b) 5. Modell: ohne Zurücklegen.

6. $N = 1200$

7. $n / N = 72 / 1200 = 0{,}06 > 0{,}05$

8. $n = 72 > 30$

9. Normalverteilung

c) 1o. Zweiseitiger Vertrauensbereich

11. $\mu_u = \bar{x} - z_{1-\alpha/2} \cdot \hat{F}(\bar{x})_m \; ; \; \mu_o = \bar{x} + z_{1-\alpha/2} \cdot \hat{F}(\bar{x})_m$

$\bar{x} = 520 \; ; \; z_{1-\alpha/2} = z_{0,975} = 1{,}96$

$$\hat{F}(\bar{x})_m = \frac{\hat{s}}{\sqrt{n}} \sqrt{\frac{N-n}{N-1}} = \frac{81{,}57}{\sqrt{72}} \sqrt{\frac{1200 - 72}{1200 - 1}} = 9{,}32$$

$$\hat{s} = s \cdot \sqrt{\frac{n}{n-1}} = 81 \cdot \sqrt{\frac{72}{72-1}} = 81{,}57$$

$\mu_u = 520 - 1{,}96 \cdot 9{,}32 = 501{,}73$

$N_{\mu_u} = 1200 \cdot 501{,}73 = 602.076$

$\mu_o = 520 + 1{,}96 \cdot 9{,}32 = 538{,}27$

$N_{\mu_o} = 1200 \cdot 538{,}27 = 645.924$

12. Mit 95 % Wahrscheinlichkeit liegt der Gesamtbetrag der 12oo Rechnungen zwischen S 6o2.o76 und S 645.924.

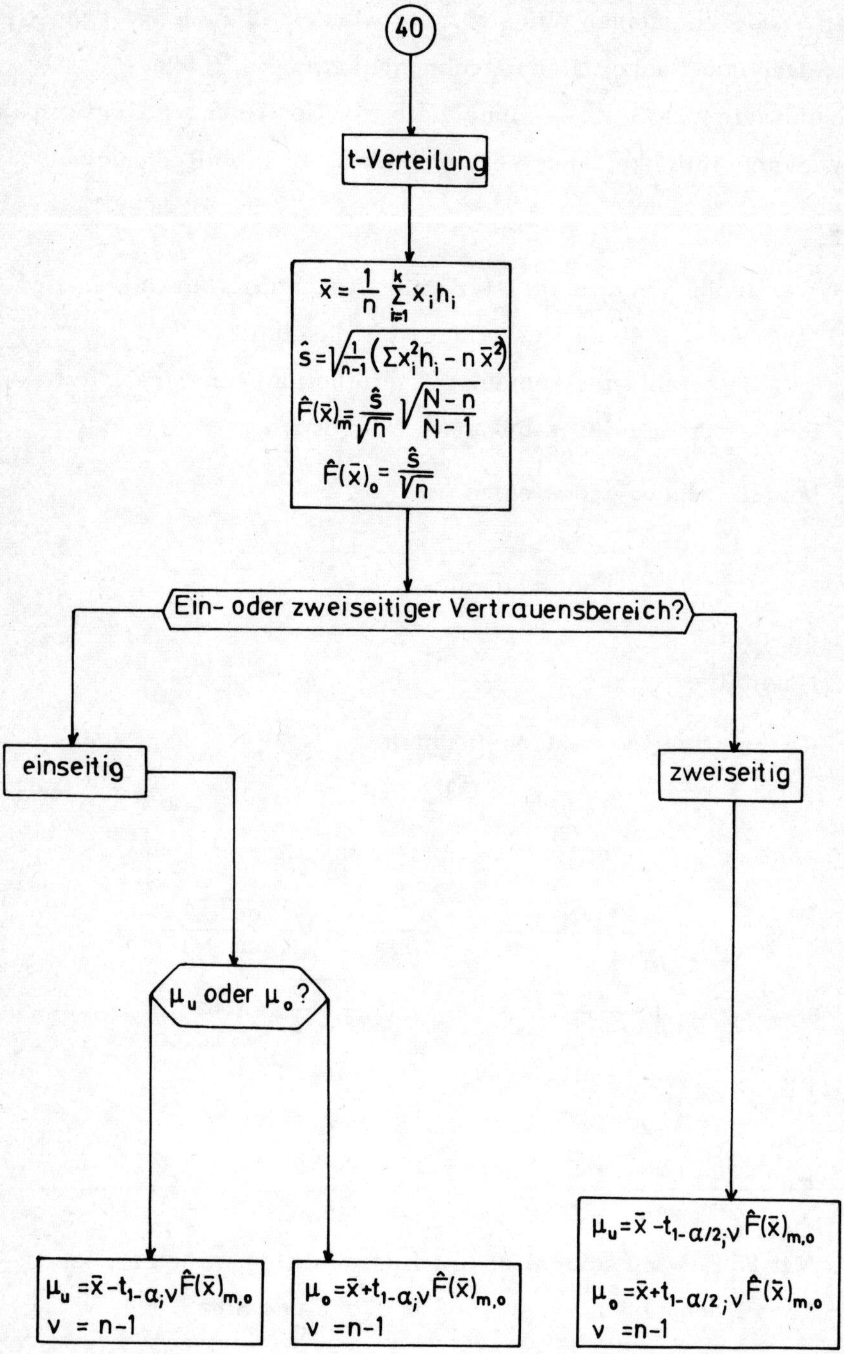
40
t-Verteilung
$\bar{x} = \frac{1}{n} \sum_{i=1}^{k} x_i h_i$
$\hat{s} = \sqrt{\frac{1}{n-1}\left(\sum x_i^2 h_i - n\bar{x}^2\right)}$
$\hat{F}(\bar{x})_m = \frac{\hat{s}}{\sqrt{n}} \sqrt{\frac{N-n}{N-1}}$
$\hat{F}(\bar{x})_o = \frac{\hat{s}}{\sqrt{n}}$
Ein- oder zweiseitiger Vertrauensbereich?
einseitig
zweiseitig
μ_u oder μ_o?
$\mu_u = \bar{x} - t_{1-\alpha;\nu} \hat{F}(\bar{x})_{m,o}$
$\nu = n-1$
$\mu_o = \bar{x} + t_{1-\alpha;\nu} \hat{F}(\bar{x})_{m,o}$
$\nu = n-1$
$\mu_u = \bar{x} - t_{1-\alpha/2;\nu} \hat{F}(\bar{x})_{m,o}$
$\mu_o = \bar{x} + t_{1-\alpha/2;\nu} \hat{F}(\bar{x})_{m,o}$
$\nu = n-1$

4o. Aufgabe:

Der Probeschnitt auf 7 verschiedenen zufällig ausgewählten m^2 eines Weizenfeldes von insgesamt 7 ha ergab einen Durchschnitt von o, 24 kg je m^2 und eine Standardabweichung von o, o3. Mit welchem Gesamtertrag an Weizen kann man mindestens rechnen, wenn angenommen werden kann, daß die Ausgangsverteilung normalverteilt ist? $\alpha = 5\,\%$.

Lösung:

a) 1. Metrische Verteilung. Merkmal: Weizenertrag pro m^2.

2. Maßzahl aus einer Verteilung: Durchschnitt.

3. Schätzverfahren: Weizenertrag wird geschätzt.

4. Indirekter Schluß: $\bar{x}$ bekannt, μ gesucht.

b) 5. Modell: ohne Zurücklegen.

6. $N = 70.000\ m^2$

7. $n / N = 7 / 70.000 = 0{,}0001 < 0{,}05$

8. $n = 7 < 30$

9. A = Z ? Ist die Ausgangsverteilung normalverteilt ?

Annahme: ja

1o. t - Verteilung

c) 11. Einseitiger Vertrauensbereich

12. $\mu_u = \bar{x} - t_{1-\alpha;\nu} \cdot \hat{F}(\bar{x})_m \quad ; \quad \nu = n - 1 = 7 - 1 = 6$

$\bar{x} = 0{,}24 \quad ; \quad t_{1-\alpha;\nu} = t_{0,95;\,6} = 1{,}943$

$$\hat{F}(\bar{x})_m = \frac{\hat{s}}{\sqrt{n}} \sqrt{\frac{N-n}{N-1}} = \frac{o{,}0324}{\sqrt{7}} \sqrt{\frac{70000 - 7}{70000 - 1}} = 0{,}0122$$

$$\hat{s} = s\sqrt{\frac{n}{n-1}} = 0{,}03\sqrt{\frac{7}{7-1}} = 0{,}0324$$

$\mu_u = 0{,}24 - 1{,}943 \cdot 0{,}0122 = 0{,}2163$

$N_{\mu_u} = 70.000 \cdot 0{,}2163 = 15.141$

13. Mit 95 % Wahrscheinlichkeit wird man mindestens 15,141 Tonnen Weizen ernten.

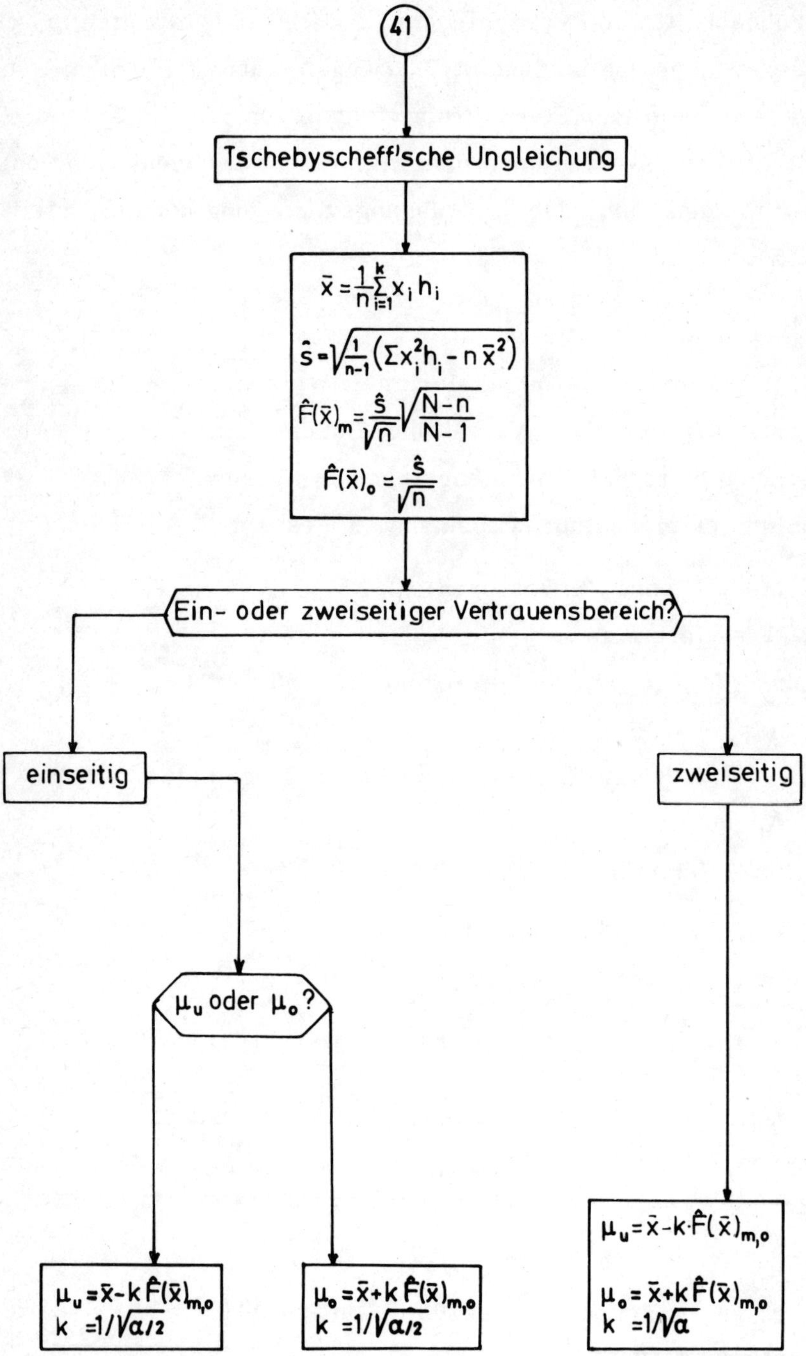
41
Tscheybscheff'sche Ungleichung
$\bar{x} = \frac{1}{n}\sum_{i=1}^{k} x_i h_i$
$\hat{s} = \sqrt{\frac{1}{n-1}\left(\sum x_i^2 h_i - n\bar{x}^2\right)}$
$\hat{F}(\bar{x})_m = \frac{\hat{s}}{\sqrt{n}}\sqrt{\frac{N-n}{N-1}}$
$\hat{F}(\bar{x})_o = \frac{\hat{s}}{\sqrt{n}}$
Ein- oder zweiseitiger Vertrauensbereich?
einseitig
zweiseitig
μ_u oder μ_o?
$\mu_u = \bar{x} - k\hat{F}(\bar{x})_{m,o}$ $k = 1/\sqrt{\alpha/2}$
$\mu_o = \bar{x} + k\hat{F}(\bar{x})_{m,o}$ $k = 1/\sqrt{\alpha/2}$
$\mu_u = \bar{x} - k \cdot \hat{F}(\bar{x})_{m,o}$
$\mu_o = \bar{x} + k\hat{F}(\bar{x})_{m,o}$ $k = 1/\sqrt{\alpha}$

41. Aufgabe:

1o männliche neugeborene Kinder hatten einen durchschnittlichen Kopfumfang (cm gemessen über Kinn und Hinterhaupt) von 38,8 cm. Innerhalb welcher Grenzen liegt mit 95 % Wahrscheinlichkeit der durchschnittliche Kopfumfang neugeborener männlicher Kinder? $\hat{s} = 4,11$

Lösung:

a) 1. Metrische Verteilung. Merkmal: Kopfumfang in cm.

2. Maßzahl aus einer Verteilung: Durchschnitt.

3. Schätzverfahren: Durchschnittlicher Kopfumfang wird geschätzt.

4. Indirekter Schluß: $\bar{x}$ bekannt, μ gesucht.

b) 5. Modell: ohne Zurücklegen.

6. N unbekannt

7. $n = 10 < 30$

8. A = Z ? Ist die Ausgangsverteilung normalverteilt?

Annahme: nein

9. Tschebyscheff'sche Ungleichung

c) 1o. Zweiseitiger Vertrauensbereich

11. $\mu_u = \bar{x} - k \cdot \hat{F}(\bar{x})_o \quad ; \quad \mu_o = \bar{x} + k \cdot \hat{F}(\bar{x})_o$

$\bar{x} = 38,8 \quad ; \quad k = 1/\sqrt{\alpha} = 1/\sqrt{o,05} = 4,47$

$$\hat{F}(\bar{x})_o = \frac{\hat{s}}{\sqrt{n}} = \frac{4,11}{\sqrt{10}} = 1,30$$

$\mu_u = 38,8 - 4,47 \cdot 1,30 = 32,99$

$\mu_o = 38,8 + 4,47 \cdot 1,30 = 44,61$

12. Mit 95 % Wahrscheinlichkeit liegt der durchschnittliche Kopfumfang neugeborener Knaben zwischen 32,99 und 44,61 cm.

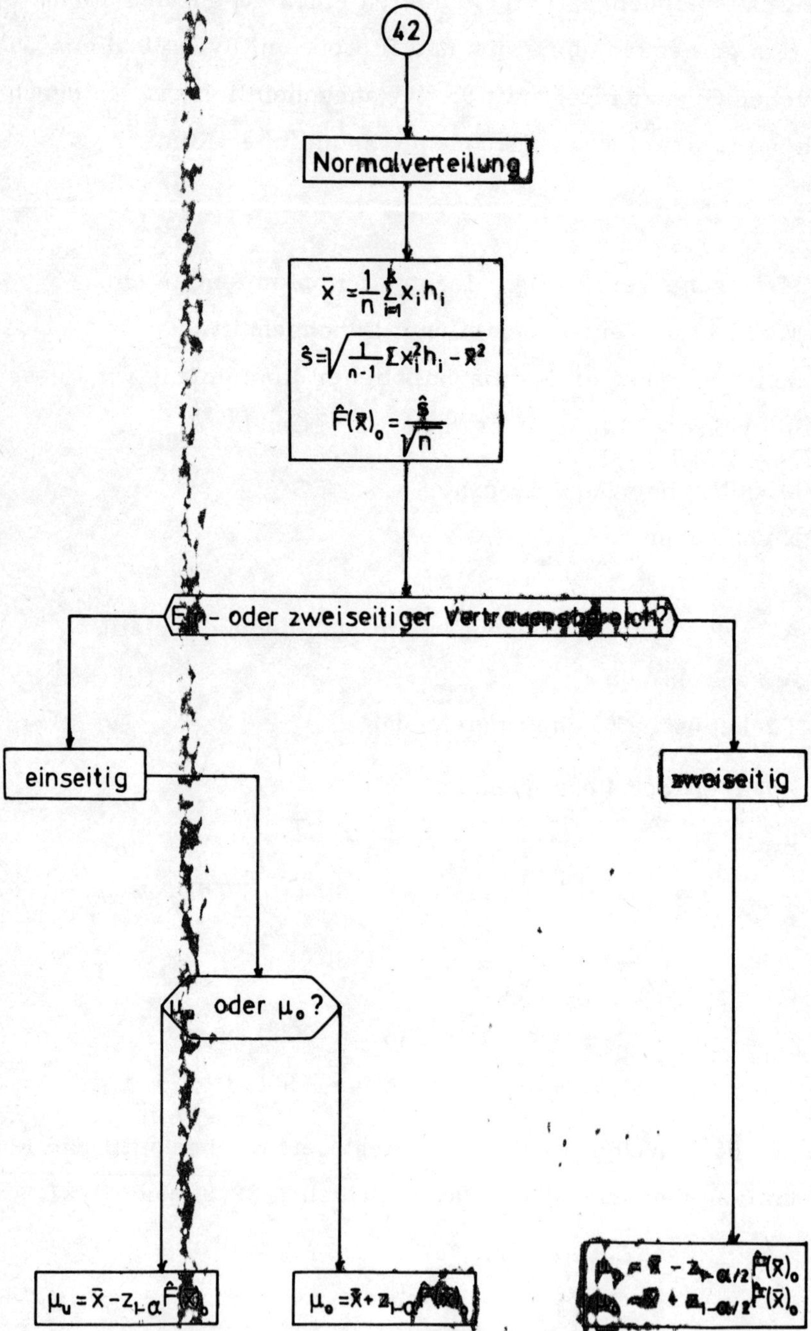
42
Normalverteilung
$\bar{x} = \frac{1}{n}\sum_{i=1}^{k} x_i h_i$
$\hat{s} = \sqrt{\frac{1}{n-1}\sum x_i^2 h_i - \bar{x}^2}$
$\hat{F}(\bar{x})_o = \frac{\hat{s}}{\sqrt{n}}$
Ein- oder zweiseitiger Vertrauensbereich?
einseitig
zweiseitig
μ_u oder μ_o?
$\mu_u = \bar{x} - z_{1-\alpha}\hat{F}(\bar{x})_o$
$\mu_o = \bar{x} + z_{1-\alpha}\hat{F}(\bar{x})_o$
$\mu_u = \bar{x} - z_{1-\alpha/2}\hat{F}(\bar{x})_o$
$\mu_o = \bar{x} + z_{1-\alpha/2}\hat{F}(\bar{x})_o$

42. Aufgabe:

Aus der Tagesproduktion eines großen Automobilwerkes wurden 1oo Pkw eines bestimmten Typs zufällig ausgewählt und ihre Höchstgeschwindigkeit gemessen. Aus dieser Stichprobe ergaben sich die Maßzahlen

$$\bar{x} = 117{,}83 \text{ km/h und } \hat{s} = 11{,}72 \text{ km/h}$$

Innerhalb welcher Grenzen liegt die Höchstgeschwindigkeit dieser Pkw? $\alpha = 5\,\%$.

Lösung:

a) 1. Metrische Verteilung. Merkmal: Höchstgeschwindigkeit in km/h.

2. Maßzahl aus einer Verteilung: Durchschnitt.

3. Schätzverfahren: Höchstgeschwindigkeit wird geschätzt.

4. Indirekter Schluß: $\bar{x}$ bekannt, μ gesucht.

b) 5. Modell: ohne Zurücklegen.

6. N unbekannt

7. $n = 1oo > 3o$

8. Normalverteilung

c) 9. Zweiseitiger Vertrauensbereich

1o. $\mu_u = \bar{x} - z_{1-\alpha/2} \cdot F(\bar{x})_o$; $\mu_o = \bar{x} + z_{1-\alpha/2} \cdot F(\bar{x})_o$

$\bar{x} = 117{,}83$; $z_{1-\alpha/2} = z_{0,975} = 1{,}96$

$$F(\bar{x})_o = \frac{\hat{s}}{\sqrt{n}} = \frac{11{,}72}{\sqrt{1oo}} = 1{,}172$$

$$\mu_u = 117{,}83 - 1{,}96 \cdot 1{,}172 = 115{,}53$$

$$\mu_o = 117{,}83 + 1{,}96 \cdot 1{,}172 = 12o{,}13$$

11. Die Höchstgeschwindigkeit dieser Pkw liegt mit 95 % Wahrscheinlichkeit zwischen 115,53 km/h und 12o,13 km/h.

4. Anpassungstest

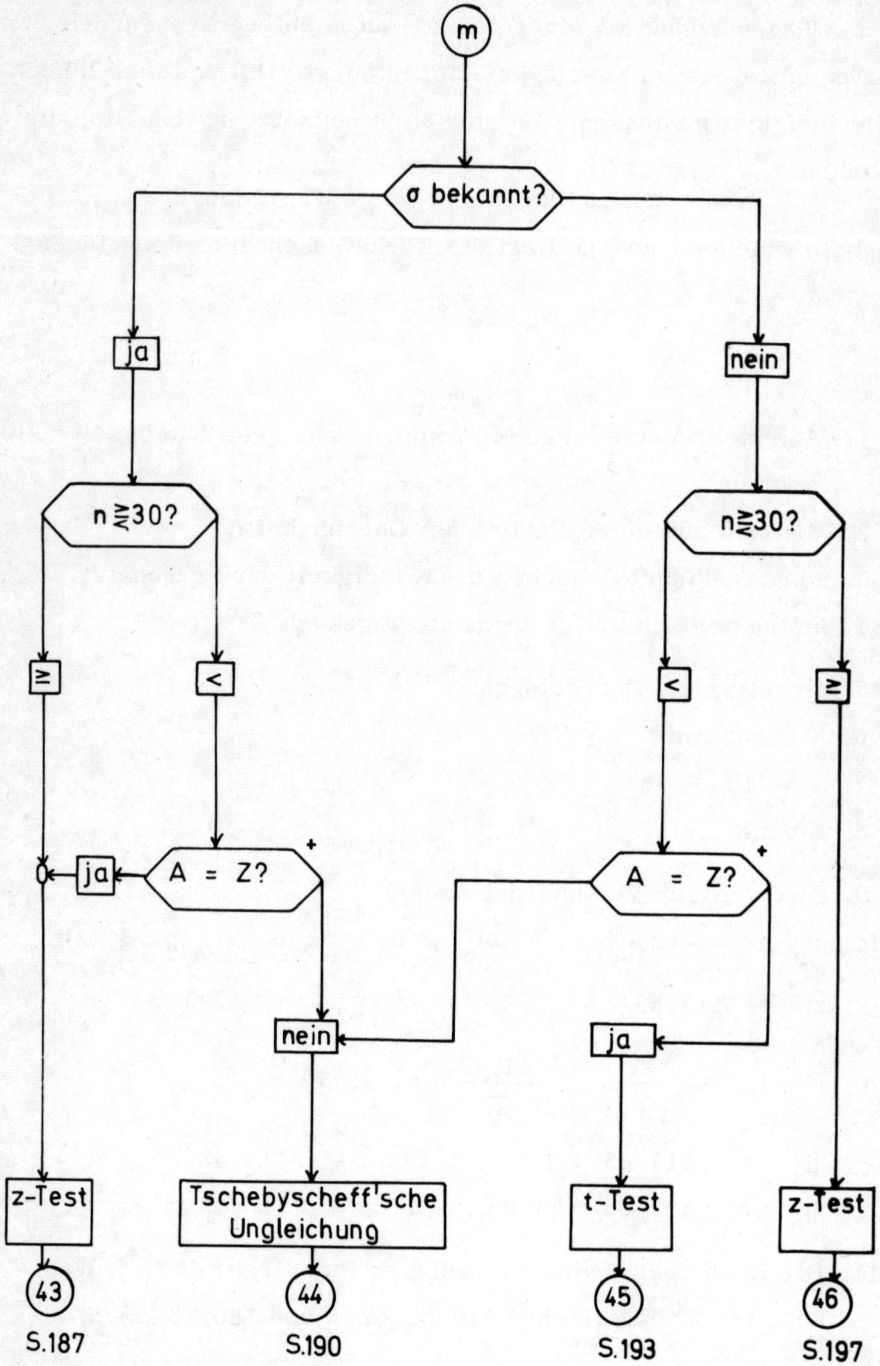

+ vgl. S.135

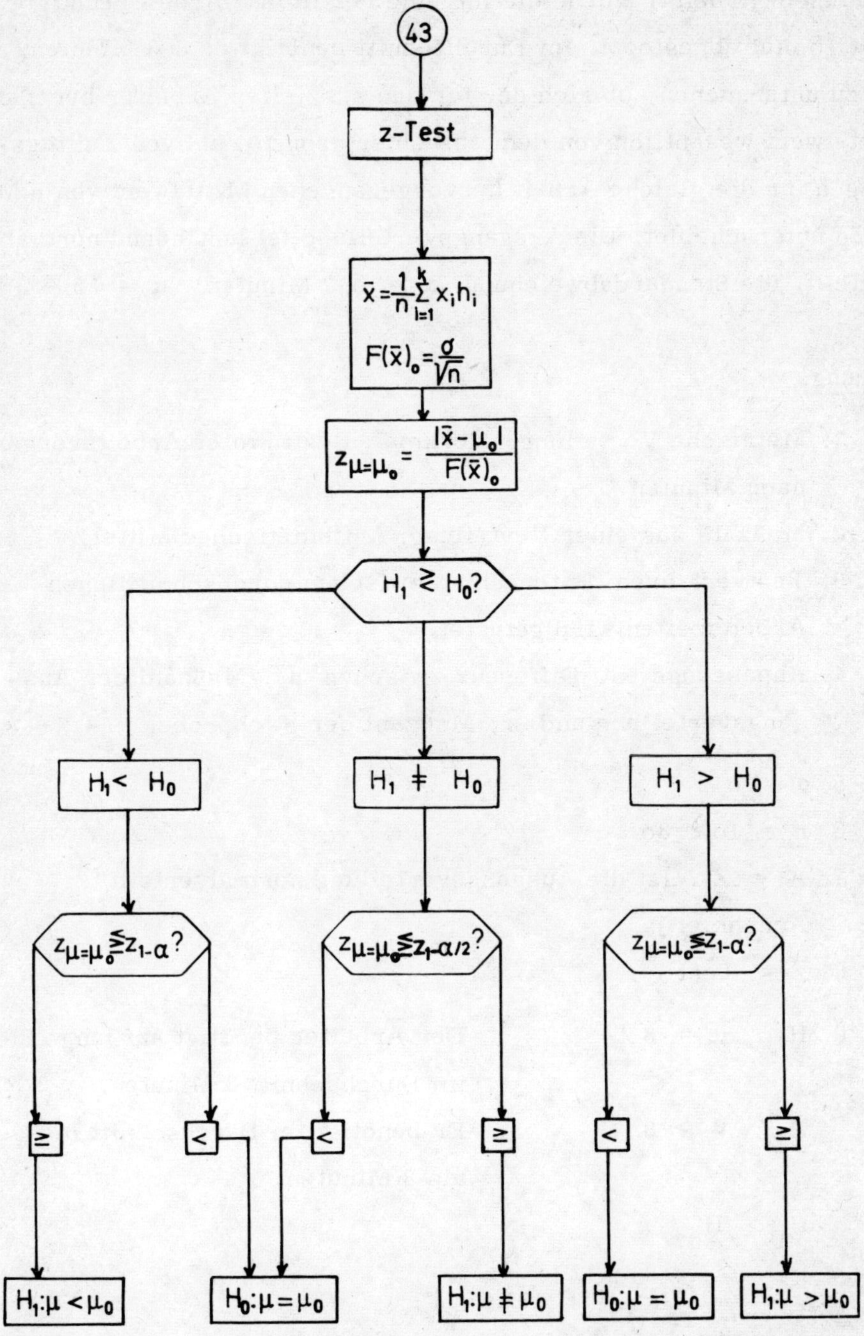
43
z-Test
$\bar{x} = \frac{1}{n}\sum_{i=1}^{k} x_i h_i$
$F(\bar{x})_o = \frac{\sigma}{\sqrt{n}}$
$z_{\mu=\mu_o} = \frac{|\bar{x} - \mu_o|}{F(\bar{x})_o}$
$H_1 \gtrless H_0$?
$H_1 < H_0$
$H_1 \neq H_0$
$H_1 > H_0$
$z_{\mu=\mu_o} \lesseqgtr z_{1-\alpha}$?
$z_{\mu=\mu_o} \lesseqgtr z_{1-\alpha/2}$?
$z_{\mu=\mu_o} \lesseqgtr z_{1-\alpha}$?
≥
<
<
≥
<
≥
$H_1: \mu < \mu_0$
$H_0: \mu = \mu_0$
$H_1: \mu \neq \mu_0$
$H_0: \mu = \mu_0$
$H_1: \mu > \mu_0$

43. Aufgabe:

Bei einem Arbeiter wurde die für eine bestimmte Arbeit benötigte Zeit 1o mal abgestoppt. Im Durchschnitt benötigt er 8,3 Minuten. Es ist zu untersuchen, ob sich der für den speziellen Arbeiter berechnete Mittelwert wesentlich von dem aus einer großen Zahl von Zeitmessungen für die gleiche Arbeit hervorgegangenen Mittelwert von 8 Minuten unterscheidet. Die Ausgangsverteilung ist annähernd normalverteilt, die Standardabweichung σ = o,2 Minuten. α = 5 %.

Lösung:

a) 1. Metrische Verteilung. Merkmal: Bestimmter Arbeitsvorgang nach Minuten.

2. Maßzahl aus einer Verteilung: Arithmetisches Mittel.

3. Testverfahren: Unterschied zwischen durchschnittlichen Arbeitszeiten wird getestet.

4. Anpassungstest: Differenz zwischen μ, Maßzahl der Ausgangsverteilung und $\bar{x}$, Maßzahl der Stichprobe.

b) 5. σ = o,2

6. n = 1o < 3o

7. A = Z ? Ist die Ausgangsverteilung normalverteilt?
Annahme: ja

8. z - Test

c) 9. H_0 : μ = 8 — Der Arbeiter benötigt auf lange Sicht im Durchschnitt 8 Minuten.

H_1 : μ > 8 — Er benötigt im Durchschnitt mehr als 8 Minuten.

$H_1 > H_0$

10. $z_{1-\alpha} = z_{0,95} = 1,645$

11. $z_{\mu=\mu_0} = \dfrac{|\bar{x} - \mu_0|}{\sigma(\bar{x})_0}$

$\bar{x} = 8,3$; $\mu_0 = 8$; $\sigma(\bar{x})_0 = \dfrac{\sigma}{\sqrt{n}} = \dfrac{0,2}{\sqrt{10}} = 0,06$

$z_{\mu=\mu_0} = \dfrac{|8,3 - 8|}{0,06} = 5,0$

12. $z_{\mu=\mu_0} \gtreqless z_{1-\alpha}$? $5,0 > 1,645$

13. $H_1 : \mu > \mu_0$

14. Der Arbeiter benötigt im Durchschnitt mehr als 8 Minuten. Das Fehlerrisiko beträgt bei dieser Entscheidung maximal 5 %. (Tatsächlich ist es geringer als 0,1 %)

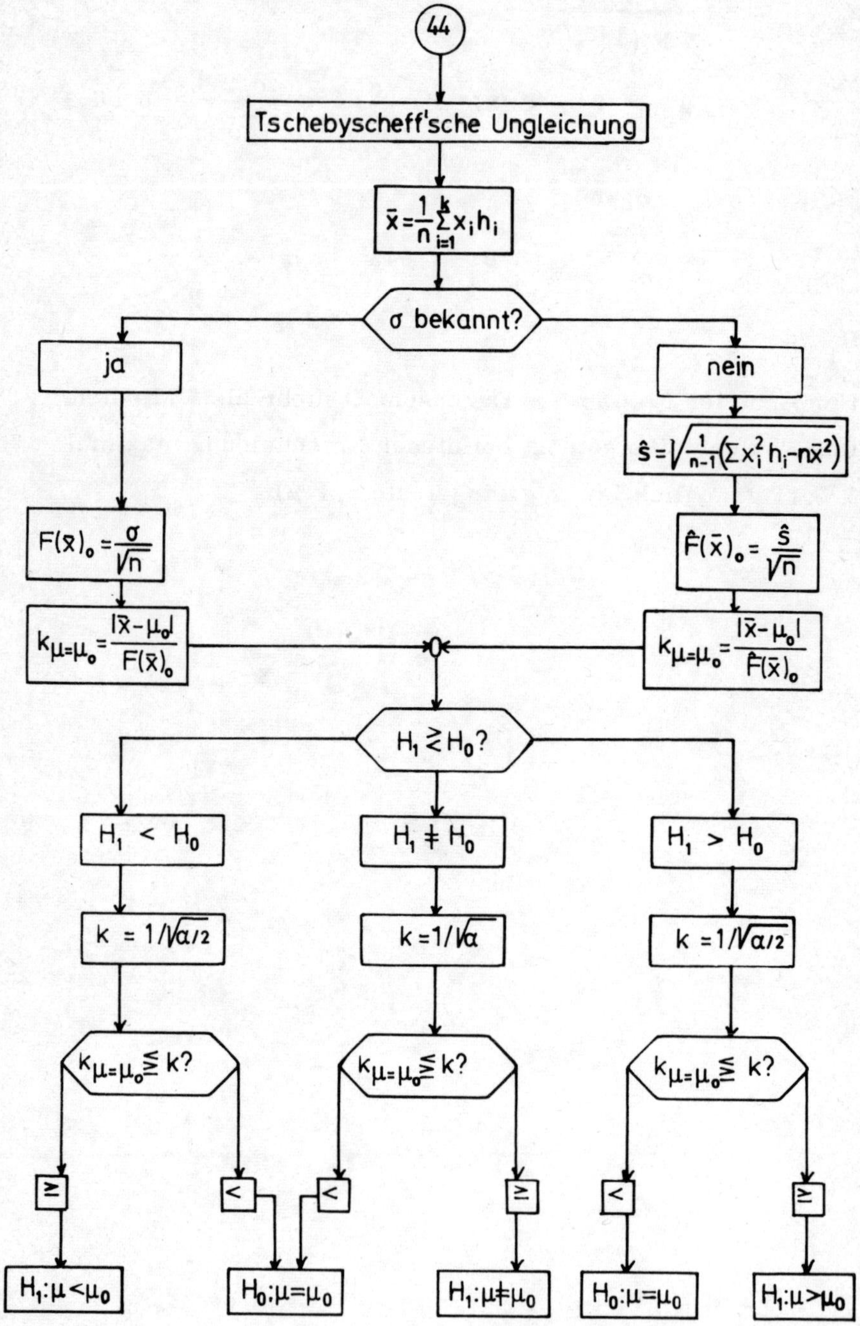
44
Tschebyscheff'sche Ungleichung
x̄ = 1/n Σ x_i h_i
σ bekannt?
ja
nein
ŝ = √(1/(n-1)(Σx_i² h_i - nx̄²))
F(x̄)_o = σ/√n
F̂(x̄)_o = ŝ/√n
k_μ=μ_o = |x̄-μ_o| / F(x̄)_o
k_μ=μ_o = |x̄-μ_o| / F̂(x̄)_o
H_1 ≷ H_0?
H_1 < H_0
H_1 ≠ H_0
H_1 > H_0
k = 1/√α/2
k = 1/√α
k = 1/√α/2
k_μ=μ_o ≷ k?
k_μ=μ_o ≷ k?
k_μ=μ_o ≷ k?
≥
<
<
≥
<
≥
H_1:μ<μ_0
H_0:μ=μ_0
H_1:μ≠μ_0
H_0:μ=μ_0
H_1:μ>μ_0

44. Aufgabe:

Eine Maschine, die Schrauben produziert, wurde auf ein Sollmaß von 5 mm eingestellt. Aus Erfahrung weiß man, daß die Standardabweichung o,1 mm beträgt. Man weiß aber nicht, ob die Ausgangsverteilung normalverteilt ist. Um festzustellen, ob die Maschine „in Ordnung" arbeitet, wird ein Stichprobe von 1o Schrauben entnommen. Das arithmetische Mittel der 1o Durchmesser beträgt 5,3 mm. Arbeitet die Maschine „in Ordnung"? $\alpha = 5\,\%$

Lösung:

a) 1. Metrische Verteilung. Merkmal: Durchmesser in Millimeter.

2. Maßzahl aus einer Verteilung: Durchschnitt.

3. Testverfahren: Unterschied zwischen Stichprobendurchschnitt und Sollmaß wird getestet.

4. Anpassungstest: Differenz zwischen μ und $\bar{x}$.

b) 5. $\sigma = 0,1$

6. $n = 10 < 30$

7. A = Z ? Ist die Ausgangsverteilung normalverteilt ? Annahme: nein

8. Tschebyscheff'sche Ungleichung

c) 9. $H_0 : \mu = 5$ Die Maschine produziert auf lange Sicht Schrauben mit einem Durchmesser von 5 mm.

$H_1 : \mu > 5$ Die Maschine produziert Schrauben mit einem Durchmesser, der größer als 5 mm ist.

$H_1 > H_0$

1o. $k = 1 / \sqrt{\alpha/2} = 1 / \sqrt{o,05/2} = 6,32$

11. $$k_{\mu=\mu o} = \frac{|\bar{x} - \mu_o|}{F(\bar{x})_o}$$

$$\bar{x} = 5,3 \; ; \; \mu_o = 5 \; ; \; F(\bar{x})_o = \frac{\sigma}{\sqrt{n}} = \frac{o,1}{\sqrt{10}} = 0,03$$

$$k_{\mu=\mu o} = \frac{|5,3 - 5|}{0,03} = 10$$

12. $k_{\mu=\mu o} \lesseqgtr k$? $\quad$ $10 > 6,32$

13. $H_1 : \mu > \mu_o$

14. Die Maschine arbeitet nicht „in Ordnung". Das Risiko einer Fehlentscheidung beträgt maximal 5 %.

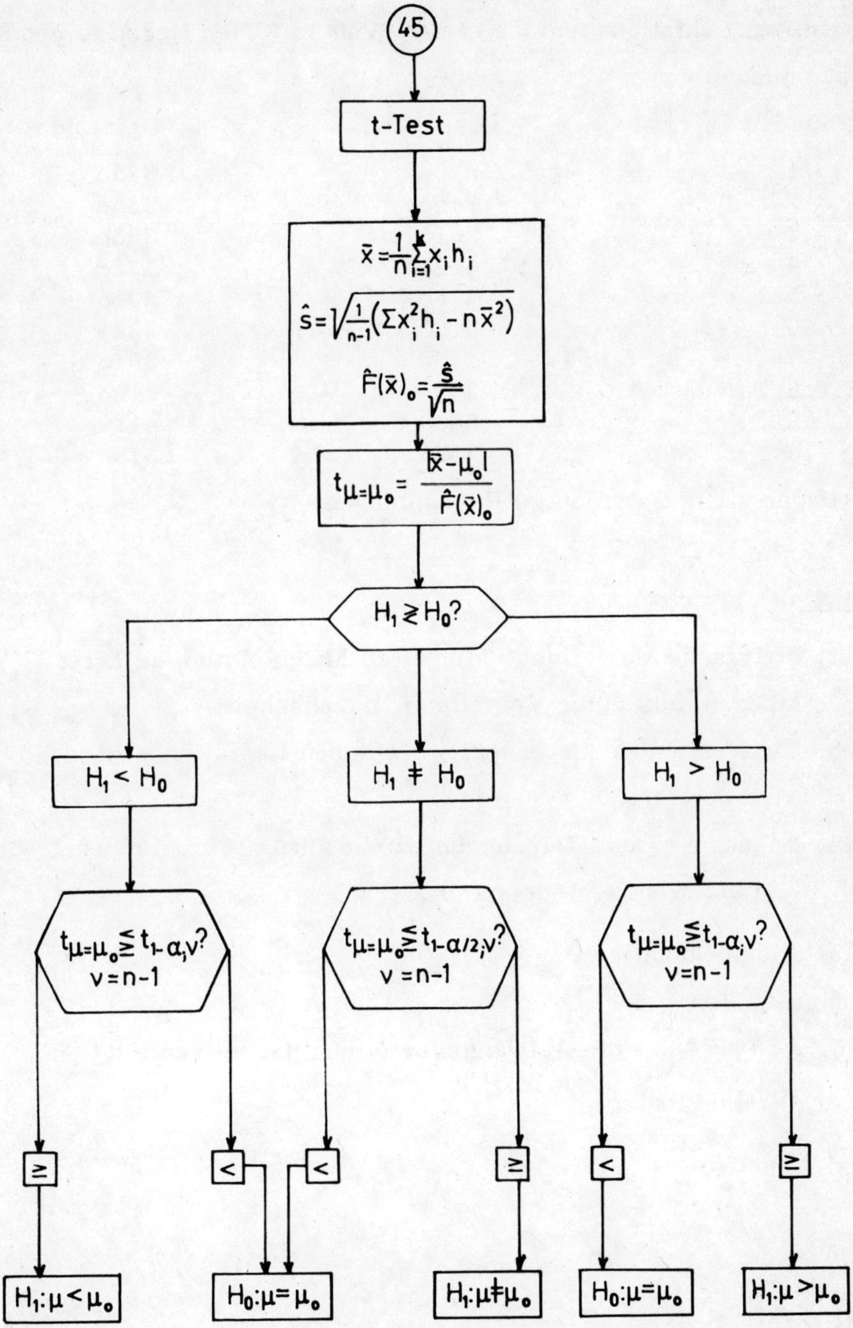
45
t-Test
$\bar{x} = \frac{1}{n}\sum_{i=1}^{k} x_i h_i$
$\hat{s} = \sqrt{\frac{1}{n-1}\left(\Sigma x_i^2 h_i - n\bar{x}^2\right)}$
$\hat{F}(\bar{x})_o = \frac{\hat{s}}{\sqrt{n}}$
$t_{\mu=\mu_o} = \frac{|\bar{x}-\mu_o|}{\hat{F}(\bar{x})_o}$
$H_1 \gtrless H_0$?
$H_1 < H_0$
$H_1 \neq H_0$
$H_1 > H_0$
$t_{\mu=\mu_o} \gtreqless t_{1-\alpha;\nu}$? $\nu = n-1$
$t_{\mu=\mu_o} \lesseqgtr t_{1-\alpha/2;\nu}$? $\nu = n-1$
$t_{\mu=\mu_o} \lesseqgtr t_{1-\alpha;\nu}$? $\nu = n-1$
≥
<
<
≥
<
≥
$H_1: \mu < \mu_o$
$H_0: \mu = \mu_o$
$H_1: \mu \neq \mu_o$
$H_0: \mu = \mu_o$
$H_1: \mu > \mu_o$

45. Aufgabe:

Es wird behauptet, daß die Milchleistung von Kühen von der ersten zur zweiten Laktationsperiode steigt. Von 1o Kühen liegen folgende Beobachtungen vor :

Kuh Nr.	1. Laktation	2. Laktation
1	326o	325o
2	345o	335o
3	381o	393o
4	422o	438o
5	426o	421o
6	516o	532o
7	295o	331o
8	297o	312o
9	3886	4119
1o	3125	31oo

Bestätigen diese Daten obige Behauptung ? $\alpha = 5\,\%$.

Lösung:

a) 1. Metrische Verteilung. Merkmal: Milchleistung in Liter.

2. Maßzahl aus einer Verteilung: Durchschnitt.

3. Testverfahren: Unterschied zwischen Laktationsperioden wird getestet.

4. Anpassungstest: Durchschnittliche Differenz zwischen 1. und 2. Laktationsperiode und 0 .

b) 5. σ unbekannt

6. n = 1o < 3o

7. A = Z ? Ist die Ausgangsverteilung normalverteilt? Annahme: ja

8. t - Test

c) 9. $H_0 : \mu_0 = 0$ Der Durchschnitt aus den Differenzen der beiden Laktationen ist Null. Die Milchleistung steigt also nicht von der ersten zur zweiten Laktationsperiode.

$H_1 : \mu_0 > 0$ Die durchschnittliche Differenz ist positiv. Die Milchleistung steigt von der ersten zur zweiten Laktationsperiode.

$H_1 > H_0$

1o. $t_{1-\alpha;\nu} = t_{0,95;\,9} = 1,833$

$\nu = n - 1 = 10 - 1 = 9$

11. $$t_{\mu=\mu 0} = \frac{|\bar{x} - \mu_0|}{\hat{F}(\bar{x})_0}$$

$\bar{x}$ wird aus den Differenzen der Milchleistungen von den 1o Kühen berechnet:

Kuh Nr.	Differenz zwischen 2. und 1. Laktation
1	- 1o
2	- 1oo
3	12o
4	16o
5	- 5o
6	16o
7	36o
8	15o
9	233
1o	- 25
	998

$\bar{x} = 99,8$; $\mu_0 = 0$;

$$\hat{F}(\bar{x})_0 = \frac{\hat{s}}{\sqrt{n}} \quad ; \quad \hat{s} = \sqrt{\frac{1}{n-1}\left(\Sigma x_i^2 h_i - n\bar{x}^2\right)} = 143,61$$

$$\hat{F}(\bar{x})_0 = \frac{143,61}{\sqrt{10}} = 45,41$$

$$t_{\mu=\mu_0} = \frac{99,8 - 0}{45,41} = 2,20$$

12. $t_{\mu=\mu_0} \gtreqless t_{1-\alpha;\nu}$? $2{,}2o > 1{,}833$

13. $H_1 : \mu > 0$

14. Die durchschnittliche positive Differenz von 99,8 weicht von 0 signifikant ab. Die Beobachtungen stützen also die Behauptung, daß die Milchleistung von Kühen von der ersten zur zweiten Laktationsperiode steigt. Das maximale Fehlerrisiko beträgt für diese Behauptung 5 %.

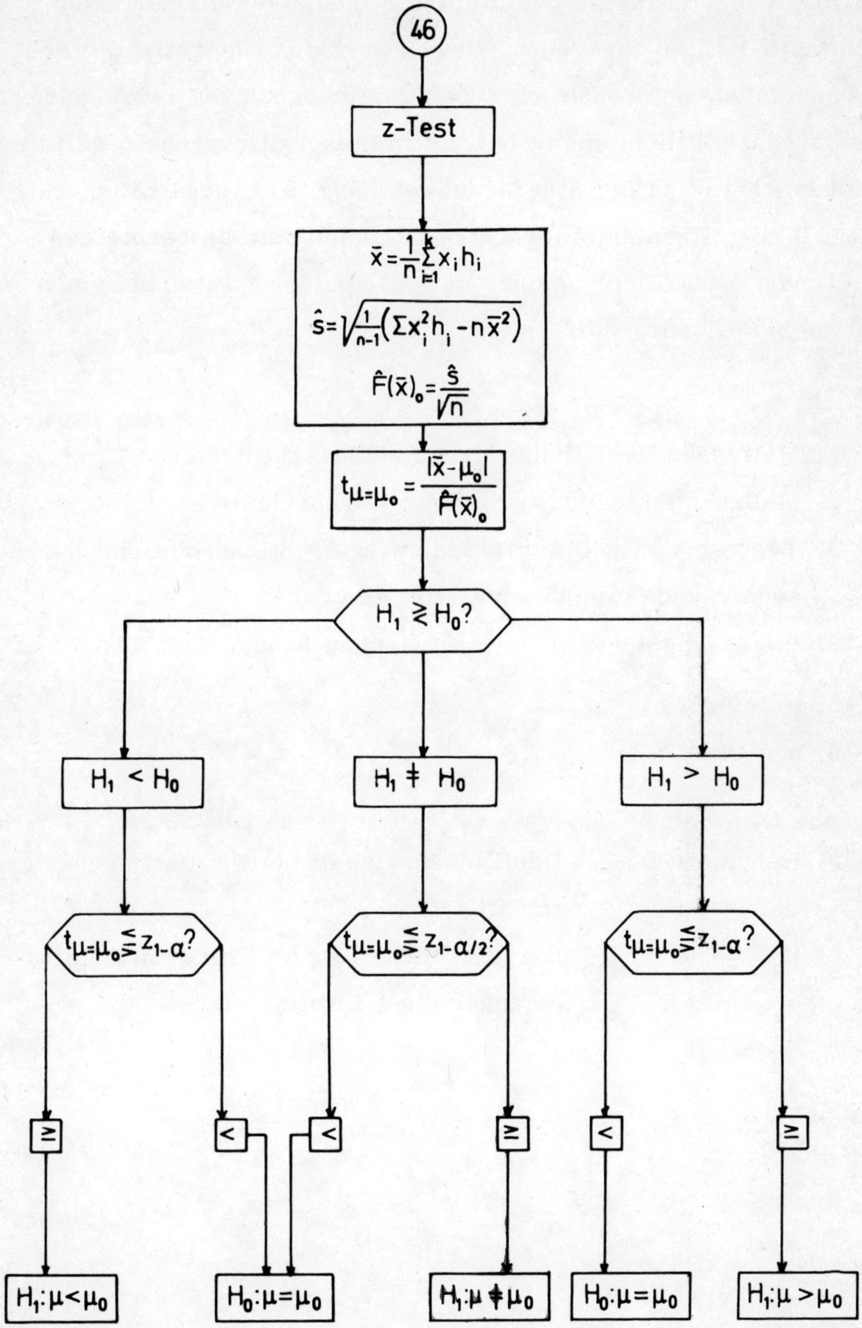
46
z-Test
x̄ = 1/n Σ_{i=1}^k x_i h_i
ŝ = √(1/(n−1) (Σx_i² h_i − n x̄²))
F̂(x̄)_o = ŝ/√n
t_{μ=μo} = |x̄ − μo| / F̂(x̄)_o
H1 ≷ H0?
H1 < H0
H1 ≠ H0
H1 > H0
t_{μ=μo} ≶ z_{1−α}?
t_{μ=μo} ≶ z_{1−α/2}?
t_{μ=μo} ≶ z_{1−α}?
≥
<
<
≥
<
≥
H1: μ < μo
H0: μ = μo
H1: μ ≠ μo
H0: μ = μo
H1: μ > μo

46. Aufgabe:

Der Inhalt einer Flasche bestimmter Flüssigkeit wird von einer Firma mit 1 Liter angegeben. Das Gewerbeinspektorat will dies überprüfen und untersucht eine Zufallsstichprobe von 144 Flaschen. Der durchschnittliche Inhalt beträgt in dieser Stichprobe o, 99 Liter und der Schätzwert der Standardabweichung $\hat{s}$ = o, o4 Liter. Besteht ein signifikanter Unterschied zwischen dem beobachteten Inhalt von o, 99 Liter und dem angezeigten von 1 Liter bei einem 5 %igen Signifikanzgrad ?

Lösung:

a) 1. Metrische Verteilung. Merkmal: Flascheninhalt in Liter.
   2. Maßzahl aus einer Verteilung: Durchschnitt.
   3. Testverfahren: Unterschied zwischen Stichprobendurchschnitt und Sollmaß wird getestet.
   4. Anpassungstest: Differenz zwischen μ und $\bar{x}$.

b) 5. σ unbekannt
   6. n = 144 > 3o
   7. z - Test

c) 8. H_0: μ = 1 — Der Flascheninhalt beträgt im Durchschnitt 1 Liter.
   H_1: μ < 1 — Der Flascheninhalt ist im Durchschnitt geringer als 1 Liter.
   $H_1 < H_0$
   9. $z_{1-\alpha} = z_{0,95} = 1,645$

10. $t_{\mu=\mu_0} = \dfrac{|\bar{x} - \mu_0|}{\hat{F}(\bar{x})_0}$

$\bar{x} = 0{,}99 \; ; \; \mu_0 = 1 \; ;$

$\hat{F}(\bar{x})_0 = \dfrac{\hat{s}}{\sqrt{n}} = \dfrac{0{,}04}{\sqrt{144}} = 0{,}00\dot{3}$

$t_{\mu=\mu_0} = \dfrac{|0{,}99 - 1|}{0{,}00\dot{3}} = 3$

11. $t_{\mu=\mu_0} \gtreqless z_{1-\alpha}$? $\quad 3 > 1{,}645$

12. $H_1 : \mu < \mu_0$

13. Zwischen der Angabe von 1 Liter und der tatsächlichen Füllung besteht ein signifikanter Unterschied. Die Firma füllt im Durchschnitt zu wenig Flüssigkeit in die Flaschen ab. Das Fehlerrisiko für die Behauptung beträgt maximal 5 %.

5. Homogenitätstest

```
                           (n)
                            │
                  ┌─Wieviele Stichproben?─┐
                  │                       │
          zwei Stichproben         mehr als zwei
                  │                  Stichproben
                  │                       │
          ┌─$n_1, n_2 \geqq 30$?──<──┐   (nα)
          │                      │    S.216
          ≥                      │
          │              ┌─A = Z?─+─nein─→ ordinal (30) S.141
          │              │   │              U-Test
          │              │   ja
          │              ↓   ↓
   $\sigma_1^2, \sigma_2^2$ bekannt?   $\sigma_1^2, \sigma_2^2$ bekannt?
          │         │                │            │
         nein      ja              ja           nein
          │         │                │            │
     $\sigma_1^2 = \sigma_2^2$?++          $\sigma_1^2 = \sigma_2^2$?+++
        │     │                         │         │
        =     ≠                         ≠         =
        │     │           │             │         │
     z-Test  z-Test    z-Test        t-Test    t-Test
       (47)   (48)      (49)           (50)     (51)
       S.201  S.204    S.207          S.210    S.213
```

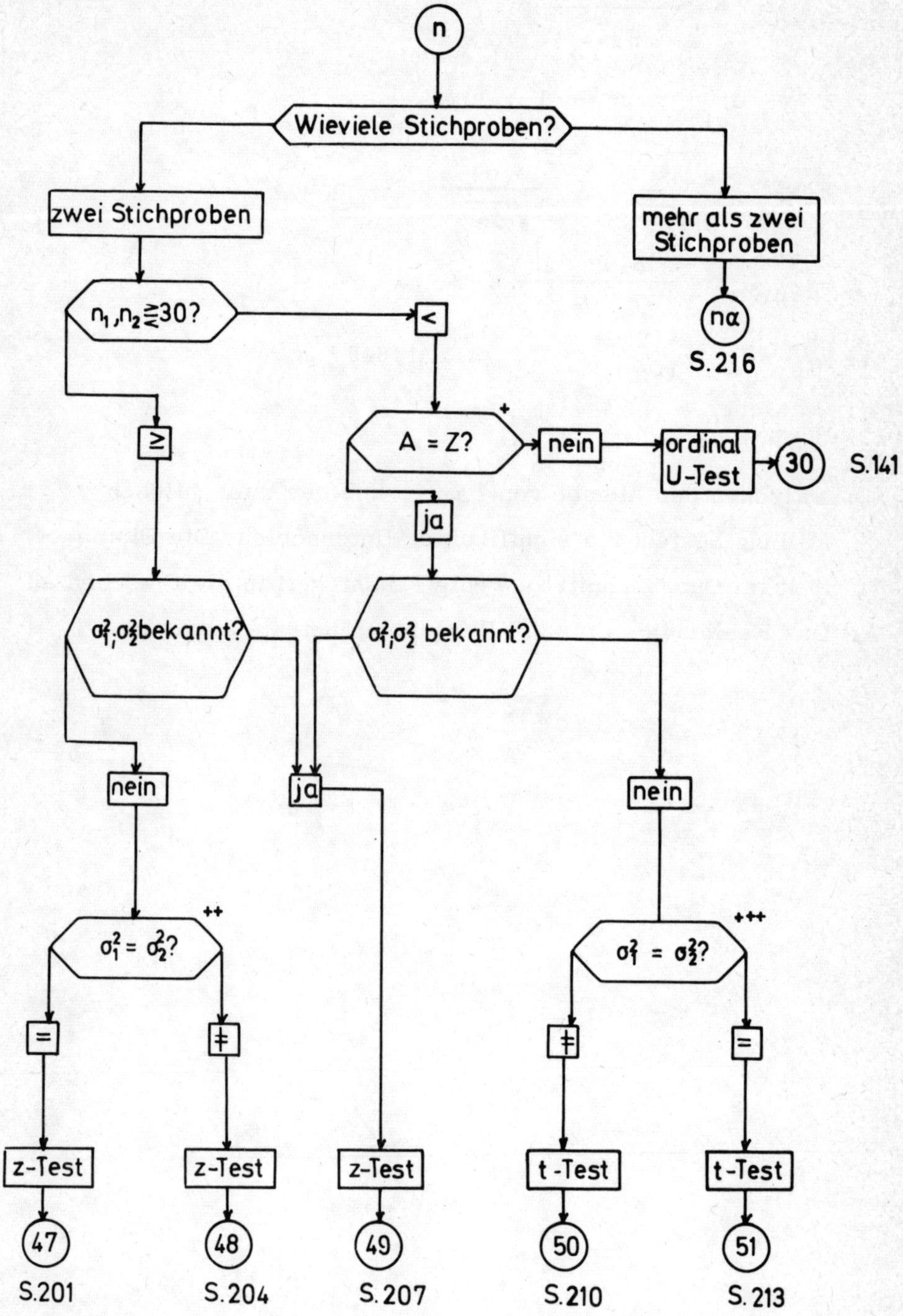

+ vgl. S.135
++ vgl. S.223
+++ vgl. S.226

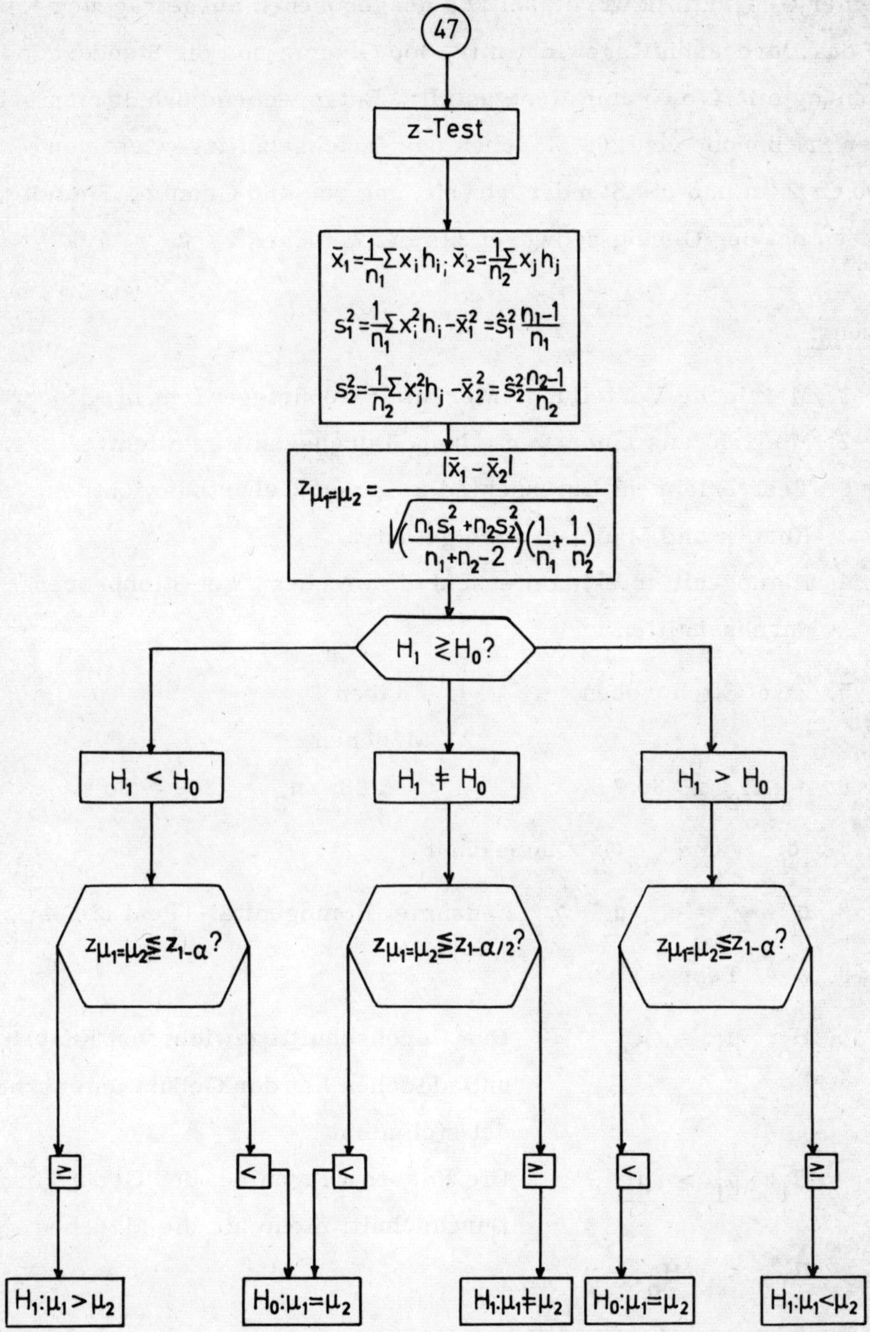
47
z-Test
$\bar{x}_1=\frac{1}{n_1}\Sigma x_i h_i;\ \bar{x}_2=\frac{1}{n_2}\Sigma x_j h_j$
$s_1^2=\frac{1}{n_1}\Sigma x_i^2 h_i-\bar{x}_1^2=\hat{s}_1^2\frac{n_1-1}{n_1}$
$s_2^2=\frac{1}{n_2}\Sigma x_j^2 h_j-\bar{x}_2^2=\hat{s}_2^2\frac{n_2-1}{n_2}$
$z_{\mu_1=\mu_2}=\frac{|\bar{x}_1-\bar{x}_2|}{\sqrt{\left(\frac{n_1 s_1^2+n_2 s_2^2}{n_1+n_2-2}\right)\left(\frac{1}{n_1}+\frac{1}{n_2}\right)}}$
$H_1 \gtreqless H_0$?
$H_1 < H_0$
$H_1 \neq H_0$
$H_1 > H_0$
$z_{\mu_1=\mu_2} \gtreqless z_{1-\alpha}$?
$z_{\mu_1=\mu_2} \gtreqless z_{1-\alpha/2}$?
$z_{\mu_1=\mu_2} \gtreqless z_{1-\alpha}$?
≥
<
<
≥
<
≥
$H_1: \mu_1 > \mu_2$
$H_0: \mu_1 = \mu_2$
$H_1: \mu_1 \neq \mu_2$
$H_0: \mu_1 = \mu_2$
$H_1: \mu_1 < \mu_2$

47. Aufgabe:

In einer Gebärklinik wurde bei 288 neugeborenen ausgetragenen Knaben das Durchschnittsgewicht mit 33oo Gramm und die Standardabweichung mit 47o Gramm festgestellt. Entsprechend erhält man bei einer Stichprobe von 269 Mädchen das Durchschnittsgewicht von 3o5o Gramm und die Standardabweichung von 46o Gramm. Sind die Knaben bei der Geburt schwerer als die Mädchen ? $\alpha = 5\ \%$

Lösung:

a) 1. Metrische Verteilung. Merkmal: Geburtsgewicht in Kilogramm.
2. Maßzahl aus einer Verteilung: Durchschnittsgewicht.
3. Testverfahren: Unterschied zwischen Geburtsgewicht von Knaben und Mädchen wird getestet.
4. Homogenitätstest: Unterschied zwischen zwei Stichprobendurchschnitten.

b) 5. Zwei Stichproben: 1. Knaben
2. Mädchen

6. $n_1, n_2 \gtreqless 30$? $n_1 = 288, \ n_2 = 269 > 30$

7. σ_1^2 und σ_2^2 unbekannt

8. $\sigma_1^2 = \sigma_2^2$? Annahme: Homogenität (Test siehe S. 224)

9. z - Test

c) 1o. $H_o: \ \mu_1 = \mu_2$ Das Durchschnittsgewicht von Knaben und Mädchen bei der Geburt unterscheidet sich nicht.

$H_1: \ \mu_1 > \mu_2$ Die Knaben wiegen bei der Geburt im Durchschnitt mehr als die Mädchen.

$H_1 < H_o$

11. $z_{1-\alpha} = z_{0,95} = 1{,}645$

12. $$z_{\mu_1=\mu_2} = \frac{|\bar{x}_1 - \bar{x}_2|}{\sqrt{\left(\frac{n_1 s_1^2 + n_2 s_2^2}{n_1 + n_2 - 2}\right)\left(\frac{1}{n_1} + \frac{1}{n_2}\right)}} =$$

$$= \frac{|3300 - 3050|}{\sqrt{\left(\frac{288.470^2 + 269.460^2}{288 + 269 - 2}\right)\left(\frac{1}{288} + \frac{1}{269}\right)}} =$$

$$= 6{,}34$$

13. $z_{\mu_1=\mu_2} \gtreqless z_{1-\alpha}$? $\quad 6{,}34 > 1{,}645$

14. H_1: $\mu_1 > \mu_2$

15. Das Durchschnittsgewicht der Knaben ist bei der Geburt größer als das der Mädchen. Das Fehlerrisiko für diese Behauptung beträgt maximal 5 %.

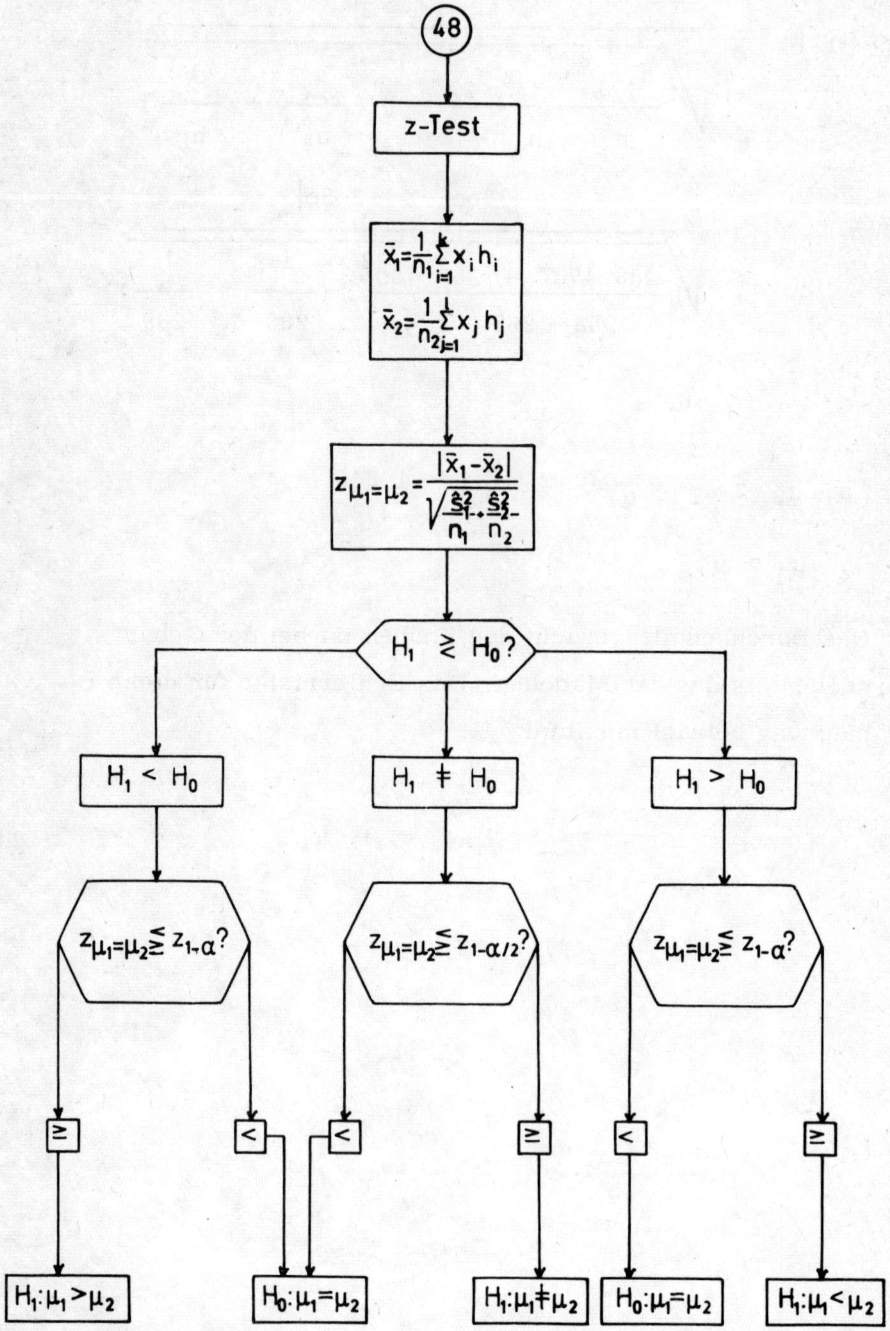
48
z-Test
$\bar{x}_1=\frac{1}{n_1}\sum_{i=1}^{k} x_i h_i$
$\bar{x}_2=\frac{1}{n_2}\sum_{j=1}^{l} x_j h_j$
$z_{\mu_1=\mu_2}=\frac{|\bar{x}_1-\bar{x}_2|}{\sqrt{\frac{\hat{s}_1^2}{n_1}+\frac{\hat{s}_2^2}{n_2}}}$
$H_1 \gtrless H_0$?
$H_1 < H_0$
$H_1 \neq H_0$
$H_1 > H_0$
$z_{\mu_1=\mu_2} \lesseqgtr z_{1-\alpha}$?
$z_{\mu_1=\mu_2} \lesseqgtr z_{1-\alpha/2}$?
$z_{\mu_1=\mu_2} \lesseqgtr z_{1-\alpha}$?
$\geq$
$<$
$<$
$\geq$
$<$
$\geq$
$H_1: \mu_1 > \mu_2$
$H_0: \mu_1 = \mu_2$
$H_1: \mu_1 \neq \mu_2$
$H_0: \mu_1 = \mu_2$
$H_1: \mu_1 < \mu_2$

48. Aufgabe:

Eine Gruppe von 6o Männern und 4o Frauen wurde beauftragt, verschiedenfarbige Klötze in einer bestimmten Weise anzuordnen. Die dafür notwendige Zeit wurde gestoppt. Im Durchschnitt brauchten die Männer 46 Sekunden bei einer Standardabweichung von 3,18 Sekunden und die Frauen 44,5 Sekunden bzw. 2,o4 Sekunden Standardabweichung. Eignen sich Frauen besser als Männer für diese Tätigkeit, die in einem bestimmten Industriebetrieb durchgeführt wird? $\alpha = 5\,\%$.

Lösung:

a) 1. Metrische Verteilung. Merkmal: Anordnungszeit in Sekunden.

2. Maßzahl aus einer Verteilung: Durchschnittszeit.

3. Testverfahren: Unterschied in der durchschnittlichen Anordnungszeit von Männern und Frauen wird getestet.

4. Homogenitätstest: Differenz zwischen $\bar{x}_1$ und $\bar{x}_2$.

b) 5. Zwei Stichproben: 1. Männer
2. Frauen

6. $n_1, n_2 \gtreqless 30$? $n_1 = 6o$, $n_2 = 4o > 3o$

7. σ_1^2, σ_2^2 unbekannt

8. $\sigma_1^2 = \sigma_2^2$? Annahme: nein (Test siehe Exkurs S. 224)

9. z - Test

c) 1o. $H_o: \mu_1 = \mu_2$ Die Ausgangsverteilungen haben gleiche Durchschnitte.

$H_1: \mu_1 > \mu_2$ Die Durchschnittszeit der Frauen liegt unter der der Männer.

$H_1 < H_o$

11. $z_{1-\alpha} = z_{0,95} = 1,645$

$$z_{\mu_1=\mu_2} = \frac{|\bar{x}_1 - \bar{x}_2|}{\sqrt{\frac{\hat{s}_1^2}{n_1} + \frac{\hat{s}_2^2}{n_2}}} = \frac{|46 - 44,5|}{\sqrt{\frac{10,2837}{60} + \frac{4,2683}{40}}} =$$

$$= 2,84$$

$$\hat{s}_1^{\,2} = 3,18^2 \cdot \frac{60}{60-1} = 10,2837 \qquad \hat{s}_2^{\,2} = 2,04^2 \cdot \frac{40}{40-1} = 4,2683$$

13. $z_{\mu_1 = \mu_2} \gtreqless z_{1-\alpha}$? $\quad 2,84 > 1,645$

14. $H_1 : \mu_1 > \mu_2$

15. Die Männer benötigen im Durchschnitt für diese Tätigkeit mehr Zeit als die Frauen. Das Risiko, daß diese Behauptung falsch ist, beträgt maximal 5 % .

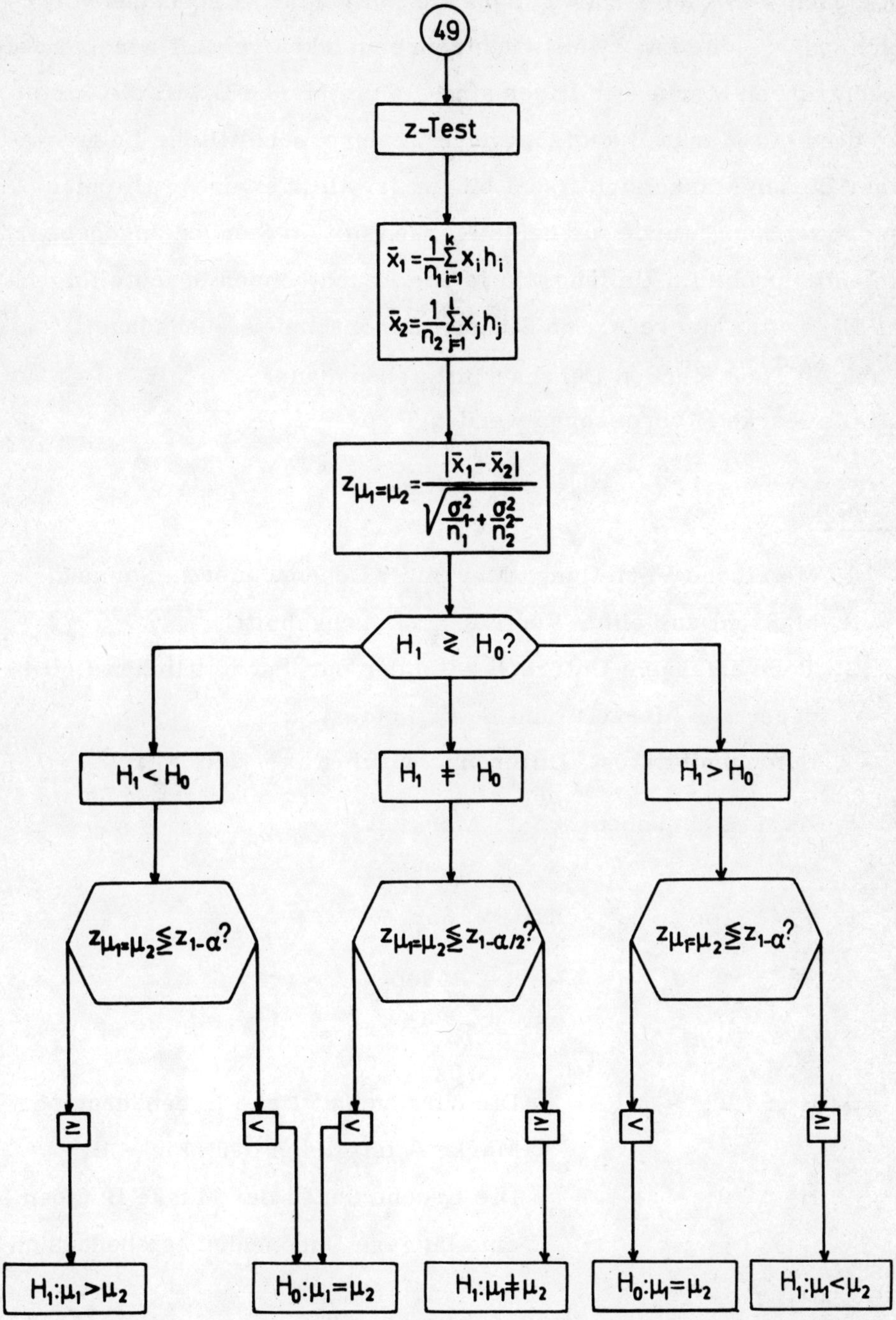
49
z-Test
$\bar{x}_1 = \frac{1}{n_1}\sum_{i=1}^{k} x_i h_i$
$\bar{x}_2 = \frac{1}{n_2}\sum_{j=1}^{l} x_j h_j$
$z_{\mu_1=\mu_2} = \frac{|\bar{x}_1 - \bar{x}_2|}{\sqrt{\frac{\sigma_1^2}{n_1} + \frac{\sigma_2^2}{n_2}}}$
$H_1 \gtrless H_0$?
$H_1 < H_0$
$H_1 \neq H_0$
$H_1 > H_0$
$z_{\mu_1=\mu_2} \lesseqgtr z_{1-\alpha}$?
$z_{\mu_1=\mu_2} \lesseqgtr z_{1-\alpha/2}$?
$z_{\mu_1=\mu_2} \lesseqgtr z_{1-\alpha}$?
≥
<
<
≥
<
≥
$H_1: \mu_1 > \mu_2$
$H_0: \mu_1 = \mu_2$
$H_1: \mu_1 \neq \mu_2$
$H_0: \mu_1 = \mu_2$
$H_1: \mu_1 < \mu_2$

49. Aufgabe:

Eine Firma will auf Grund der durchschnittlichen Lebensdauer entscheiden, welche von zwei Leuchtröhrenmarken gekauft wird. Da die Leuchtröhren Marke A billiger sind als die Marke B, will die Firma nur dann die Marke B kaufen, wenn die durchschnittliche Lebensdauer dieser Marke signifikant länger ist als die von A. Die Standardabweichung wurde für beide Marken mit 7o Stunden angegeben. Eine Stichprobe im Umfang von je 1oo Leuchtröhren brachte folgendes Ergebnis: Marke A: 985 Stunden Durchschnittslebensdauer, Marke B: 1oo3 Stunden Durchschnittslebensdauer.
Soll die Marke B vorgezogen werden ? $\alpha = 5\,\%$

Lösung:

a) 1. Metrische Verteilung. Merkmal: Lebensdauer in Stunden.

2. Maßzahl aus einer Verteilung: Durchschnitt.

3. Testverfahren: Unterschied in der durchschnittlichen Lebensdauer von Marke A und B wird getestet.

4. Homogenitätstest: Differenz zwischen $\bar{x}_1$ und $\bar{x}_2$.

b) 5. Zwei Stichproben: 1. Marke A
2. Marke B

6. $n_1 = 100$, $n_2 = 100 > 30$

7. $\sigma_1^2 = \sigma_2^2 = 70^2 = 4900$

8. z - Test

c) 9. $H_o : \mu_1 = \mu_2$ Die durchschnittliche Lebensdauer der Marke A ist gleich der Marke B.

$H_1 : \mu_1 < \mu_2$ Die Leuchtröhren der Marke B haben eine längere Durchschnittslebensdauer.

$H_1 > H_o$

10. $z_{1-\alpha} = z_{0,95} = 1,645$

11. $$z_{\mu_1 = \mu_2} = \frac{|\bar{x}_1 - \bar{x}_2|}{\sqrt{\frac{\sigma_1^2}{n_1} + \frac{\sigma_2^2}{n_2}}} =$$

$$= \frac{|985 - 1003|}{\sqrt{\frac{70^2}{100} + \frac{70^2}{100}}} = 1,82$$

12. $z_{\mu_1 = \mu_2} \gtreqless z_{1-\alpha}$? $1,82 > 1,645$

13. $H_1: \mu_1 < \mu_2$

14. Die durchschnittliche Lebensdauer der Leuchtröhren Marke B ist signifikant länger als die der Marke A. Das Risiko, daß diese Behauptung falsch ist, beträgt maximal 5 %.

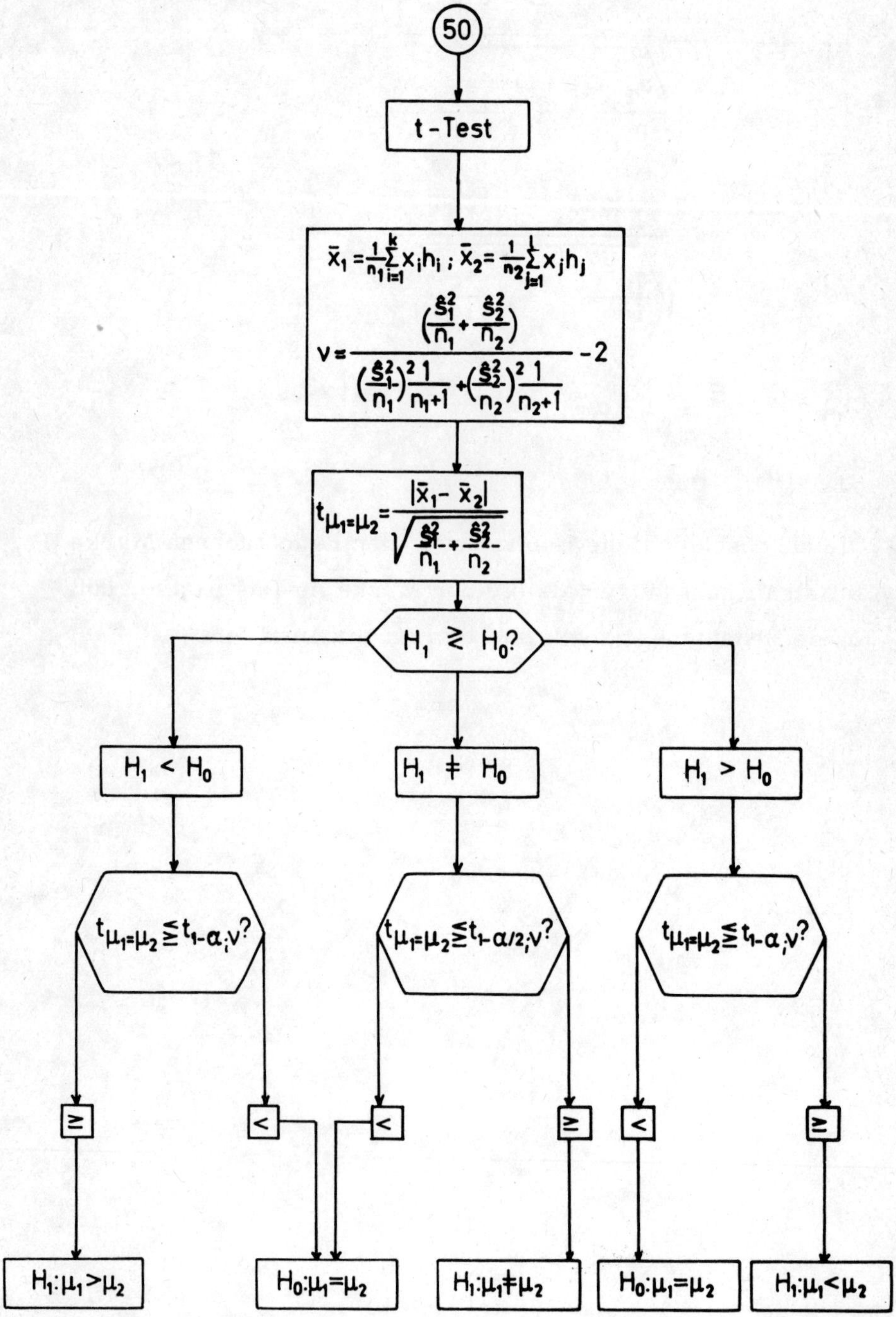
50
t-Test
x̄1 = 1/n1 Σ(i=1..k) xi hi ; x̄2 = 1/n2 Σ(j=1..l) xj hj
v = (ŝ1²/n1 + ŝ2²/n2) / ((ŝ1²/n1)² 1/(n1+1) + (ŝ2²/n2)² 1/(n2+1)) − 2
tμ1=μ2 = |x̄1 − x̄2| / √(ŝ1²/n1 + ŝ2²/n2)
H1 ≷ H0?
H1 < H0
H1 ≠ H0
H1 > H0
tμ1=μ2 ≧ t1−α;v?
tμ1=μ2 ≧ t1−α/2;v?
tμ1=μ2 ≧ t1−α;v?
≥
<
<
≥
<
≥
H1: μ1 > μ2
H0: μ1 = μ2
H1: μ1 ≠ μ2
H0: μ1 = μ2
H1: μ1 < μ2

5o. Aufgabe:

Zwei Trainingsgruppen erreichten beim Test "Medizinballweitwurf" folgende Werte (in m):

Trainingsgruppe I : 6,5; 1o; 11; 1o; 12; 14,5;

Trainingsgruppe II : 13; 14; 13,5; 13,5; 14,5;

Ist eine der beiden Trainingsgruppen signifikant besser? $\alpha = 5\,\%$

Lösung:

a) 1. Metrische Verteilung. Merkmal: Weitwurf in Meter.

2. Maßzahl aus einer Verteilung: Durchschnitt.

3. Testverfahren: Unterschied in der durchschnittlichen Weitwurfleistung zweier Trainingsgruppen wird getestet.

4. Homogenitätstest: Differenz zwischen zwei Stichprobenmittelwerten.

b) 5. Zwei Stichproben: 1. Trainingsgruppe I

2. Trainingsgruppe II

6. $n_1 = 6$; $n_2 = 5 < 3o$

7. A = Z ? Sind die Ausgangsverteilungen normalverteilt ? Annahme: ja

8. σ_1^2, σ_2^2 unbekannt

9. $\sigma_1^2 = \sigma_2^2$? Annahme: nein (Test siehe S. 227)

1o. t - Test

c) 11. H_o: $\mu_1 = \mu_2$ Die Durchschnittsweite der Trainingsgruppe I entspricht der von II .

H_1: $\mu_1 \neq \mu_2$ Die Durchschnittsweiten unterscheiden sich.

$H_1 \nparallel H_2$

12. $t_{1-\alpha/2;\nu} = t_{0,975;\,4} = 2,776$

$$\nu = \frac{\left(\frac{\hat{s}_1^2}{n_1} + \frac{\hat{s}_2^2}{n_2}\right)}{\left(\frac{\hat{s}_1^2}{n_1}\right)^2 \frac{1}{n_1+1} + \left(\frac{\hat{s}_2^2}{n_2}\right)^2 \frac{1}{n_2+1}} - 2 =$$

$$= \frac{\left(\frac{2,64^2}{6} + \frac{o,57^2}{5}\right)}{\left(\frac{2,64^2}{6}\right)^2 \frac{1}{6+1} + \left(\frac{o,57^2}{5}\right)^2 \frac{1}{5+1}} - 2 =$$

$$= 4,34$$

13. $$t_{\mu_1=\mu_2} = \frac{|\bar{x}_1 - \bar{x}_2|}{\sqrt{\frac{\hat{s}_1^2}{n_1} + \frac{\hat{s}_2^2}{n_2}}} = \frac{|10,\dot{6} - 13,7|}{\sqrt{\frac{2,64^2}{6} + \frac{o,57^2}{5}}} =$$

$$= 2,738$$

14. $t_{\mu_1=\mu_2} \gtreqless t_{1-\alpha/2;\nu}$? $\quad 2,738 < 2,776$

15. $H_0: \mu_1 = \mu_2$

16. Auf Grund dieser Stichprobenergebnisse kann man nicht behaupten, daß sich die beiden Trainingsgruppen signifikant unterscheiden.

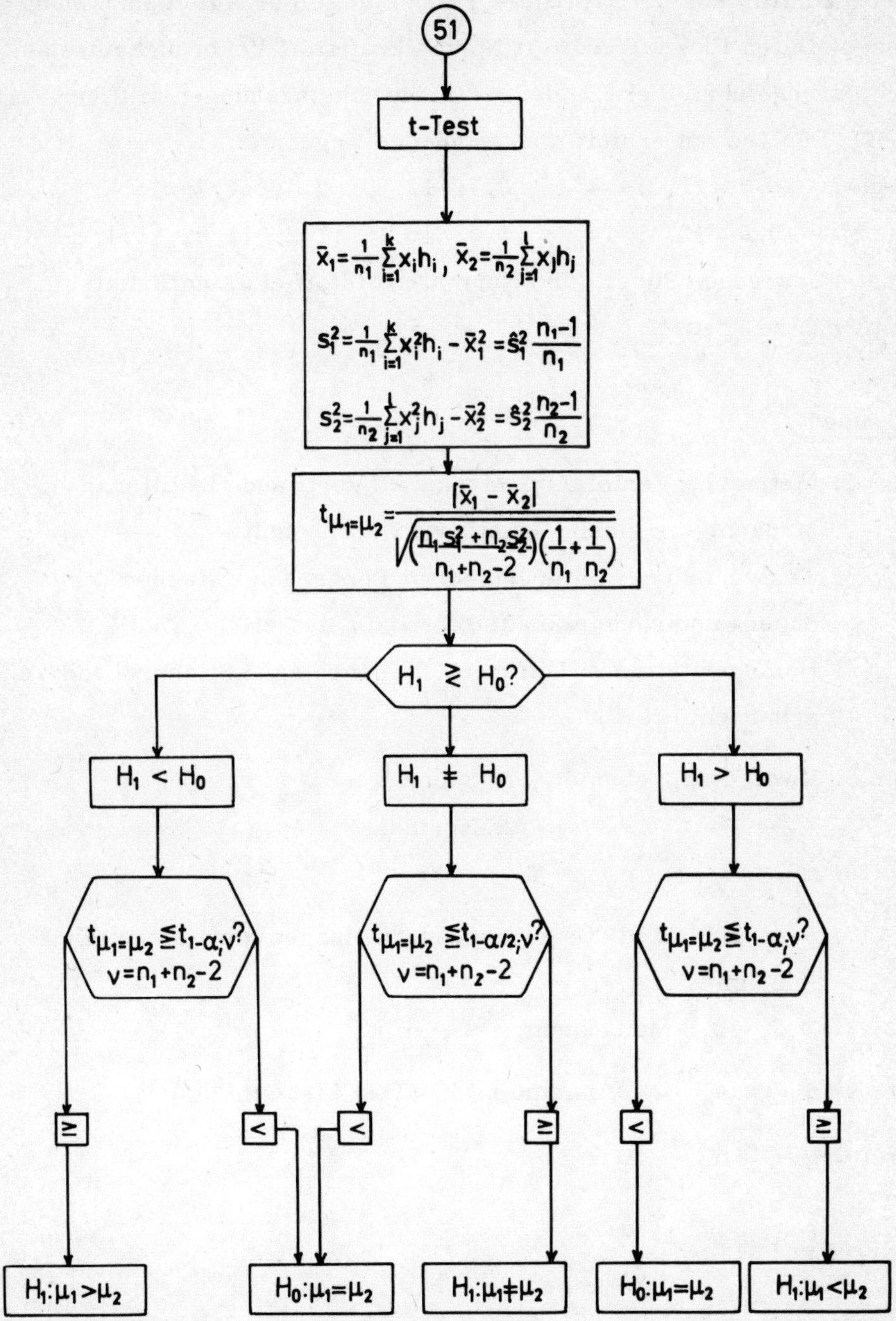

51
t-Test
$\bar{x}_1=\frac{1}{n_1}\sum_{i=1}^{k}x_i h_i,\ \bar{x}_2=\frac{1}{n_2}\sum_{j=1}^{l}x_j h_j$
$s_1^2=\frac{1}{n_1}\sum_{i=1}^{k}x_i^2 h_i-\bar{x}_1^2=\hat{s}_1^2\frac{n_1-1}{n_1}$
$s_2^2=\frac{1}{n_2}\sum_{j=1}^{l}x_j^2 h_j-\bar{x}_2^2=\hat{s}_2^2\frac{n_2-1}{n_2}$
$t_{\mu_1=\mu_2}=\frac{|\bar{x}_1-\bar{x}_2|}{\sqrt{\left(\frac{n_1 s_1^2+n_2 s_2^2}{n_1+n_2-2}\right)\left(\frac{1}{n_1}+\frac{1}{n_2}\right)}}$
$H_1 \gtrless H_0$?
$H_1 < H_0$
$H_1 \neq H_0$
$H_1 > H_0$
$t_{\mu_1=\mu_2} \gtreqless t_{1-\alpha;\nu}$? $\nu=n_1+n_2-2$
$t_{\mu_1=\mu_2} \gtreqless t_{1-\alpha/2;\nu}$? $\nu=n_1+n_2-2$
$t_{\mu_1=\mu_2} \gtreqless t_{1-\alpha;\nu}$? $\nu=n_1+n_2-2$
$\geq$
$<$
$<$
$\geq$
$<$
$\geq$
$H_1: \mu_1 > \mu_2$
$H_0: \mu_1 = \mu_2$
$H_1: \mu_1 \neq \mu_2$
$H_0: \mu_1 = \mu_2$
$H_1: \mu_1 < \mu_2$

51. Aufgabe:

Bei 8 zufällig aus der laufenden Produktion eines Automobilwerkes ausgewählten Pkw wurden mit Normalkraftstoff Verbrauchsmessungen durchgeführt, bei 8 anderen Verbrauchsmessungen mit Superkraftstoff. Für 1oo km erhielt man folgendes Ergebnis:

Super: 1o,3; 11,2; 8,4; 9,7; 12,6; 9,5; 13,7; 1o,6;

Normal: 9,6; 12,1; 14,2;. 9,4; 1o,1; 11,2; 11,5; 11,1;

Besteht zwischen Super- und Normalkraftstoff ein signifikanter Unterschied? $\alpha = 5\,\%$.

Lösung:

a) 1. Metrische Verteilung. Merkmal: Verbrauch in **Liter.**

2. Maßzahl aus einer Verteilung: Durchschnitt.

3. Testverfahren: Unterschied im Verbrauch zwischen Super- und Normalkraftstoff wird getestet.

4. Homogenitätstest: Differenz zwischen zwei Stichprobendurchschnitten.

b) 5. Zwei Stichproben: 1. Super
2. Normal

6. $n_1 = 8$; $n_2 = 8 < 3o$

7. A = Z ? Sind die Ausgangsverteilungen normalverteilt ? Annahme: ja

8. σ_1^2, σ_2^2 unbekannt

9. $\sigma_1^2 = \sigma_2^2$? Annahme: ja (Test siehe S. 228)

1o. t - Test

c) 11. $H_o: \mu_1 = \mu_2$ Der Durchschnittsverbrauch mit Superkraftstoff ist gleich dem mit Normalkraftstoff.

$H_1: \mu_1 < \mu_2$ Mit Superkraftstoff benötigt man weniger als mit Normalkraftstoff.

$H_1 > H_o$

12. $t_{1-\alpha;\nu} = t_{0,95;\,14} = 1{,}761$

$\nu = n_1 + n_2 - 2 = 8 + 8 - 2 = 14$

13. $$t_{\mu_1 = \mu_2} = \frac{|\bar{x}_1 - \bar{x}_2|}{\sqrt{\left(\frac{n_1 s_1^2 + n_2 s_2^2}{n_1 + n_2 - 2}\right)\left(\frac{1}{n_1} + \frac{1}{n_2}\right)}} =$$

$$= \frac{|10{,}75 - 11{,}15|}{\sqrt{\left(\frac{8 \cdot 1{,}61^2 + 8 \cdot 1{,}45^2}{8 + 8 - 2}\right)\left(\frac{1}{8} + \frac{1}{8}\right)}} =$$

$$= 0{,}488$$

14. $t_{\mu_1 = \mu_2} \gtreqless t_{1-\alpha;\nu}$? $0{,}488 < 1{,}761$

15. $H_o: \mu_1 = \mu_2$

16. Man kann auf Grund dieser Stichproben nicht behaupten, daß zwischen Super- und Normalkraftstoff ein signifikanter Unterschied besteht.

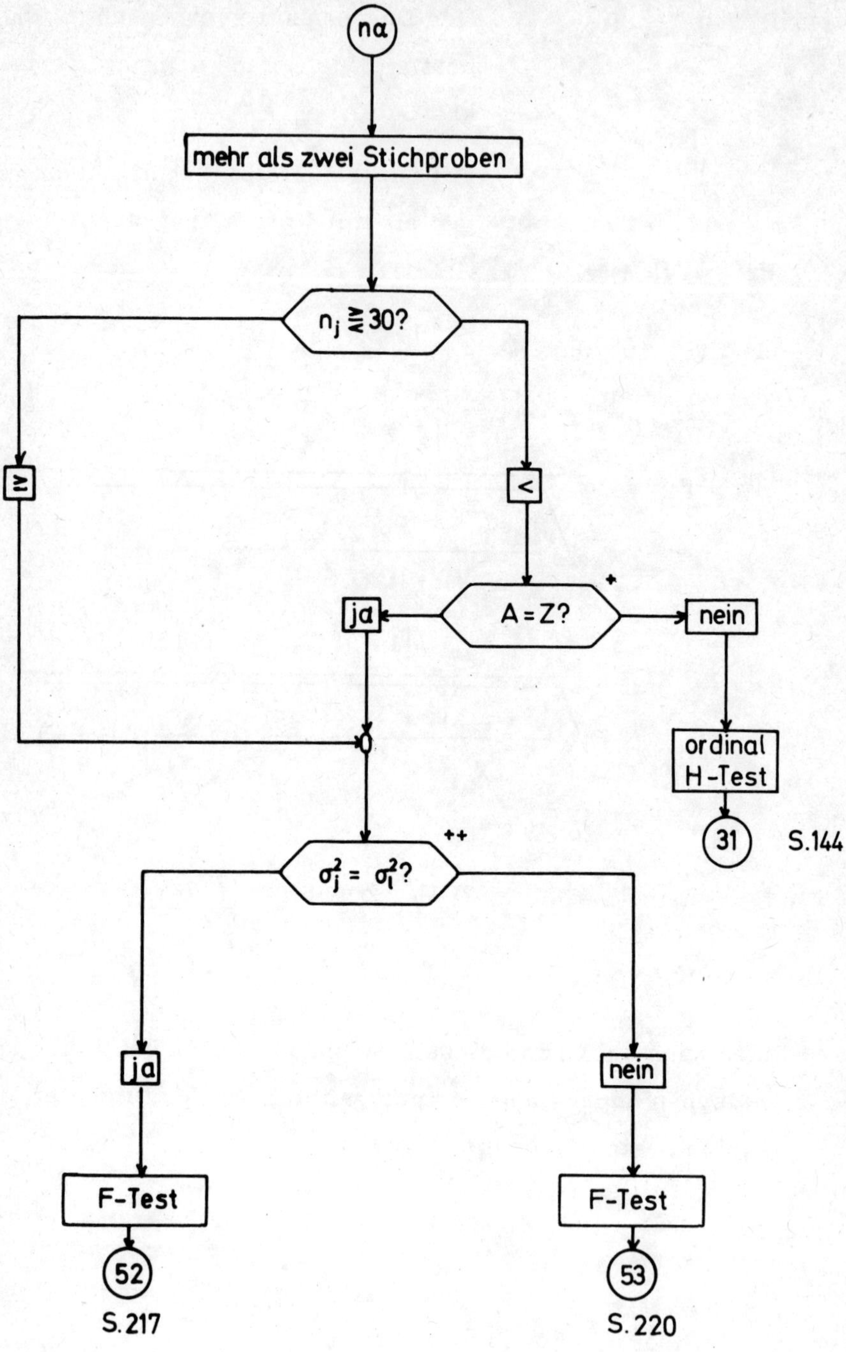

+ vgl. S.135
++ vgl. S.229

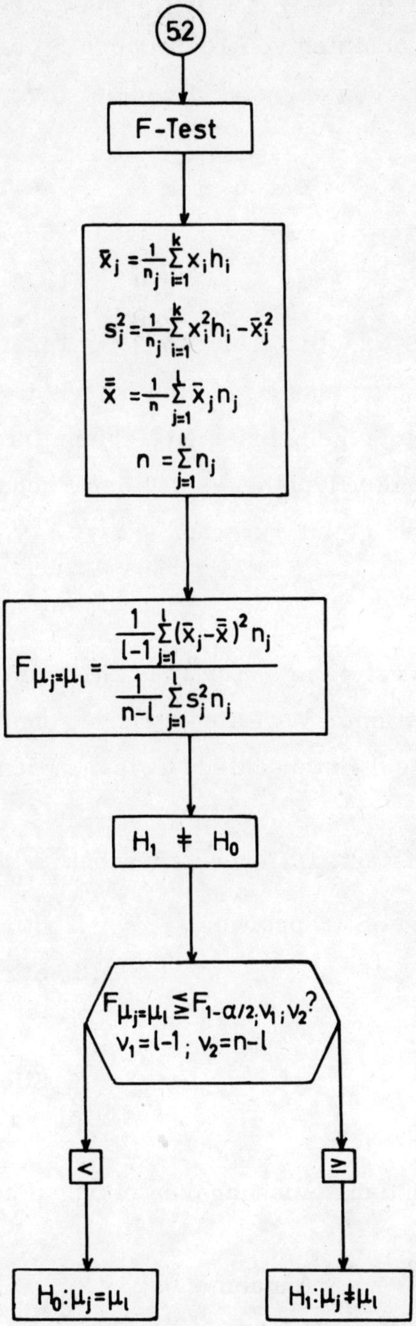
52
F-Test
$\bar{x}_j = \frac{1}{n_j}\sum_{i=1}^{k} x_i h_i$
$s_j^2 = \frac{1}{n_j}\sum_{i=1}^{k} x_i^2 h_i - \bar{x}_j^2$
$\bar{\bar{x}} = \frac{1}{n}\sum_{j=1}^{l} \bar{x}_j n_j$
$n = \sum_{j=1}^{l} n_j$
$F_{\mu_j=\mu_l} = \frac{\frac{1}{l-1}\sum_{j=1}^{l}(\bar{x}_j-\bar{\bar{x}})^2 n_j}{\frac{1}{n-l}\sum_{j=1}^{l} s_j^2 n_j}$
$H_1 \neq H_0$
$F_{\mu_j=\mu_l} \lesseqgtr F_{1-\alpha/2;\nu_1;\nu_2}$?
$\nu_1 = l-1$; $\nu_2 = n-l$
<
≥
$H_0: \mu_j = \mu_l$
$H_1: \mu_j \neq \mu_l$

52. Aufgabe:

Stichproben von 3 Sicherungen wurden während jeder Stunde eines Tages aus der laufenden Produktion von 1o-Ampère-Sicherungen entnommen. Diese Sicherungen wurden angesteckt und der Strom gemessen, mit folgendem Ergebnis:

Stunde							
1	2	3	4	5	6	7	8
1o,2	9,7	1o,6	1o,1	9,8	1o,2	9,5	9,9
1o,1	9,9	1o,1	9,8	1o,o	1o,1	1o,1	9,9
1o,3	1o,4	9,9	1o,3	1o,2	1o,o	9,7	9,7

Angenommen, die Strommessungen sind innerhalb jeder Stichprobe normalverteilt mit einer gemeinsamen Varianz für alle Ausgangsverteilungen: Testen Sie die Hypothese, daß der Produktionsprozeß während des ganzen Tages gleich gut war. $\alpha = 5\ \%$.

Lösung:

a) 1. Metrische Verteilung. Merkmal: Strommessung in Ampère.

2. Maßzahl aus einer Verteilung: Durchschnitt.

3. Testverfahren: Unterschiede zwischen den Stunden werden getestet.

4. Homogenitätstest: Differenz zwischen $\bar{x}_1, \bar{x}_2, \ldots\ldots, \bar{x}_8$.

b) 5. Mehr als zwei Stichproben:

1. Stichprobe	1
2. Stichprobe	2
⋮	⋮
8. Stichprobe	8

6. $n_j = 3 < 3o$

7. A = Z ? Sind die Ausgangsverteilungen normalverteilt ?
Annahme: ja

8. $\sigma_j^2 = \sigma_1^2$? Annahme: ja

9. F - Test

c) 1o. $H_o: \mu_j = \mu_l$ Die Sicherungen der 8 Stichproben stammen aus Ausgangsverteilungen mit gleichem arithmetischen Mittel.

$H_1: \mu_j \neq \mu_l$ Die arithmetischen Mittel der Ausgangsverteilungen sind nicht alle gleich.

11. $F_{1-\alpha/2;\, \nu 1;\, \nu 2;} = F_{0,975;\, 7;\, 16} = 3,22$

$\nu_1 = l - 1 = 8 - 1 = 7$

$\nu_2 = n - l = 24 - 8 = 16$

12. $$F_{\mu_j = \mu_l} = \frac{\frac{1}{l-1} \sum_{j=1}^{l} (\bar{x}_j - \bar{\bar{x}})^2 n_j}{\frac{1}{n-l} \sum_{j=1}^{l} s_j^2 \cdot n_j} = \frac{\frac{1}{8-1} \cdot 0,5193}{\frac{1}{24-8} \cdot 0,9800} = 1,21$$

$$\bar{\bar{x}} = \frac{1}{n} \sum_{j=1}^{l} \bar{x}_j \cdot n_j = \frac{1}{24} \cdot 240,51 = 10,02$$

	Stichproben							
	1	2	3	4	5	6	7	8
$\bar{x}_j$	1o,2o	1o,oo	1o,2o	1o,o7	1o,oo	1o,1o	9,77	9,83
s_j	o,o8	o,29	o,29	o,21	o,16	o,o8	o,25	o,o9

13. $F_{\mu_j = \mu_l} \gtreqless F_{1-\alpha/2;\, \nu_1;\, \nu_2;}$? $1,21 < 3,22$

14. $H_o: \mu_j = \mu_l$

15. Man kann die Hypothese nicht ablehnen, daß der Produktionsprozeß während des ganzen Tages gleich gut war.

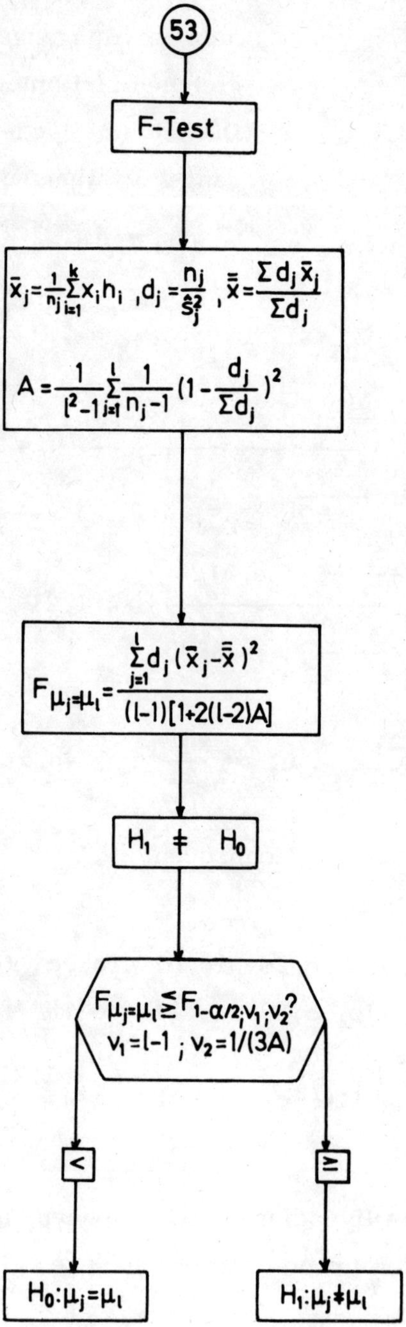

53
F-Test
$\bar{x}_j = \frac{1}{n_j}\sum_{i=1}^{k} x_i h_i$, $d_j = \frac{n_j}{\hat{s}_j^2}$, $\bar{\bar{x}} = \frac{\sum d_j \bar{x}_j}{\sum d_j}$
$A = \frac{1}{l^2-1}\sum_{j=1}^{l}\frac{1}{n_j-1}\left(1-\frac{d_j}{\sum d_j}\right)^2$
$F_{\mu_j=\mu_l} = \frac{\sum_{j=1}^{l} d_j(\bar{x}_j-\bar{\bar{x}})^2}{(l-1)[1+2(l-2)A]}$
$H_1 \neq H_0$
$F_{\mu_j=\mu_l} \lesseqgtr F_{1-\alpha/2;\nu_1;\nu_2}$?
$\nu_1 = l-1$; $\nu_2 = 1/(3A)$
$<$
$\geq$
$H_0: \mu_j = \mu_l$
$H_1: \mu_j \neq \mu_l$

53. Aufgabe:

3o Personen, die zufällig am Picadilly Circus herausgegriffen wurden, hatten eine Durchschnittsgröße von 163 cm und eine Standardabweichung von 2,3 cm. 4o Personen vor der Bank of England hatten eine Durchschnittsgröße von 172 cm mit einer Standardabweichung von 3,5 cm und 5o Personen vor dem Science Museum hatten eine Durchschnittsgröße von 144 cm und eine Abweichung von 4,2 cm. Ist London in "rassische Kolonien" geteilt ? $\alpha = 5\,\%$

Lösung:

a) 1. Metrische Verteilung. Merkmal: Körpergröße in cm.
2. Maßzahl aus einer Verteilung: Durchschnitt.
3. Testverfahren: Unterschiede in der Körpergröße von drei Personengruppen werden getestet.
4. Homogenitätstest: Differenz von Stichprobendurchschnitten.

b) 5. Mehr als zwei Stichproben: 1. Picadilly Circus
2. Bank of England
3. Science Museum

6. $n_1 = 30$; $n_2 = 40$; $n_3 = 50 \geq 30$

7. $\sigma_j^2 = \sigma_1^2$? Annahme: nein (Test siehe S. 23o)

8. F - Test

c) 9. $H_0: \mu_1 = \mu_2 = \mu_3$ Die Durchschnittsgröße der Personen ist auf allen drei Plätzen gleich.

$H_1: \mu_j \neq \mu_1$ Es bestehen Unterschiede.

1o. $F_{1-\alpha/2;\, \nu_1;\, \nu_2;} = F_{0,975;\ 2;\ 28} = 4,22$

$\nu_1 = l - 1 = 3 - 1 = 2$

$\nu_2 = 1 / (3 \,.\, A) = 1 / 3.\ 0,0117 = 28,49$

$$A = \frac{1}{l^2 - 1} \sum_{j=1}^{l} \frac{1}{n_j - 1} \left(1 - \frac{d_j}{\Sigma d_j}\right)^2 = \frac{1}{3^2 - 1} \,.\, 0,0935$$

$$= 0,0117$$

$$d_j = \frac{n_j}{\hat{s}_j^2} \qquad \sum_{j=1}^{l} dj = 11,452$$

11. $$F_{\mu_j = \mu_l} = \frac{\sum_{j=1}^{l} d_j (\bar{x}_j - \bar{\bar{x}})^2}{(l - 1)\ [1 + 2\,(l - 2)\,A]} =$$

$$= \frac{1209,7965}{(3 - 1)\ [1 + 2\,(3 - 2)\ 0,0117]} = 591,08$$

$$\bar{\bar{x}} = \frac{\Sigma d_j \bar{x}_j}{\Sigma d_j} = 160,89$$

12. $F_{\mu_j = \mu_l} \gtreqless F_{1-\alpha/2;\, \nu_1;\, \nu_2}$? $\quad 591,08 > 4,22$

13. H_1: $\mu_j \neq \mu_l$

14. Zwischen den Durchschnittsgrößen der drei Personengruppen bestehen signifikante Unterschiede. Das Fehlerrisiko, daß diese Behauptung nicht stimmt, beträgt maximal 5 %.

6. Exkurs: Homogenitätstest für Varianzen

Erster Fall: $n_1, n_2 \geq 30$

Stammen beide Stichproben aus Ausgangsverteilungen mit gleicher oder verschiedener Varianz?

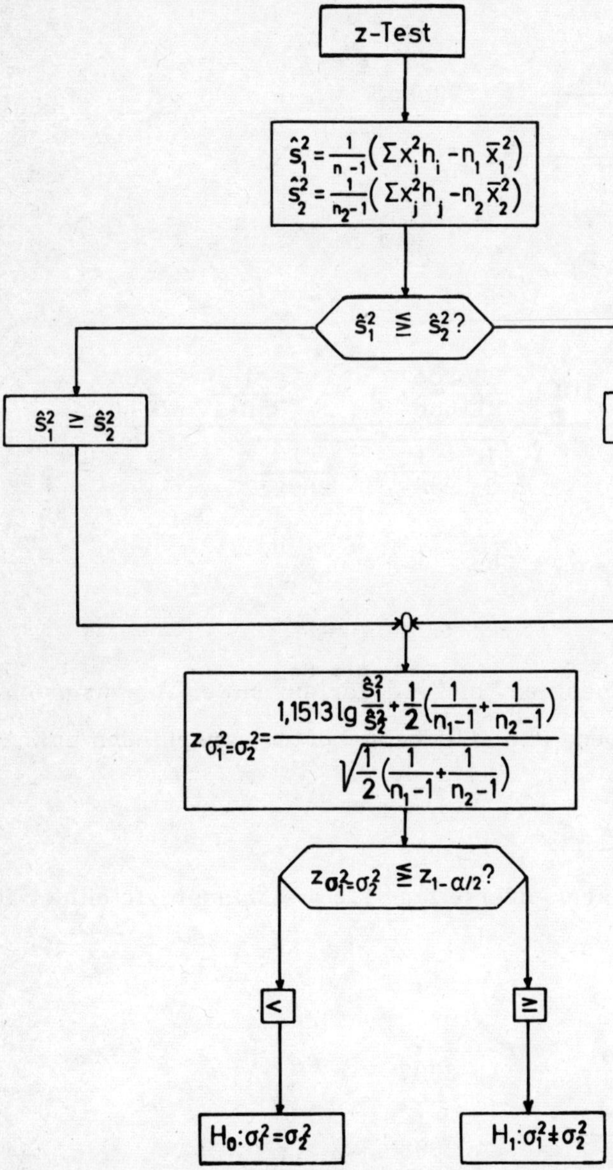

Ergänzung zur Aufgabe 47:

Kann man annehmen, daß die Stichproben der Knaben- und Mädchengeburten aus Ausgangsverteilungen mit gleicher Varianz stammen ?

$\alpha = 5\,\%$

Lösung:

a) $\hat{s}_1^2 = 470^2 \dfrac{288}{288-1} = 220900$

$\hat{s}_2^2 = 460^2 \dfrac{269}{269-1} = 211600$

b) $\hat{s}_1^2 > \hat{s}_2^2$

c) $z_{1-\alpha/2} = z_{0,975} = 1,96$

d) $$z_{\sigma_1 = \sigma_2} = \frac{1,1513 \lg \dfrac{220900}{211600} + \dfrac{1}{2}\left(\dfrac{1}{288-1} + \dfrac{1}{269-1}\right)}{\sqrt{\dfrac{1}{2}\left(\dfrac{1}{288-1} + \dfrac{1}{269-1}\right)}} = 0,42$$

e) $z_{\sigma_1 = \sigma_2} \gtreqless z_{1-\alpha/2}$? $\quad 0,42 < 1,96$

f) $H_0: \sigma_1^2 = \sigma_2^2$

g) Man kann nicht annehmen, daß die Varianzen der Ausgangsverteilungen für Knaben- und Mädchengeburten verschieden sind.

Ergänzung zur Aufgabe 48:

Ist die Varianz der Ausgangsverteilung für die Männer gleich der für die Frauen?

Lösung:

a) $\hat{s}_1^2 = 3,18^2 \dfrac{60}{60-1} = 10,2837$

$\hat{s}_2^2 = 2,04^2 \dfrac{40}{40-1} = 4,2683$

b) $\hat{s}_1^2 > \hat{s}_2^2$

c) $z_{1-\alpha/2} = z_{0,975} = 1,96$

d) $$z_{\sigma_1^2 = \sigma_2^2} = \frac{1,1513 \lg \frac{10,2837}{4,2683} + \frac{1}{2}\left(\frac{1}{60-1} + \frac{1}{40-1}\right)}{\sqrt{\frac{1}{2}\left(\frac{1}{60-1} + \frac{1}{40-1}\right)}} = 3,16$$

e) $z_{\sigma_1^2 = \sigma_2^2} \overset{?}{\gtreqless} z_{1-\alpha/2}$ $\quad 3,16 > 1,96$

f) $H_1: \sigma_1^2 \neq \sigma_2^2$

g) Die Varianzen beider Ausgangsverteilungen sind verschieden. Das Risiko, daß diese Behauptung nicht zutrifft, beträgt maximal 5 %.

Zweiter Fall: n_1, n_2 < 30

Stammen beide Stichproben aus Ausgangsverteilungen mit gleicher oder verschiedener Varianz?

(Voraussetzung: normalverteilte Ausgangsverteilungen !)

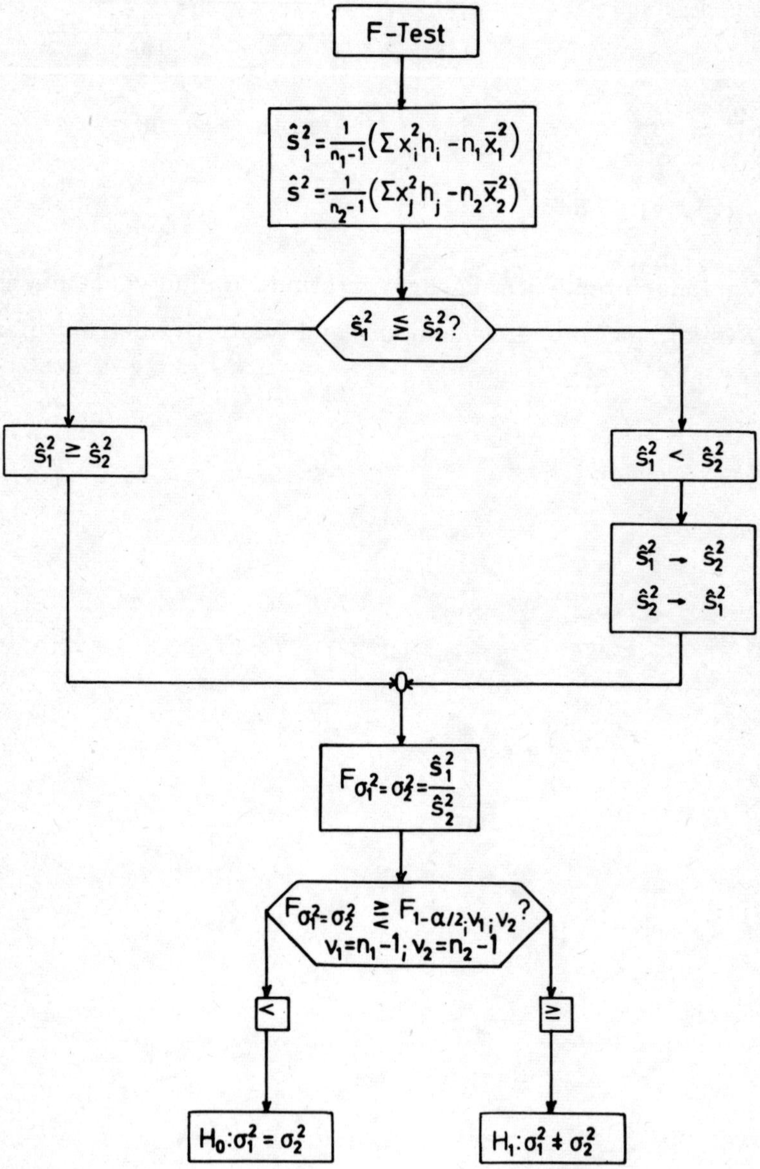

Ergänzung zur Aufgabe 5o:

Kann man annehmen, daß die Varianzen der Ausgangsverteilungen beider Trainingsgruppen gleich groß sind? $\alpha = 5\,\%$

Lösung:

a) $\hat{s}_1^2 = 2{,}64^2 = 6{,}9696$

$\hat{s}_2^2 = 0{,}57^2 = 0{,}3249$

b) $\hat{s}_1^2 > \hat{s}_2^2$

c) $F_{1-\alpha/2; \nu_1; \nu_2} = F_{0,975;\, 5;\, 4} = 9{,}36$

$\nu_1 = n_1 - 1 = 6 - 1 = 5$

$\nu_2 = n_2 - 1 = 5 - 1 = 4$

d) $F_{\sigma_1^2 = \sigma_2^2} = \frac{\hat{s}_1^2}{\hat{s}_2^2} = \frac{6{,}9696}{0{,}3249} = 21{,}45$

e) $F_{\sigma_1^2 = \sigma_2^2} \gtreqless F_{1-\alpha/2; \nu_1; \nu_2}$? $21{,}45 > 9{,}36$

f) $H_1\colon \sigma_1^2 \neq \sigma_2^2$

g) Man kann nicht annehmen, daß die Varianzen beider Trainingsgruppen in den Ausgangsverteilungen gleich groß sind. Das Risiko, daß diese Behauptung falsch ist, beträgt 5 %.

Ergänzung zur Aufgabe 51:

Sind die Varianzen der Ausgangsverteilungen für Super- und Normalkraftstoff gleich groß ? $\alpha = 5\,\%$

Lösung:

a) $\hat{s}_1^2 = 1{,}72^2 = 2{,}9584$

$\hat{s}_2^2 = 1{,}55^2 = 2{,}4025$

b) $\hat{s}_1^2 > \hat{s}_2^2$

c) $F_{1-\alpha/2;\nu_1;\nu_2} = F_{0,975;\,7;\,7} = 4{,}99$

$\nu_1 = n_1 - 1 = 8 - 1 = 7$

$\nu_2 = n_2 - 1 = 8 - 1 = 7$

d) $F_{\sigma_1^2 = \sigma_2^2} = \dfrac{\hat{s}_1^2}{\hat{s}_2^2} = \dfrac{2{,}9584}{2{,}4025} = 1{,}23$

e) $F_{\sigma_1^2 = \sigma_2^2} \gtreqless F_{1-\alpha/2;\nu_1;\nu_2}$? $1{,}23 < 4{,}99$

f) $H_o\!: \sigma_1^2 = \sigma_2^2$

g) Man ist nicht in der Lage, die Varianzenhomogenität abzulehnen.

Dritter Fall: Mehr als zwei Stichproben

Sind die Varianzen der l Ausgangsverteilungen gleich?

(Bei $n < 30$ Voraussetzung: Ausgangsverteilungen sind normalverteilt).

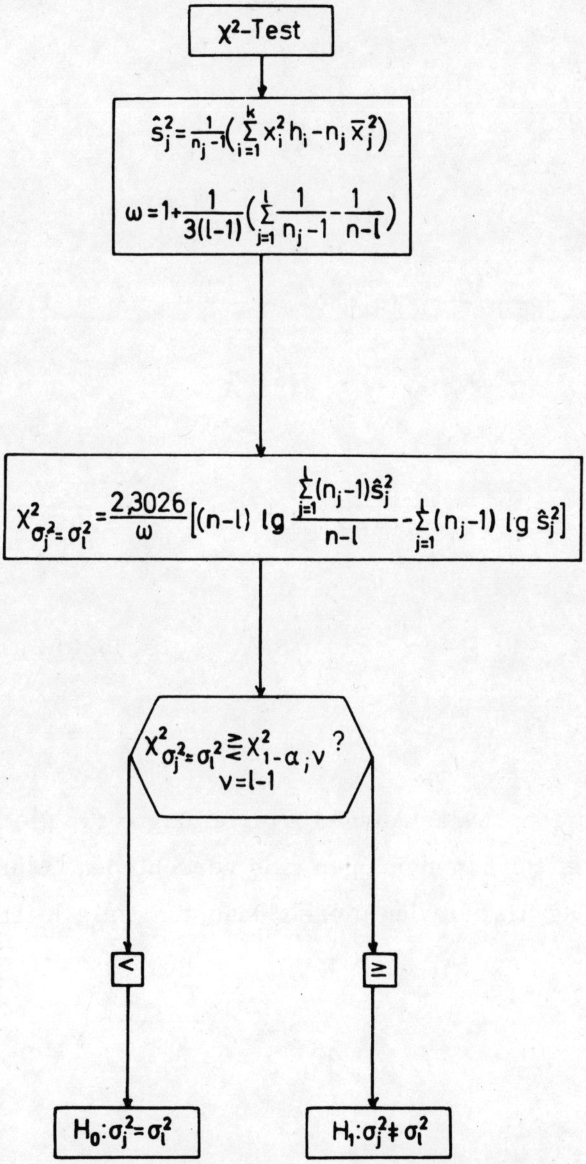
χ^2-Test
$\hat{s}_j^2 = \frac{1}{n_j-1}\left(\sum_{i=1}^{k} x_i^2 h_i - n_j \bar{x}_j^2\right)$
$\omega = 1 + \frac{1}{3(l-1)}\left(\sum_{j=1}^{l}\frac{1}{n_j-1} - \frac{1}{n-l}\right)$
$\chi^2_{\sigma_j^2=\sigma_l^2} = \frac{2,3026}{\omega}\left[(n-l)\lg\frac{\sum_{j=1}^{l}(n_j-1)\hat{s}_j^2}{n-l} - \sum_{j=1}^{l}(n_j-1)\lg\hat{s}_j^2\right]$
$\chi^2_{\sigma_j^2=\sigma_l^2} \gtreqless \chi^2_{1-\alpha;\nu}$?
$\nu = l-1$
$<$
$\geq$
$H_0: \sigma_j^2 = \sigma_l^2$
$H_1: \sigma_j^2 \neq \sigma_l^2$

Ergänzung zur Aufgabe 53:

Sind die Varianzen der Ausgangsverteilungen von den drei Personengruppen gleich groß ? $\alpha = 5\ \%$

Lösung:

a) $\hat{s}_1^2 = 2{,}3^2 \cdot \frac{30}{30 - 1} = 5{,}4724$

$\hat{s}_2^2 = 3{,}5^2 \cdot \frac{40}{40 - 1} = 12{,}5641$

$\hat{s}_3^2 = 4{,}2^2 \cdot \frac{50}{50 - 1} = 18{,}0000$

$\omega = 1 + \frac{1}{3\,(3 - 1)}\,(0{,}08053 - \frac{1}{120 - 3}) = 1{,}0120$

b) $\chi^2_{1-\alpha;\nu} = \chi^2_{0,95;\,2} = 5{,}99$

$\nu = 1 - 1 = 3 - 1 = 2$

c) $\chi^2_{\sigma_j^2 = \sigma_1^2} = \frac{2{,}3026}{1{,}0120}\left[(120 - 3)\,\lg \frac{1530{,}7}{120-3} - 125{,}8175\right] =$

$= 10{,}95$

d) $\chi^2_{\sigma_j^2 = \sigma_1^2} \gtreqless \chi^2_{1-\alpha;\nu}$? $\quad 10{,}95 > 5{,}99$

e) $H_1{:}\ \sigma_j^2 \neq \sigma_1^2$

f) Die Varianzen der Ausgangsverteilungen für die Körpergröße der drei Personengruppen sind verschieden. Maximal 5 % beträgt das Risiko, daß diese Behauptung falsch ist.

7. Anpassungstest für den Maßkorrelationskoeffizienten

x\y	y_1 .... y_j .... y_l	h_i
x_1	h_{11} .... h_{1j} .... h_{1l}	h_1
x_i	h_{i1} .... h_{ij} .... h_{il}	h_i
x_k	h_{k1} .... h_{kj} .... h_{kl}	h_k
h_j	h_1 .... h_j .... h_l	n

$$r_M = \frac{n\Sigma x_i y_j h_{ij} - \Sigma x_i h_i \Sigma y_j h_j}{\sqrt{[n\Sigma x_i^2 h_i - (\Sigma x_i h_i)^2][n\Sigma y_j^2 h_j - (\Sigma y_j h_j)^2]}}$$

A = Z? [+]

ja → n ≶ 30? → ≥ → z-Test → (55) S. 234

< → t-Test → (54) S. 232

nein → z-Test

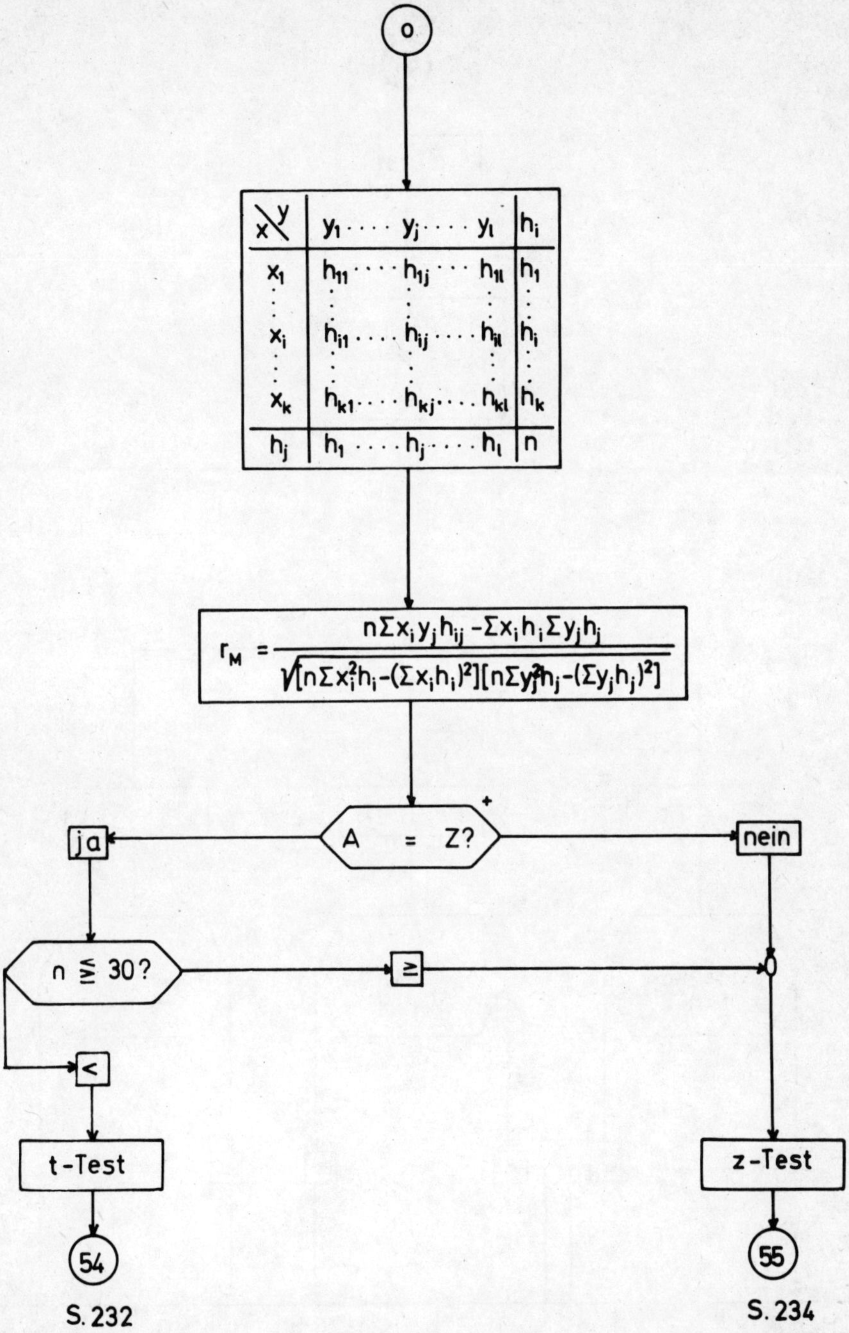

[+] vgl. S. 135

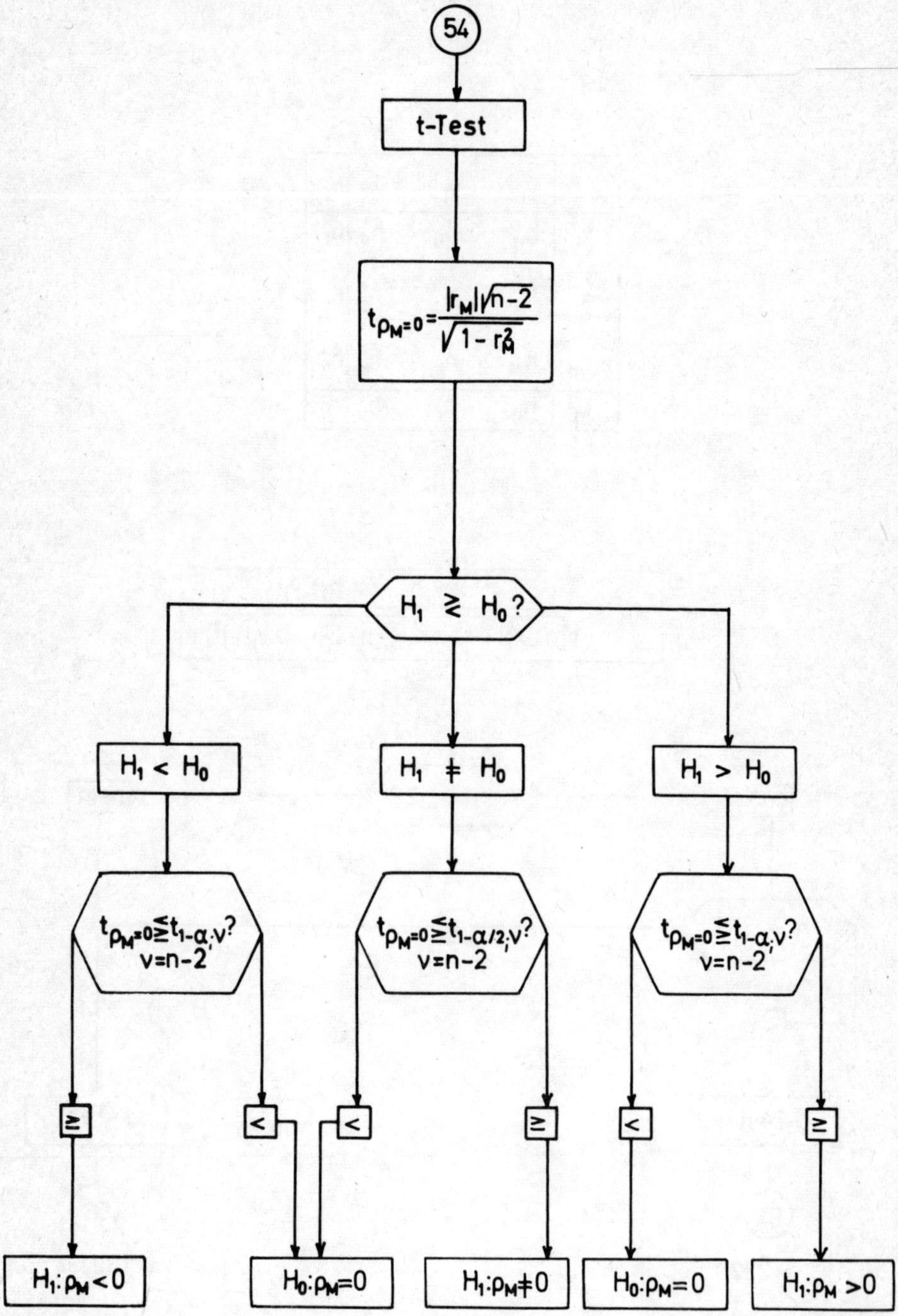
54
t-Test
$t_{\rho_M=0} = \frac{|r_M|\sqrt{n-2}}{\sqrt{1-r_M^2}}$
$H_1 \gtrless H_0$?
$H_1 < H_0$
$H_1 \neq H_0$
$H_1 > H_0$
$t_{\rho_M=0} \lesseqgtr t_{1-\alpha;\nu}$? $\nu=n-2$
$t_{\rho_M=0} \lesseqgtr t_{1-\alpha/2;\nu}$? $\nu=n-2$
$t_{\rho_M=0} \lesseqgtr t_{1-\alpha;\nu}$? $\nu=n-2$
≥
<
<
≥
<
≥
$H_1: \rho_M < 0$
$H_0: \rho_M = 0$
$H_1: \rho_M \neq 0$
$H_0: \rho_M = 0$
$H_1: \rho_M > 0$

54. Aufgabe:

Zwischen der Schwangerschaftsdauer und der Geburtsgröße von 2o Neugeborenen einer Klinik errechnete man eine Maßkorrelationskoeffizienten von 0,96. Bestätigt dieses Ergebnis die Behauptung, daß die Geburtsgrößevon der Schwangerschaftsdauer abhängt ?

α = 5 %

Lösung:

a) 1. Metrische Verteilungen. Merkmale: Schwangerschaftsdauer in Tagen; Geburtsgröße in Zentimeter.

2. Maßzahl aus zwei Verteilungen: Maßkorrelationskoeffizient.

3. Testverfahren: Zusammenhang zwischen Schwangerschaftsdauer und Geburtsgröße wird getestet.

4. Anpassungstest: Ist die Differenz zwischen dem Maßkorrelationskoeffizienten der Stichproben und 0 zufällig?

b) 5. r_M = o,96

6. A = Z ? Sind die Ausgangsverteilungen normalverteilt ? Annahme: ja

7. n = 2o < 3o

8. t - Test

c) 9. H_o: $\rho_M = 0$ Zwischen Schwangerschaftsdauer und Geburtsgröße gibt es keinen allgemeinen Zusammenhang.

H_1: $\rho_M > 0$ Je länger die Schwangerschaft,umso größer das Neugeborene.

$H_1 > H_o$

1o. $t_{1-\alpha;\nu} = t_{0,95;\,18} = 1{,}734$

$\nu = n - 2 = 20 - 2 = 18$

11. $$t_{\rho_{M=0}} = \frac{|r_M|\sqrt{n-2}}{\sqrt{1-r_M^2}} = \frac{|0{,}96|\sqrt{20-2}}{\sqrt{1-0{,}96^2}} = 14{,}546$$

12. $t_{\rho_{M=0}} \gtreqless t_{1-\alpha;\nu}$? $14{,}546 > 1{,}734$

13. H_1: $\rho_M > 0$

14. Je länger die Schwangerschaftsdauer, umso größer das Neugeborene. Das Risiko, daß diese Behauptung nicht stimmt, beträgt maximal 5 % .

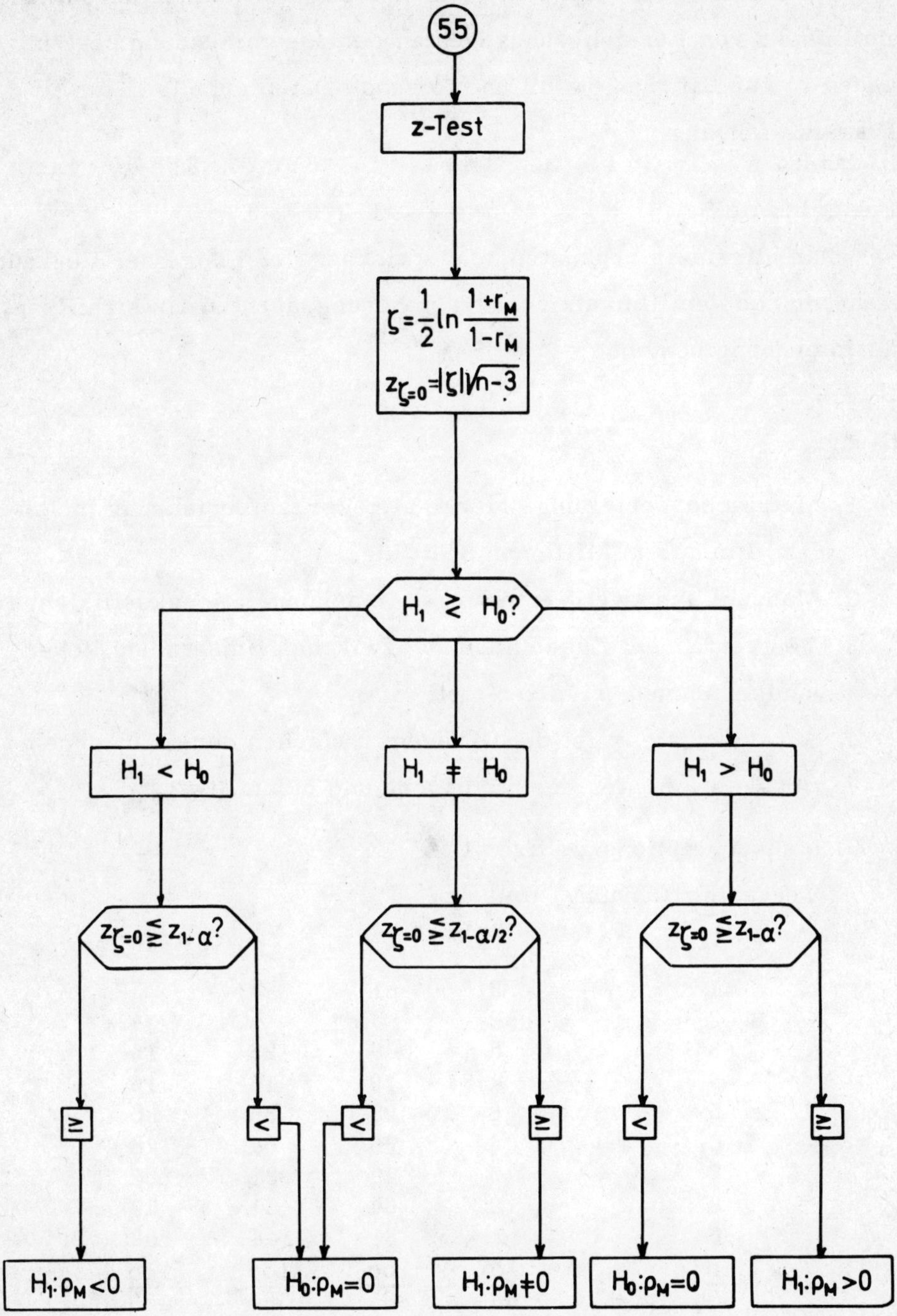
55
z-Test
ζ = 1/2 ln (1+r_M)/(1−r_M)
z_{ζ=0} = |ζ|√(n−3)
H₁ ≷ H₀?
H₁ < H₀
H₁ ≠ H₀
H₁ > H₀
z_{ζ=0} ≶ z_{1−α}?
z_{ζ=0} ≶ z_{1−α/2}?
z_{ζ=0} ≶ z_{1−α}?
≥
<
<
≥
<
≥
H₁: ρ_M < 0
H₀: ρ_M = 0
H₁: ρ_M ≠ 0
H₀: ρ_M = 0
H₁: ρ_M > 0

55. Aufgabe:

Um festzustellen, ob zwischen der Länge der Verkaufserfahrung und dem Umsatz von Versicherungsagenten ein Zusammenhang besteht, wurden 1o zufällig ausgewählt und folgende Daten erfaßt:

Verkaufserfahrung in Jahren	1	2	3	4	5	6	7	8	9	1o
Umsatz in Mio S	3	2	5	4	6	8	9	9	12	1o

Kann man allgemein behaupten, daß zwischen der Länge der Verkaufserfahrung und dem Umsatz von Versicherungsagenten ein signifikanter Zusammenhang besteht ? α = 5 %

Lösung:

a) 1. Metrische Verteilung. Merkmale: Verkaufserfahrung in Jahren; Umsatz in Millionen Schilling.

2. Maßzahl aus zwei Verteilungen: Maßkorrelationskoeffizient.

3. Testverfahren: Zusammenhang zwischen Umsatz und Verkaufserfahrung wird getestet.

4. Anpassungstest: Ist die Differenz zwischen dem Maßkorrelationskoeffizienten der Stichprobe und 0 zufällig ?

b) 5. Maßkorrelationskoeffizient

Verkaufserfahrung x_i	Umsatz y_j	x_i^2	y_j^2	$x_i y_j$
1	3	1	9	3
2	2	4	4	4
3	5	9	25	15
4	4	16	16	16
5	6	25	36	3o
6	8	36	64	48
7	9	49	81	63
8	9	64	81	72
9	12	81	144	1o8
1o	1o	1oo	1oo	1oo
55	68	385	56o	459

$$r_M = \frac{10 \cdot 459 - 55 \cdot 68}{\sqrt{[10 \cdot 385 - 55^2]\ [10 \cdot 560 - 68^2]}} = 0{,}95$$

Zwischen Länge der Verkaufserfahrung und Umsatz der 1o ausgewählten Versicherungsagenten besteht ein starker positiver Zusammenhang.

6. A = Z ? Sind die Ausgangsverteilungen normalverteilt ?

   Annahme: nein

7. z - Test

c) 8. H_o: $\rho_M = 0$ — Zwischen Länge der Verkaufserfahrung und Umsatz besteht allgemein kein Zusammenhang.

   H_1: $\rho_M > 0$ — Je länger die Verkaufserfahrung umso größer der Umsatz.

   $H_1 > H_o$

9. $z_{1-\alpha} = z_{0,95} = 1{,}645$

1o. $z_{\zeta=0} = |\zeta|\sqrt{n-3} = 1{,}84 \cdot \sqrt{10-3} = 4{,}868$

   $\zeta_{0,95} = \frac{1}{2} \ln \frac{1+0{,}95}{1-0{,}95} = 1{,}84$

11. $z_{\zeta=0} \gtreqless z_{1-\alpha}$? $4{,}868 > 1{,}645$

12. H_1: $\rho_M > 0$

13. Zwischen Länge der Verkaufserfahrung und Umsatz besteht nicht nur bei den 1o ausgewählten Agenten ein starker Zusammenhang, sondern allgemein (in den Ausgangsverteilungen). Je länger die Verkaufserfahrung, umso größer der Umsatz. Das Risiko, daß diese Behauptung nicht zutrifft, beträgt 5 %.

V. Tabellenanhang

1. Zehnerlogarithmen

x	lg x										Zuschläge für Zehntel der Spanne								
	0	1	2	3	4	5	6	7	8	9	1	2	3	4	5	6	7	8	9
100	0000	0004	0009	0013	0017	0022	0026	0030	0035	0039	0	1	1	2	2	3	3	3	4
101	0043	0048	0052	0056	0060	0065	0069	0073	0077	0082	0	1	1	2	2	3	3	3	4
102	0086	0090	0095	0099	0103	0107	0111	0116	0120	0124	0	1	1	2	2	3	3	3	4
103	0128	0133	0137	0141	0145	0149	0154	0158	0162	0166	0	1	1	2	2	3	3	3	4
104	0170	0175	0179	0183	0187	0191	0195	0199	0204	0208	0	1	1	2	2	3	3	3	4
105	0212	0216	0220	0224	0228	0233	0237	0241	0245	0249	0	1	1	2	2	2	3	3	4
106	0253	0257	0261	0265	0269	0273	0278	0282	0286	0290	0	1	1	2	2	2	3	3	4
107	0294	0298	0302	0306	0310	0314	0318	0322	0326	0330	0	1	1	2	2	2	3	3	4
108	0334	0338	0342	0346	0350	0354	0358	0362	0366	0370	0	1	1	2	2	2	3	3	4
109	0374	0378	0382	0386	0390	0394	0398	0402	0406	0410	0	1	1	2	2	2	3	3	4
10	0000	0043	0086	0128	0170	0212	0253	0294	0334	0374	4	8	12	17	21	25	29	33	37
11	0414	0453	0492	0531	0569	0607	0645	0682	0719	0755	4	8	11	15	19	23	26	30	34
12	0792	0828	0864	0899	0934	0969	1004	1038	1072	1106	3	7	10	14	17	21	24	28	31
13	1139	1173	1206	1239	1271	1303	1335	1367	1399	1430	3	6	10	13	16	19	23	26	29
14	1461	1492	1523	1553	1584	1614	1644	1673	1703	1732	3	6	9	12	15	18	21	24	27
15	1761	1790	1818	1847	1875	1903	1931	1959	1987	2014	3	6	8	11	14	17	20	22	25
16	2041	2068	2095	2122	2148	2175	2201	2227	2253	2279	3	5	8	11	13	16	18	21	24
17	2304	2330	2355	2380	2405	2430	2455	2480	2504	2529	2	5	7	10	12	15	17	20	22
18	2553	2577	2601	2625	2648	2672	2695	2718	2742	2765	2	5	7	9	12	14	16	19	21
19	2788	2810	2833	2856	2878	2900	2923	2945	2967	2989	2	4	7	9	11	13	16	18	20
20	3010	3032	3054	3075	3096	3118	3139	3160	3181	3201	2	4	6	8	11	13	15	17	19
21	3222	3243	3263	3284	3304	3324	3345	3365	3385	3404	2	4	6	8	10	12	14	16	18
22	3424	3444	3464	3483	3502	3522	3541	3560	3579	3598	2	4	6	8	10	12	14	15	17
23	3617	3636	3655	3674	3692	3711	3729	3747	3766	3784	2	4	6	7	9	11	13	15	17
24	3802	3820	3838	3856	3874	3892	3909	3927	3945	3962	2	4	5	7	9	11	12	14	16
25	3979	3997	4014	4031	4048	4065	4082	4099	4116	4133	2	3	5	7	9	10	12	14	15
26	4150	4166	4183	4200	4216	4232	4249	4265	4281	4298	2	3	5	7	8	10	11	13	15
27	4314	4330	4346	4362	4378	4393	4409	4425	4440	4456	2	3	5	6	8	9	11	13	14
28	4472	4487	4502	4518	4533	4548	4564	4579	4594	4609	2	3	5	6	8	9	11	12	14
29	4624	4639	4654	4669	4683	4698	4713	4728	4742	4757	1	3	4	6	7	9	10	12	13
30	4771	4786	4800	4814	4829	4843	4857	4871	4886	4900	1	3	4	6	7	9	10	11	13
31	4914	4928	4942	4955	4969	4983	4997	5011	5024	5038	1	3	4	6	7	8	10	11	12
32	5051	5065	5079	5092	5105	5119	5132	5145	5159	5172	1	3	4	5	7	8	9	11	12
33	5185	5198	5211	5224	5237	5250	5263	5276	5289	5302	1	3	4	5	6	8	9	10	12
34	5315	5328	5340	5353	5366	5378	5391	5403	5416	5428	1	3	4	5	6	8	9	10	11
35	5441	5453	5465	5478	5490	5502	5514	5527	5539	5551	1	2	4	5	6	7	9	10	11
36	5563	5575	5587	5599	5611	5623	5635	5647	5658	5670	1	2	4	5	6	7	8	10	11
37	5682	5694	5705	5717	5729	5740	5752	5763	5775	5786	1	2	3	5	6	7	8	9	10
38	5798	5809	5821	5832	5843	5855	5866	5877	5888	5899	1	2	3	5	6	7	8	9	10
39	5911	5922	5933	5944	5955	5966	5977	5988	5999	6010	1	2	3	4	5	7	8	9	10
40	6021	6031	6042	6053	6064	6075	6085	6096	6107	6117	1	2	3	4	5	6	8	9	10
41	6128	6138	6149	6160	6170	6180	6191	6201	6212	6222	1	2	3	4	5	6	7	8	9
42	6232	6243	6253	6263	6274	6284	6294	6304	6314	6325	1	2	3	4	5	6	7	8	9
43	6335	6345	6355	6365	6375	6385	6395	6405	6415	6425	1	2	3	4	5	6	7	8	9
44	6435	6444	6454	6464	6474	6484	6493	6503	6513	6522	1	2	3	4	5	6	7	8	9
45	6532	6542	6551	6561	6571	6580	6590	6599	6609	6618	1	2	3	4	5	6	7	8	9
46	6628	6637	6646	6656	6665	6675	6684	6693	6702	6712	1	2	3	4	5	6	7	7	8
47	6721	6730	6739	6749	6758	6767	6776	6785	6794	6803	1	2	3	4	5	5	6	7	8
48	6812	6821	6830	6839	6848	6857	6866	6875	6884	6893	1	2	3	4	4	5	6	7	8
49	6902	6911	6920	6928	6937	6946	6955	6964	6972	6981	1	2	3	4	4	5	6	7	8
	0	1	2	3	4	5	6	7	8	9	1	2	3	4	5	6	7	8	9

Beispiel: lg 4,321 = 0,6355 + 0,0001 = 0,6356

Zehnerlogarithmen, Fortsetzung

x	lg x 0	1	2	3	4	5	6	7	8	9	Zuschläge für Zehntel der Spanne 1	2	3	4	5	6	7	8	9
50	6990	6998	7007	7016	7024	7033	7042	7050	7059	7067	1	2	3	3	4	5	6	7	8
51	7076	7084	7093	7101	7110	7118	7126	7135	7143	7152	1	2	3	3	4	5	6	7	8
52	7160	7168	7177	7185	7193	7202	7210	7218	7226	7235	2	3	3	4	5	6	7	7	7
53	7243	7251	7259	7267	7275	7284	7292	7300	7308	7316	1	2	2	3	4	5	6	6	7
54	7324	7332	7340	7348	7356	7364	7372	7380	7388	7396	1	2	2	3	4	5	6	6	7
55	7404	7412	7419	7427	7435	7443	7451	7459	7466	7474	1	2	2	3	4	5	5	6	7
56	7482	7490	7497	7505	7513	7520	7528	7536	7543	7551	1	2	2	3	4	5	5	6	7
57	7559	7566	7574	7582	7589	7597	7604	7612	7619	7627	1	2	2	3	4	5	5	6	7
58	7634	7642	7649	7657	7664	7672	7679	7686	7694	7701	1	1	2	3	4	4	5	6	7
59	7709	7716	7723	7731	7738	7745	7752	7760	7767	7774	1	1	2	3	4	4	5	6	7
60	7782	7789	7796	7803	7810	7818	7825	7832	7839	7846	1	1	2	3	4	4	5	6	6
61	7853	7860	7868	7875	7882	7889	7896	7903	7910	7917	1	1	2	3	4	4	5	6	6
62	7924	7931	7938	7945	7952	7959	7966	7973	7980	7987	1	1	2	3	3	4	5	6	6
63	7993	8000	8007	8014	8021	8028	8035	8041	8048	8055	1	1	2	3	3	4	5	5	6
64	8062	8069	8075	8082	8089	8096	8102	8109	8116	8122	1	1	2	3	3	4	5	5	6
65	8129	8136	8142	8149	8156	8162	8169	8176	8182	8189	1	1	2	3	3	4	5	5	6
66	8195	8202	8209	8215	8222	8228	8235	8241	8248	8254	1	1	2	3	3	4	5	5	6
67	8261	8267	8274	8280	8287	8293	8299	8306	8312	8319	1	1	2	3	3	4	5	5	6
68	8325	8331	8338	8344	8351	8357	8363	8370	8376	8382	1	1	2	3	3	4	4	5	6
69	8388	8395	8401	8407	8414	8420	8426	8432	8439	8445	1	1	2	2	3	4	4	5	6
70	8451	8457	8463	8470	8476	8482	8488	8494	8500	8506	1	1	2	2	3	4	4	5	6
71	8513	8519	8525	8531	8537	8543	8549	8555	8561	8567	1	1	2	2	3	4	4	5	5
72	8573	8579	8585	8591	8597	8603	8609	8615	8621	8627	1	1	2	2	3	4	4	5	5
73	8633	8639	8645	8651	8657	8663	8669	8675	8681	8686	1	1	2	2	3	4	4	5	5
74	8692	8698	8704	8710	8716	8722	8727	8733	8739	8745	1	1	2	2	3	3	4	5	5
75	8751	8756	8762	8768	8774	8779	8785	8791	8797	8802	1	1	2	2	3	3	4	5	5
76	8808	8814	8820	8825	8831	8837	8842	8848	8854	8859	1	1	2	2	3	3	4	5	5
77	8865	8871	8876	8882	8887	8893	8899	8904	8910	8915	1	1	2	2	3	3	4	4	5
78	8921	8927	8932	8938	8943	8949	8954	8960	8965	8971	1	1	2	2	3	3	4	4	5
79	8976	8982	8987	8993	8998	9004	9009	9015	9020	9025	1	1	2	2	3	3	4	4	5
80	9031	9036	9042	9047	9053	9058	9063	9069	9074	9079	1	1	2	2	3	3	4	4	5
81	9085	9090	9096	9101	9106	9112	9117	9122	9128	9133	1	1	2	2	3	3	4	4	5
82	9138	9143	9149	9154	9159	9165	9170	9175	9180	9186	1	1	2	2	3	3	4	4	5
83	9191	9196	9201	9106	9212	9217	9222	9227	9232	9238	1	1	2	2	3	3	4	4	5
84	9243	9248	9253	9258	9263	9269	9274	9279	9284	9289	1	1	2	2	3	3	4	4	5
85	9294	9299	9304	9309	9315	9320	9325	9330	9335	9340	1	1	2	2	3	3	4	4	5
86	9345	9350	9355	9360	9365	9370	9375	9380	9385	9390	1	1	2	2	3	3	4	4	5
87	9395	9400	9405	9410	9415	9420	9425	9430	9435	9440	0	1	1	2	2	3	3	4	4
88	9445	9450	9455	9460	9465	9469	9474	9479	9484	9489	0	1	1	2	2	3	3	4	4
89	9494	9499	9504	9509	9513	9518	9523	9528	9533	9538	0	1	1	2	2	3	3	4	4
90	9542	9547	9552	9557	9562	9566	9571	9576	9581	9586	0	1	1	2	2	3	3	4	4
91	9590	9595	9600	9605	9609	9614	9619	9624	9628	9633	0	1	1	2	2	3	3	4	4
92	9638	9643	9647	9652	9657	9661	9666	9671	9675	9680	0	1	1	2	2	3	3	4	4
93	9685	9689	9694	9699	9703	9708	9713	9717	9722	9727	0	1	1	2	2	3	3	4	4
94	9731	9736	9741	9745	9750	9754	9759	9763	9768	9773	0	1	1	2	2	3	3	4	4
95	9777	9782	9786	9791	9795	9800	9805	9809	9814	9818	0	1	1	2	2	3	3	4	4
96	9823	9827	9832	9836	9841	9845	9850	9854	9859	9863	0	1	1	2	2	3	3	4	4
97	9868	9872	9877	9881	9886	9890	9894	9899	9903	9908	0	1	1	2	2	3	3	4	4
98	9912	9917	9921	9926	9930	9934	9939	9943	9948	9952	0	1	1	2	2	3	3	4	4
99	9956	9961	9965	9969	9974	9978	9983	9987	9991	9996	0	1	1	2	2	3	3	3	4
	0	1	2	3	4	5	6	7	8	9	1	2	3	4	5	6	7	8	9

2. Antilogarithmen

lg x	x										Zuschläge für Zehntel der Spanne								
	0	1	2	3	4	5	6	7	8	9	1	2	3	4	5	6	7	8	9
,00	1000	1002	1005	1007	1009	1012	1014	1016	1019	1021	0	0	1	1	1	1	2	2	2
,01	1023	1026	1028	1030	1033	1035	1038	1040	1042	1045	0	0	1	1	1	1	2	2	2
,02	1047	1050	1052	1054	1057	1059	1062	1064	1067	1069	0	0	1	1	1	1	2	2	2
,03	1072	1074	1076	1079	1081	1084	1086	1089	1091	1094	0	0	1	1	1	1	2	2	2
,04	1096	1099	1102	1104	1107	1109	1112	1114	1117	1119	0	1	1	1	1	2	2	2	2
,05	1122	1125	1126	1130	1132	1135	1138	1140	1143	1146	0	1	1	1	1	2	2	2	2
,06	1148	1151	1153	1156	1159	1161	1164	1167	1169	1172	0	1	1	1	1	2	2	2	2
,07	1175	1178	1180	1183	1186	1189	1191	1194	1197	1199	0	1	1	1	1	2	2	2	2
,08	1202	1205	1208	1211	1213	1216	1219	1222	1225	1227	0	1	1	1	1	2	2	2	3
,09	1230	1233	1236	1239	1242	1245	1247	1250	1253	1256	0	1	1	1	1	2	2	2	3
,10	1259	1262	1265	1268	1271	1274	1276	1279	1282	1285	0	1	1	1	1	2	2	2	3
,11	1288	1291	1294	1297	1300	1303	1306	1309	1312	1315	0	1	1	1	2	2	2	2	3
,12	1318	1321	1324	1327	1330	1334	1337	1340	1343	1346	0	1	1	1	2	2	2	2	3
,13	1349	1352	1355	1358	1361	1365	1368	1371	1374	1377	0	1	1	1	2	2	2	3	3
,14	1380	1384	1387	1390	1393	1396	1400	1403	1406	1409	0	1	1	1	2	2	2	3	3
,15	1413	1416	1419	1422	1426	1429	1432	1435	1439	1442	0	1	1	1	2	2	2	3	3
,16	1445	1449	1452	1455	1459	1462	1466	1469	1472	1476	0	1	1	1	2	2	2	3	3
,17	1479	1483	1486	1489	1493	1496	1500	1503	1507	1510	0	1	1	1	2	2	2	3	3
,18	1514	1517	1521	1524	1528	1531	1535	1538	1542	1545	0	1	1	1	2	2	2	3	3
,19	1549	1552	1556	1560	1563	1567	1570	1574	1578	1581	0	1	1	1	2	2	3	3	3
,20	1585	1589	1592	1596	1600	1603	1607	1611	1614	1618	0	1	1	1	2	2	3	3	3
,21	1622	1626	1629	1633	1637	1641	1644	1648	1652	1656	0	1	1	2	2	2	3	3	3
,22	1660	1663	1667	1671	1675	1679	1683	1687	1690	1694	0	1	1	2	2	2	3	3	3
,23	1698	1702	1706	1710	1714	1718	1722	1726	1730	1734	0	1	1	2	2	2	3	3	4
,24	1738	1742	1746	1750	1754	1758	1762	1766	1770	1774	0	1	1	2	2	2	3	3	4
,25	1778	1782	1786	1791	1795	1799	1803	1807	1811	1816	0	1	1	2	2	2	3	3	4
,26	1820	1824	1828	1832	1837	1841	1845	1849	1854	1858	0	1	1	2	2	3	3	3	4
,27	1862	1866	1871	1875	1879	1884	1888	1892	1897	1901	0	1	1	2	2	3	3	3	4
,28	1905	1910	1914	1919	1923	1928	1932	1936	1941	1945	0	1	1	2	2	3	3	4	4
,29	1950	1954	1959	1963	1968	1972	1977	1982	1986	1991	0	1	1	2	2	3	3	4	4
,30	1995	2000	2004	2009	2014	2018	2023	2028	2032	2037	0	1	1	2	2	3	3	4	4
,31	2042	2046	2051	2056	2061	2065	2070	2075	2080	2084	0	1	1	2	2	3	3	4	4
,32	2089	2094	2099	2104	2109	2113	2118	2123	2128	2133	0	1	1	2	2	3	3	4	4
,33	2138	2143	2148	2153	2158	2163	2168	2173	2178	2183	0	1	1	2	2	3	3	4	4
,34	2188	2193	2198	2203	2208	2213	2218	2223	2228	2234	1	1	2	2	3	3	4	4	5
,35	2239	2244	2249	2254	2259	2265	2270	2275	2280	2286	1	1	2	2	3	3	4	4	5
,36	2291	2296	2301	2307	2312	2317	2323	2328	2333	2339	1	1	2	2	3	3	4	4	5
,37	2344	2350	2355	2360	2366	2371	2377	2382	2388	2393	1	1	2	2	3	3	4	4	5
,38	2399	2404	2410	2415	2421	2427	2432	2438	2443	2449	1	1	2	2	3	3	4	4	5
,39	2455	2460	2466	2472	2477	2483	2489	2495	2500	2506	1	1	2	2	3	3	4	5	5
,40	2512	2518	2523	2529	2535	2541	2547	2553	2559	2564	1	1	2	2	3	4	4	5	5
,41	2570	2576	2582	2588	2594	2600	2606	2612	2618	2624	1	1	2	2	3	4	4	5	5
,42	2630	2636	2642	2649	2655	2661	2667	2673	2679	2685	1	1	2	2	3	4	4	5	6
,43	2692	2698	2704	2710	2716	2723	2729	2735	2742	2748	1	1	2	3	3	4	4	5	6
,44	2754	2761	2767	2773	2780	2786	2793	2799	2805	2812	1	1	2	3	3	4	4	5	6
,45	2818	2825	2831	2838	2844	2851	2858	2864	2871	2877	1	1	2	3	3	4	5	5	6
,46	2884	2891	2897	2904	2911	2917	2924	2931	2938	2944	1	1	2	3	3	4	5	5	6
,47	2951	2958	2965	2972	2997	2985	2992	2999	3006	3013	1	1	2	3	3	4	5	5	6
,48	3020	3027	3034	3041	3048	3055	3062	3069	3076	3083	1	1	2	3	4	4	5	6	6
,49	3090	3097	3105	3112	3119	3126	3133	3141	3148	3155	1	1	2	3	4	4	5	6	6
	0	1	2	3	4	5	6	7	8	9	1	2	3	4	5	6	7	8	9

Beispiel: antilg 0,9876 = 9,705 + 0,013 = 9,718

Antilogarithmen, Fortsetzung

lg x	x 0	1	2	3	4	5	6	7	8	9	Zuschläge für Zehntel der Spanne 1	2	3	4	5	6	7	8	9
,50	3162	3170	3177	3184	3192	3199	3206	3214	3221	3228	1	1	2	3	4	4	5	6	7
,51	3236	3243	3251	3258	3266	3273	3281	3289	3296	3304	1	2	2	3	4	5	5	6	7
,52	3311	3319	3327	3334	3342	3350	3357	3365	3373	3381	1	2	2	3	4	5	5	6	7
,53	3388	3396	3404	3412	3420	3428	3436	3443	3451	3459	1	2	2	3	4	5	6	6	7
,54	3467	3475	3483	3491	3499	3508	3516	3524	3532	3540	1	2	2	3	4	5	6	6	7
,55	3548	3556	3565	3573	3581	3589	3597	3606	3614	3622	1	2	2	3	4	5	6	7	7
,56	3631	3639	3648	3656	3664	3673	3681	3690	3698	3707	1	2	3	3	4	5	6	7	8
,57	3715	3724	3733	3741	3750	3758	3767	3776	3784	3793	1	2	3	3	4	5	6	7	8
,58	3802	3811	3819	3828	3837	3846	3855	3864	3873	3882	1	2	3	4	4	5	6	7	8
,59	3890	3899	3908	3917	3926	3936	3945	3954	3963	3972	1	2	3	4	5	5	6	7	8
,60	3981	3990	3999	4009	4018	4027	4036	4046	4055	4064	1	2	3	4	5	6	6	7	8
,61	4074	4083	4093	4102	4111	4121	4130	4140	4150	4159	1	2	3	4	5	6	7	8	9
,62	4169	4178	4188	4198	4207	4217	4227	4236	4246	4256	1	2	3	4	5	6	7	8	9
,63	4266	4276	4285	4295	4305	4315	4325	4335	4345	4355	1	2	3	4	5	6	7	8	9
,64	4365	4375	4385	4395	4406	4416	4426	4436	4446	4457	1	2	3	4	5	6	7	8	9
,65	4467	4477	4487	4498	4508	4519	4529	4539	4550	4560	1	2	3	4	5	6	7	8	9
,66	4571	4581	4592	4603	4613	4624	4634	4645	4656	4667	1	2	3	4	5	6	7	9	10
,67	4677	4688	4699	4710	4721	4732	4742	4753	4764	4775	1	2	3	4	5	7	8	9	10
,68	4786	4797	4808	4819	4831	4842	4853	4864	4875	4887	1	2	3	4	6	7	8	9	10
,69	4898	4909	4920	4932	4943	4955	4966	4977	4989	5000	1	2	3	5	6	7	8	9	10
,70	5012	5023	5035	5047	5058	5070	5082	5093	5105	5117	1	2	4	5	6	7	8	9	11
,71	5129	5140	5152	5164	5176	5188	5200	5212	5224	5236	1	2	4	5	6	7	8	10	11
,72	5248	5260	5272	5284	5297	5309	5321	5333	5346	5358	1	2	4	5	6	7	9	10	11
,73	5370	5383	5395	5408	5420	5433	5445	5458	5470	5483	1	3	4	5	6	8	9	10	11
,74	5495	5508	5521	5534	3346	5559	5572	5585	5598	5610	1	3	4	5	6	8	9	10	12
,75	5623	5636	5649	5662	5675	5689	5702	5715	5728	5741	1	3	4	5	7	8	9	10	12
,76	5754	5768	5781	5794	5808	5821	5834	5848	5861	5875	1	3	4	5	7	8	9	11	12
,77	5888	5902	5916	5929	5943	5957	5970	5984	5998	6012	1	3	4	5	7	8	10	11	12
,78	6026	6039	6053	6067	6081	6095	6109	6124	6138	6152	1	3	4	6	7	8	10	11	13
,79	6166	6180	6194	6209	6223	6237	6252	6266	6281	6295	1	3	4	6	7	9	10	11	13
,80	6310	6324	6339	6353	6368	6383	6397	6412	6427	6442	1	3	4	6	7	9	10	12	13
,81	6457	6471	6486	6501	6516	6531	6546	6561	6577	6592	2	3	5	6	8	9	11	12	14
,82	6607	6622	6637	6653	6668	6683	6699	6714	6730	6745	2	3	5	6	8	9	11	12	14
,83	6761	6776	6792	6808	6823	6839	6855	6871	6887	6902	2	3	5	6	8	9	11	13	14
,84	6918	6934	6950	6966	6982	6998	7015	7031	7047	7063	2	3	5	6	8	10	11	13	15
,85	7079	7096	7112	7129	7145	7161	7178	7194	7211	7228	2	3	5	7	8	10	12	13	15
,86	7244	7261	7278	7295	7311	7328	7345	7362	7379	7396	2	3	5	7	8	10	12	13	15
,87	7413	7430	7447	7464	7482	7499	7516	7534	7551	7568	2	3	5	7	9	10	12	14	16
,88	7586	7603	7621	7638	7656	7674	7691	7709	7727	7745	2	4	5	7	9	11	12	14	16
,89	7762	7780	7798	7816	7834	7852	7870	7889	7907	7925	2	4	5	7	9	11	13	14	16
,90	7943	7962	7980	7998	8017	8035	8054	8072	8091	8110	2	4	6	7	9	11	13	15	17
,91	8128	8147	8166	8185	8204	8222	8241	8260	8279	8299	2	4	6	8	9	11	13	15	17
,92	8318	8337	8356	8375	8395	8414	8433	8453	8472	8492	2	4	6	8	10	12	14	15	17
,93	8511	8531	8551	8570	8590	8610	8630	8650	8670	8690	2	4	6	8	10	12	14	16	18
,94	8710	8730	8750	8770	8790	8810	8831	8851	8872	8892	2	4	6	8	10	12	14	16	18
,95	8913	8933	8954	8974	8995	9016	9036	9057	9078	9099	2	4	6	8	10	12	15	17	19
,96	9120	9141	9161	9183	9204	9226	9247	9268	9290	9311	2	4	6	8	11	13	15	17	19
,97	9333	9354	9376	9397	9419	9441	9462	9484	9506	9528	2	4	7	9	11	13	15	17	20
,98	9550	9572	9594	9616	9638	9661	9683	9705	9727	9750	2	4	7	9	11	13	16	18	20
,99	9772	9795	9817	9840	9863	9886	9908	9931	9954	9977	2	5	7	9	11	14	16	18	20
	0	1	2	3	4	5	6	7	8	9	1	2	3	4	5	6	7	8	9

3. Zehnerlogarithmen der Binomialkoeffizienten

n	$\binom{n}{0}$	$\binom{n}{1}$	$\binom{n}{2}$	$\binom{n}{3}$	$\binom{n}{4}$	$\binom{n}{5}$	$\binom{n}{6}$	$\binom{n}{7}$	$\binom{n}{8}$	$\binom{n}{9}$	$\binom{n}{10}$	$\binom{n}{11}$	$\binom{n}{12}$	$\binom{n}{13}$	$\binom{n}{14}$	$\binom{n}{15}$
0	0,0000															
1	0,0000	0,0000														
2	0,0000	0,3010	0,0000													
3	0,0000	0,4771	0,4771	0,0000												
4	0,0000	0,6021	0,7782	0,6021	0,0000											
5	0,0000	0,6990	1,0000	1,0000	0,6990	0,0000										
6	0,0000	0,7782	1,1761	1,3010	1,1761	0,7781	0,0000									
7	0,0000	0,8451	1,3222	1,5441	1,5441	1,3222	0,8451	0,0000								
8	0,0000	0,9031	1,4472	1,7482	1,8451	1,7482	1,4472	0,9031	0,0000							
9	0,0000	0,9542	1,5563	1,9243	2,1004	2,1004	1,9243	1,5563	0,9542	0,0000						
10	0,0000	1,0000	1,6532	2,0792	2,3222	2,4014	2,3222	2,0792	1,6532	1,0000	0,0000					
11	0,0000	1,0414	1,7404	2,2175	2,5185	2,6646	2,6646	2,5185	2,2175	1,7404	1,0414	0,0000				
12	0,0000	1,0792	1,8195	2,3424	2,6946	2,8987	2,9657	2,8987	2,6946	2,3424	1,8195	1,0792	0,0000			
13	0,0000	1,1139	1,8921	2,4564	2,8543	3,1096	3,2345	3,2345	3,1096	2,8543	2,4564	1,8921	1,1139	0,0000		
14	0,0000	1,1461	1,9590	2,5611	3,0004	3,3015	3,4776	3,5356	3,4776	3,3015	3,0004	2,5611	1,9590	1,1461	0,0000	
15	0,0000	1,1761	2,0212	2,6580	3,1351	3,4776	3,6994	3,8086	3,8086	3,6994	3,4776	3,1351	2,6580	2,0212	1,1761	0,0000
16	0,0000	1,2041	2,0792	2,7482	3,2601	3,6403	3,9035	4,0584	4,1096	4,0584	3,9035	3,6403	3,2601	2,7482	2,0792	1,2041
17	0,0000	1,2305	2,1335	2,8325	3,3766	3,7916	4,0926	4,2889	4,3858	4,3858	4,2889	4,0926	3,7916	3,3766	2,8325	2,1335
18	0,0000	1,2553	2,1847	2,9117	3,4857	3,9329	4,2687	4,5028	4,6411	4,6868	4,6411	4,5028	4,2687	3,9329	3,4857	2,9117
19	0,0000	1,2788	2,2330	2,9863	3,5884	4,0655	4,4335	4,7023	4,8784	4,9656	4,9656	4,8784	4,7023	4,4335	4,0655	3,5884
20	0,0000	1,3010	2,2788	3,0569	3,6853	4,1904	4,5884	4,8894	5,1003	5,2252	5,2666	5,2252	5,1003	4,8894	4,5884	4,1964
21	0,0000	1,3222	2,3222	3,1239	3,7771	4,3085	4,7345	5,0655	5,3085	5,4682	5,5474	5,5474	5,4682	5,3085	5,0655	4,7345
22	0,0000	1,3424	2,3636	3,1875	3,8642	4,4205	4,8728	5,2318	5,5048	5,6967	5,8107	5,8485	5,8107	5,6967	5,5048	5,2318
23	0,0000	1,3617	2,4031	3,2482	3,9472	4,5270	5,0041	5,3894	5,6907	5,9123	6,0585	6,1310	6,1310	6,0585	5,9123	5,6907
24	0,0000	1,3802	2,4400	3,3062	4,0264	4,6284	5,1290	5,5392	5,8666	6,1164	6,2925	6,3973	6,4320	6,3973	6,2925	6,1164
25	0,0000	1,3979	2,4771	3,3617	4,1021	4,7253	5,2482	5,6819	6,0341	6,3103	6,5144	6,6491	6,7160	6,7160	6,6491	6,5144
26	0,0000	1,4150	2,5119	3,4150	4,1746	4,8181	5,3622	5,1881	6,1938	6,4948	6,7252	6,8880	6,9849	7,0171	6,9849	6,8880
27	0,0000	1,4314	2,5453	3,4661	4,2443	4,9070	5,4713	5,9484	6,3464	6,6709	6,9262	7,1152	7,2402	7,3023	7,3023	7,2402
28	0,0000	1,4472	2,5775	3,5153	4,3112	4,9925	5,5760	6,0734	6,4925	6,8393	7,1180	7,3319	7,4832	7,5734	7,6033	7,5734
29	0,0000	1,4624	2,6085	3,5628	4,3757	5,0746	5,6767	6,1933	6,6327	7,0007	7,3017	7,5390	7,7151	7,8316	7,8896	7,8896
30	0,0000	1,4771	2,6385	3,6085	4,4378	5,1538	5,7736	6,3087	6,7674	7,1556	7,4778	7,7374	7,9370	8,0783	8,1626	8,1907

Beispiel: $\lg \binom{25}{20} = \lg \binom{25}{25-20} = \lg \binom{25}{5} = 4{,}7253$

4. Normalverteilung

Zweite Dezimalstelle von z

z	0,00	0,01	0,02	0,03	0,04	0,05	0,06	0,07	0,08	0,09
0,0	0,5000	0,5040	0,5080	0,5120	0,5160	0,5199	0,5239	0,5279	0,5319	0,5359
0,1	0,5398	0,5438	0,5478	0,5517	0,5557	0,5596	0,5636	0,5675	0,5714	0,5753
0,2	0,5793	0,5832	0,5871	0,5910	0,5948	0,5987	0,6026	0,6064	0,6103	0,6141
0,3	0,6179	0,6217	0,6255	0,6293	0,6331	0,6368	0,6406	0,6443	0,6480	0,6517
0,4	0,6554	0,6591	0,6628	0,6664	0,6700	0,6736	0,6772	0,6808	0,6844	0,6879
0,5	0,6915	0,6950	0,6985	0,7019	0,7054	0,7088	0,7123	0,7157	0,7190	0,7224
0,6	0,7257	0,7291	0,7324	0,7357	0,7389	0,7422	0,7454	0,7486	0,7517	0,7549
0,7	0,7580	0,7611	0,7642	0,7673	0,7703	0,7734	0,7764	0,7794	0,7823	0,7852
0,8	0,7881	0,7910	0,7939	0,7967	0,7995	0,8023	0,8051	0,8078	0,8106	0,8133
0,9	0,8159	0,8186	0,8212	0,8238	0,8264	0,8289	0,8315	0,8340	0,8365	0,8389
1,0	0,8413	0,8438	0,8461	0,8485	0,8508	0,8531	0,8554	0,8577	0,8599	0,8621
1,1	0,8643	0,8665	0,8686	0,8708	0,8729	0,8749	0,8770	0,8790	0,8810	0,8830
1,2	0,8849	0,8869	0,8888	0,8907	0,8925	0,8944	0,8962	0,8980	0,8997	0,9015
1,3	0,9032	0,9049	0,9066	0,9082	0,9099	0,9115	0,9131	0,9147	0,9162	0,9177
1,4	0,9192	0,9207	0,9222	0,9236	0,9251	0,9265	0,9279	0,9292	0,9306	0,9319
1,5	0,9332	0,9345	0,9357	0,9370	0,9382	0,9394	0,9406	0,9418	0,9429	0,9441
1,6	0,9452	0,9463	0,9474	0,9484	0,9495	0,9505	0,9515	0,9525	0,9535	0,9545
1,7	0,9554	0,9564	0,9573	0,9582	0,9591	0,9599	0,9608	0,9616	0,9625	0,9633
1,8	0,9641	0,9649	0,9656	0,9664	0,9671	0,9678	0,9686	0,9693	0,9699	0,9706
1,9	0,9713	0,9719	0,9726	0,9732	0,9738	0,9744	0,9750	0,9756	0,9761	0,9767
2,0	0,9772	0,9778	0,9783	0,9788	0,9793	0,9798	0,9803	0,9808	0,9812	0,9817
2,1	0,9821	0,9826	0,9830	0,9834	0,9838	0,9842	0,9846	0,9850	0,9854	0,9857
2,2	0,9861	0,9864	0,9868	0,9871	0,9875	0,9878	0,9881	0,9884	0,9887	0,9890
2,3	0,9893	0,9896	0,9898	0,9901	0,9904	0,9906	0,9909	0,9911	0,9913	0,9916
2,4	0,9918	0,9920	0,9922	0,9925	0,9927	0,9929	0,9931	0,9932	0,9934	0,9936
2,5	0,9938	0,9940	0,9941	0,9943	0,9945	0,9946	0,9948	0,9949	0,9951	0,9952
2,6	0,9953	0,9955	0,9956	0,9957	0,9959	0,9960	0,9961	0,9962	0,9963	0,9964
2,7	0,9965	0,9966	0,9967	0,9968	0,9969	0,9970	0,9971	0,9972	0,9973	0,9974
2,8	0,9974	0,9975	0,9976	0,9977	0,9977	0,9978	0,9979	0,9979	0,9980	0,9981
2,9	0,9981	0,9982	0,9982	0,9983	0,9984	0,9984	0,9985	0,9985	0,9986	0,9986
3,0	0,9987	0,9987	0,9987	0,9988	0,9988	0,9989	0,9989	0,9989	0,9990	0,9990
3,1	0,9990	0,9991	0,9991	0,9991	0,9992	0,9992	0,9992	0,9992	0,9993	0,9993
3,2	0,9993	0,9993	0,9994	0,9994	0,9994	0,9994	0,9994	0,9995	0,9995	0,9995
3,3	0,9995	0,9995	0,9995	0,9996	0,9996	0,9996	0,9996	0,9996	0,9996	0,9997
3,4	0,9997	0,9997	0,9997	0,9997	0,9997	0,9997	0,9997	0,9997	0,9997	0,9998
3,5	0,9998	0,9998	0,9998	0,9998	0,9998	0,9998	0,9998	0,9998	0,9998	0,9998
3,6	0,9998	0,9998	0,9999	0,9999	0,9999	0,9999	0,9999	0,9999	0,9999	0,9999
3,7	0,9999	0,9999	0,9999	0,9999	0,9999	0,9999	0,9999	0,9999	0,9999	0,9999
3,8	0,9999	0,9999	0,9999	0,9999	0,9999	0,9999	0,9999	0,9999	0,9999	0,9999
3,9	1,0000	1,0000	1,0000	1,0000	1,0000	1,0000	1,0000	1,0000	1,0000	1,0000

Beispiel: $z_{0,9750} = 1,96$

$\alpha = 0{,}005$

F ν_2 \ ν_1	1	2	3	4	5	6	7	8	9	10	11	12	13	14	15	16	17	18	19	ν_2
1	1621	2000	2162	2250	2306	2344	2372	2393	2409	2422	2433	2443	2450	2457	2463	2469	2473	2477	2481	1
2	199	199	199	199	199	199	199	199	199	199	199	199	199	199	199	199	199	199	199	2
3	55.5	49.8	47.4	46.2	45.3	44.8	44.4	44.1	43.8	43.7	43.5	43.4	43.3	43.2	43.1	43.0	43.0	42.9	42.9	3
4	31.3	26.3	24.3	23.2	22.5	22.0	21.6	21.4	21.1	21.0	20.8	20.7	20.6	20.5	20.4	20.4	20.3	20.3	20.2	4
5	22.8	18.3	16.5	15.6	14.9	14.5	14.2	14.0	13.8	13.6	13.5	13.4	13.3	13.2	13.1	13.1	13.0	13.0	12.9	5
6	18.6	14.5	12.9	12.0	11.5	11.1	10.8	10.6	10.4	10.3	10.1	10.0	9.95	9.88	9.81	9.76	9.71	9.66	9.62	6
7	16.2	12.4	10.9	10.1	9.52	9.16	8.89	8.68	8.51	8.38	8.27	8.18	8.10	8.03	7.97	7.91	7.87	7.83	7.79	7
8	14.7	11.0	9.60	8.80	8.30	7.95	7.69	7.50	7.34	7.21	7.10	7.01	6.94	6.87	6.81	6.76	6.72	6.68	6.64	8
9	13.6	10.1	8.72	7.96	7.47	7.13	6.89	6.69	6.54	6.42	6.31	6.23	6.15	6.09	6.03	5.98	5.94	5.90	5.86	9
10	12.8	9.43	8.08	7.34	6.87	6.54	6.30	6.12	5.97	5.85	5.75	5.66	5.59	5.53	5.47	5.42	5.38	5.34	5.31	10
11	12.2	8.91	7.59	6.87	6.42	6.10	5.86	5.68	5.53	5.41	5.31	5.23	5.16	5.10	5.04	5.00	4.95	4.91	4.88	11
12	11.8	8.51	7.23	6.52	6.07	5.76	5.52	5.35	5.20	5.09	4.99	4.91	4.84	4.77	4.72	4.67	4.63	4.59	4.56	12
13	11.4	8.19	6.93	6.23	5.79	5.48	5.25	5.08	4.93	4.82	4.72	4.64	4.57	4.51	4.46	4.41	4.37	4.33	4.30	13
14	11.1	7.92	6.68	6.00	5.56	5.26	5.03	4.86	4.72	4.60	4.51	4.43	4.36	4.30	4.25	4.20	4.16	4.12	4.09	14
15	10.8	7.70	6.48	5.80	5.37	5.07	4.85	4.67	4.54	4.42	4.33	4.25	4.18	4.12	4.07	4.02	3.98	3.95	3.91	15
16	10.6	7.51	6.30	5.64	5.21	4.91	4.69	4.52	4.38	4.27	4.18	4.10	4.03	3.97	3.92	3.87	3.83	3.80	3.76	16
17	10.4	7.35	6.16	5.50	5.07	4.78	4.56	4.39	4.25	4.14	4.05	3.97	3.90	3.84	3.79	3.75	3.71	3.67	3.64	17
18	10.2	7.21	6.03	5.37	4.96	4.66	4.44	4.28	4.14	4.03	3.94	3.86	3.79	3.73	3.68	3.64	3.60	3.56	3.53	18
19	10.1	7.09	5.92	5.27	4.85	4.56	4.34	4.18	4.04	3.93	3.84	3.76	3.70	3.64	3.59	3.54	3.50	3.46	3.43	19
20	9.94	6.99	5.82	5.17	4.76	4.47	4.26	4.09	3.96	3.85	3.76	3.68	3.61	3.55	3.50	3.46	3.42	3.38	3.35	20
21	9.83	6.89	5.73	5.09	4.68	4.39	4.18	4.01	3.88	3.77	3.68	3.60	3.54	3.48	3.43	3.38	3.34	3.31	3.27	21
22	9.73	6.81	5.65	5.02	4.61	4.32	4.11	3.94	3.81	3.70	3.61	3.54	3.47	3.41	3.36	3.31	3.27	3.24	3.21	22
23	9.64	6.73	5.58	4.95	4.54	4.26	4.05	3.88	3.75	3.64	3.55	3.47	3.41	3.35	3.30	3.25	3.21	3.18	3.15	23
24	9.55	6.66	5.52	4.89	4.49	4.20	3.99	3.83	3.69	3.59	3.50	3.42	3.35	3.30	3.25	3.20	3.16	3.12	3.09	24
25	9.48	6.60	5.46	4.84	4.43	4.15	3.94	3.78	3.64	3.54	3.45	3.37	3.30	3.25	3.20	3.15	3.11	3.08	3.04	25
26	9.41	6.54	5.41	4.79	4.38	4.10	3.89	3.73	3.60	3.49	3.40	3.33	3.26	3.20	3.15	3.11	3.07	3.03	3.00	26
27	9.34	6.49	5.36	4.74	4.34	4.06	3.85	3.69	3.56	3.45	3.36	3.28	3.22	3.16	3.11	3.07	3.03	2.99	2.96	27
28	9.28	6.44	5.32	4.70	4.30	4.02	3.81	3.65	3.52	3.41	3.32	3.25	3.18	3.12	3.07	3.03	2.99	2.95	2.92	28
29	9.23	6.40	5.28	4.66	4.26	3.98	3.77	3.61	3.48	3.38	3.29	3.21	3.15	3.09	3.04	2.99	2.95	2.92	2.88	29
30	9.18	6.35	5.24	4.62	4.23	3.95	3.74	3.58	3.45	3.34	3.25	3.18	3.11	3.06	3.01	2.96	2.92	2.89	2.85	30
50	8.63	5.90	4.83	4.23	3.85	3.58	3.38	3.22	3.09	2.99	2.90	2.82	2.76	2.70	2.65	2.61	2.57	2.53	2.50	50
100	8.23	5.59	4,54	3,96	3.59	3.33	3.13	2.97	2.85	2.74	2.66	2.58	2.52	2.46	2.41	2.37	2.33	2.29	2.26	100
200	8.04	5.44	4.40	3.84	3.47	3.21	3.01	2.86	2.73	2.63	2.54	2.47	2.40	2.35	2.30	2.25	2.21	2.18	2.14	200
∞	7.88	5.30	4.28	3.72	3.35	3.09	2.90	2.74	2.62	2.52	2.43	2.36	2.29	2.24	2.19	2.14	2.10	2.06	2.03	∞

Beispiele: a) $F_{0,995;26;8} = 6{,}46$ b) $\chi^2_{0,995;26} = 48{,}29$ c) $t_{0,995;8} = 3{,}355$

F-, χ^2-, t-Verteilungen, Fortsetzung

$\alpha = 0,005$

F ν_2 \ ν_1	20	21	22	23	24	25	26	27	28	29	30	50	100	200	∞	ν_1 ν_2	χ^2	t
1	2484	2487	2490	2492	2494	2497	2498	2501	2501	2503	2504	2523	2534	2540	2546	1	7.88	63.66
2	199	199	199	199	199	199	199	199	199	199	199	199	199	200	200	2	10.60	9.925
3	42.8	42.8	42.7	42.7	42.7	42.6	42.6	42.6	42.6	42.5	42.5	42.2	42.0	41.9	41.8	3	12.84	5.841
4	20.2	20.1	20.1	20.1	20.0	20.0	20.0	20.0	19.9	19.9	19.9	19.7	19.5	19.4	19.3	4	14.86	4.604
5	12.9	12.9	12.8	12.8	12.8	12.8	12.7	12.7	12.7	12.7	12.7	12.5	12.3	12.2	12.1	5	16.75	4.032
6	9.59	9.56	9.53	9.50	9.47	9.45	9.43	9.41	9.39	9.37	9.36	9.17	9.03	8.95	8.88	6	18.55	3.707
7	7.75	7.72	7.69	7.67	7.65	7.62	7.60	7.58	7.57	7.55	7.53	7.35	7.22	7.15	7.08	7	20.28	3.499
8	6.61	6.58	6.55	6.53	6.50	6.48	6.46	6.44	6 43	6.41	6.40	6.22	6.09	6.02	5.95	8	21.96	3.355
9	5.83	5.80	5.78	5.75	5.73	5.71	5.69	5.67	5.65	5.64	5.62	5.45	5.32	5.26	5.19	9	23.59	3.250
10	5.27	5.25	5.22	5.20	5.17	5.15	5.13	5.12	5.10	5.08	5.07	4.90	4.77	4.71	4.64	10	25.19	3.169
11	4.85	4.82	4.80	4.77	4.75	4.73	4.71	4.69	4.68	4.66	4.65	4.48	4.35	4.29	4.23	11	26.76	3.106
12	4.53	4.50	4.48	4.45	4.43	4.41	4.39	4.38	4.36	4.34	4.33	4.17	4.04	3.97	3.90	12	28.30	3.055
13	4.27	4.24	4.22	4.19	4.17	4.15	4.13	4.12	4.10	4.09	4.07	3.91	3.78	3.71	3.65	13	29.82	3.012
14	4.06	4.03	4.01	3.98	3.96	3.94	3.92	3.91	3.89	3.88	3.86	3.70	3.57	3.50	3.44	14	31.32	2.977
15	3.88	3.86	3.83	3.81	3.79	3.77	3.75	3.73	3.72	3.70	3.69	3.52	3.39	3.33	3.26	15	32.80	2.947
16	3.73	3.71	3.68	3.66	3.64	3.62	3.60	3.58	3.57	3.55	3.54	3.37	3.25	3.18	3.11	16	34.27	2.921
17	3.61	3.58	3.56	3.53	3.51	3.49	3.47	3.46	3.44	3.43	3.41	3.25	3.12	3.05	2.98	17	35.72	2.898
18	3.50	3.47	3.45	3.42	3.40	3.38	3.36	3.35	3.33	3.32	3.30	3.14	3.01	2.94	2.87	18	37.16	2.878
19	3.40	3.37	3.35	3.33	3.31	3.29	3.27	3.25	3.24	3.22	3.21	3.04	2.91	2.85	2.78	19	38.58	2.861
20	3.32	3.29	3.27	3.24	3.22	3.20	3.18	3.17	3.15	3.14	3.12	2.96	2.83	2.76	2.69	20	40.00	2.845
21	3.24	3.22	3.19	3.17	3.15	3.13	3.11	3.09	3.08	3.06	3.05	2.88	2.75	2.68	2.61	21	41.40	2.831
22	3.18	3.15	3.12	3.10	3.08	3.06	3.04	3.03	3.01	3.00	2.98	2.82	2.69	2.62	2.55	22	42.80	2.819
23	3.12	3.09	3.06	3.04	3.02	3.00	2.98	2.97	2.95	2.94	2.92	2.76	2.62	2.56	2.48	23	44.18	2.807
24	3.06	3.04	3.01	2.99	2.97	2.95	2.93	2.91	2.90	2.88	2.87	2.70	2.57	2.50	2.43	24	45.56	2.797
25	3.01	2.99	2.96	2.94	2.92	2.90	2.88	2.86	2.85	2.83	2.82	2.65	2.52	2.45	2.38	25	46.93	2.787
26	2.97	2.94	2.92	2.89	2.87	2.85	2.84	2.82	2.80	2.79	2.77	2.61	2.47	2.40	2.33	26	48.29	2.779
27	2.93	2.90	2.88	2.85	2.83	2.81	2.79	2.78	2.76	2.75	2.73	2.57	2.43	2.36	2.29	27	49.64	2.771
28	2.89	2.86	2.84	2.82	2.79	2.77	2.76	2.74	2.72	2.71	2.69	2.53	2.39	2.32	2.25	28	50.99	2.763
29	2.86	2.83	2.80	2.78	2.76	2.74	2.72	2.70	2.69	2.67	2.66	2.49	2.36	2.29	2.21	29	52.34	2.756
30	2.82	2.80	2.77	2.75	2.73	2.71	2.69	2.67	2.66	2.64	2.63	2.46	2.32	2.25	2.18	30	53.67	2.750
50	2.47	2.44	2.42	2.39	2.37	2.35	2.33	2.32	2.30	2.29	2.27	2.10	2.09	2.01	1.79	50	79.49	2.678
100	2.23	2.20	2.17	2.15	2.13	2.11	2.09	2.07	2.05	2.04	2.02	1.84	1.68	1.59	1.49	100	140.17	2.626
200	2.11	2.08	2.06	2.03	2.01	1.99	1.97	1.95	1.94	1.92	1.91	1.71	1.54	1.44	1.31	200	255.26	2.601
∞	2.00	1.97	1.95	1.92	1.90	1.88	1.86	1.84	1.82	1.80	1.79	1.59	1.40	1.28	1.00	∞	∞	2.576

F-, χ^2-, t-Verteilungen, Fortsetzung

$\alpha = 0,01$

F ν_2 \ ν_1	1	2	3	4	5	6	7	8	9	10	11	12	13	14	15	16	17	18	19
1	4052	4999	5403	5625	5764	5859	5928	5981	6023	6056	6083	6106	6126	6143	6157	6169	6182	6192	6201
2	98.5	99.0	99.2	99.3	99.3	99.3	99.4	99.4	99.4	99.4	99.4	99.4	99.4	99.4	99.4	99.4	99.4	99.4	99.4
3	34.1	30.8	29.4	28.7	28.2	27.9	27.7	27.5	27.3	27.2	27.1	27.1	27.0	26.9	26.9	26.8	26.8	26.8	26.7
4	21.2	18.0	16.7	16.0	15.5	15.2	15.0	14.8	14.7	14.5	14.5	14.4	14.3	14.2	14.2	14.2	14.1	14.1	14.0
5	16.3	13.3	12.1	11.4	11.0	10.7	10.5	10.3	10.2	10.1	9.96	9.89	9.82	9.77	9.72	9.68	9.64	9.61	9.58
6	13.7	10.9	9.78	9.15	8.75	8.47	8.26	8.10	7.98	7.87	7.79	7.72	7.66	7.60	7.56	7.52	7.48	7.45	7.42
7	12.2	9.55	8.45	7.85	7.46	7.19	6.99	6.84	6.72	6.62	6.54	6.47	6.41	6.36	6.31	6.28	6.24	6.21	6.18
8	11.3	8.65	7.59	7.01	6.63	6.37	6.18	6.03	5.91	5.81	5.73	5.67	5.61	5.56	5.52	5.48	5.44	5.41	5.38
9	10.6	8.02	6.99	6.42	6.06	5.80	5.61	5.47	5.35	5.26	5.18	5.11	5.05	5.01	4.96	4.92	4.89	4.86	4.83
10	10.0	7.56	6.55	5.99	5.64	5.39	5.20	5.06	4.94	4.85	4.77	4.71	4.65	4.60	4.56	4.52	4.49	4.46	4.43
11	9.64	7.20	6.21	5.67	5.31	5.07	4.88	4.74	4.63	4.54	4.46	4.39	4.34	4.29	4.25	4.21	4.18	4.15	4.12
12	9.33	6.93	5.95	5.41	5.06	4.82	4.64	4.50	4.39	4.30	4.22	4.16	4.10	4.05	4.01	3.97	3.94	3.91	3.88
13	9.07	6.70	5.74	5.21	4.86	4.64	4.44	4.30	4.19	4.10	4.02	3.96	3.90	3.86	3.82	3.78	3.74	3.72	3.69
14	8.86	6.51	5.56	5.04	4.69	4.46	4.28	4.14	4.03	3.94	3.86	3.80	3.75	3.70	3.66	3.62	3.59	3.56	3.53
15	8.68	6.36	5.42	4.89	4.56	4.32	4.14	4.00	3.89	3.80	3.73	3.67	3.61	3.56	3.52	3.49	3.45	3.42	3.40
16	8.53	6.23	5.29	4.77	4.44	4.20	4.03	3.89	3.78	3.69	3.62	3.55	3.50	3.45	3.41	3.37	3.34	3.31	3.28
17	8.40	6.11	5.18	4.67	4.34	4.10	3.93	3.79	3.68	3.59	3.52	3.46	3.40	3.35	3.31	3.27	3.24	3.21	3.19
18	8.29	6.01	5.09	4.58	4.25	4.01	3.84	3.71	3.60	3.51	3.43	3.37	3.32	3.27	3.23	3.19	3.16	3.13	3.10
19	8.18	5.93	5.01	4.50	4.17	3.94	3.77	3.63	3.52	3.43	3.36	3.30	3.24	3.19	3.15	3.12	3.08	3.05	3.03
20	8.10	5.85	4.94	4.43	4.10	3.87	3.70	3.56	3.46	3.37	3.29	3.23	3.18	3.13	3.09	3.05	3.02	2.99	2.96
21	8.02	5.78	4.87	4.37	4.04	3.81	3.64	3.51	3.40	3.31	3.24	3.17	3.12	3.07	3.03	2.99	2.96	2.93	2.90
22	7.95	5.72	4.82	4.31	3.99	3.76	3.59	3.45	3.35	3.26	3.18	3.12	3.07	3.02	2.98	2.94	2.91	2.88	2.85
23	7.88	5.66	4.76	4.26	3.94	3.71	3.54	3.41	3.30	3.21	3.14	3.07	3.02	2.97	2.93	2.89	2.86	2.83	2.80
24	7.82	5.61	4.72	4.22	3.90	3.67	3.50	3.36	3.26	3.17	3.09	3.03	2.98	2.93	2.89	2.85	2.82	2.79	2.76
25	7.77	5.57	4.68	4.18	3.85	3.63	3.46	3.32	3.22	3.13	3.06	2.99	2.94	2.89	2.85	2.81	2.78	2.75	2.72
26	7.72	5.53	4.64	4.14	3.82	3.59	3.42	3.29	3.18	3.09	3.02	2.96	2.90	2.86	2.81	2.78	2.75	2.72	2.69
27	7.68	5.49	4.60	4.11	3.78	3.56	3.39	3.26	3.15	3.06	2.99	2.93	2.87	2.82	2.78	2.75	2.71	2.68	2.66
28	7.64	5.45	4.57	4.07	3.75	3.53	3.36	3.23	3.12	3.03	2.96	2.90	2.84	2.79	2.75	2.72	2.68	2.65	2.63
29	7.60	5.42	4.54	4.04	3.73	3.50	3.33	3.20	3.09	3.00	2.93	2.87	2.81	2.77	2.73	2.69	2.66	2.63	2.60
30	7.56	5.39	4.51	4.02	3.70	3.47	3.30	3.17	3.07	2.98	2.91	2.84	2.79	2.74	2.70	2.66	2.63	2.60	2.57
50	7.17	5.06	4.20	3.72	3.41	3.19	3.02	2.89	2.78	2.70	2.62	2.56	2.51	2.46	2.42	2.38	2.35	2.32	2.29
100	6.89	4.82	3.98	3.51	3.21	2.99	2.82	2.69	2.59	2.50	2.43	2.37	2.31	2.27	2.22	2.19	2.15	2.12	2.09
200	6.75	4.71	3.88	3.41	3.11	2.89	2.73	2.60	2.50	2.41	2.34	2.27	2.22	2.17	2.13	2.09	2.06	2,03	2.00
∞	6.63	4.61	3.78	3.32	3.02	2.80	2.64	2.51	2.41	2.32	2.25	2.18	2.13	2.08	2.04	2.00	1.97	1.93	1.90

Beispiele: a) $F_{0,99;10;20} = 3,37$ b) $\chi^2_{0,99;20} = 37,57$ c) $t_{0,99;10} = 2,764$

F-, χ^2-, t-Verteilungen, Fortsetzung

$\alpha = 0.01$

F ν_2 \ ν_1	20	21	22	23	24	25	26	27	28	29	30	50	100	200		ν_2	χ^2	t
1	6209	6216	6223	6230	6235	6240	6249	6250	6254	6257	6261	6303	6335	6350	6366	1	6.63	31.82
2	99.5	99.5	99.5	99.5	99.5	99.5	99.5	99.5	99.5	99.5	99.5	99.5	99.5	99.5	99.5	2	9.21	6.965
3	26.7	26.7	26.6	26.6	26.6	26.6	26.6	26.6	26.5	26.5	26.5	26.4	26.2	26.2	26.1	3	11.35	4.541
4	14.0	14.0	14.0	13.9	13.9	13.9	13.9	13.9	13.9	13.9	13.8	13.7	13.6	13.5	13.5	4	13.28	3.747
5	9.55	9.53	9.51	9.49	9.47	9.45	9.43	9.42	9.40	9.39	9.38	9.24	9.13	9.08	9.02	5	15.08	3.365
6	7.40	7.37	7.35	7.33	7.31	7.30	7.28	7.27	7.25	7.24	7.23	7.09	6.99	6.93	6.88	6	16.81	3.143
7	6.16	6.13	6.11	6.09	6.07	6.06	6.04	6.03	6.02	6.00	5.99	5.86	5.75	5.70	5.65	7	18.47	2.998
8	5.36	5.34	5.32	5.30	5.28	5.26	5.25	5.23	5.22	5.21	5.20	5.07	4.96	4.91	4.86	8	20.09	2.896
9	4.81	4.79	4.77	4.75	4.73	4.71	4.70	4.68	4.67	4.66	4.65	4.52	4.41	4.36	4.31	9	21.67	2.821
10	4.41	4.38	4.36	4.34	4.33	4.31	4.30	4.28	4.27	4.26	4.25	4.12	4.01	3.96	3.91	10	23.21	2.764
11	4.10	4.07	4.05	4.03	4.02	4.00	3.99	3.97	3.96	3.95	3.94	3.81	3.70	3.65	3.60	11	24.72	2.718
12	3.86	3.84	3.82	3.80	3.78	3.76	3.75	3.74	3.72	3.71	3.70	3.57	3.47	3.41	3.36	12	26.22	2.681
13	3.66	3.64	3.62	3.60	3.59	3.57	3.56	3.54	3.53	3.52	3.51	3.37	3.27	3.22	3.17	13	27.69	2.650
14	3.51	3.48	3.46	3.44	3.43	3.41	3.40	3.38	3.37	3.36	3.35	3.22	3.11	3.06	3.00	14	29.14	2.624
15	3.37	3.35	3.33	3.31	3.29	3.28	3.26	3.25	3.24	3.23	3.21	3.08	2.98	2.92	2.87	15	30.58	2.602
16	3.26	3.24	3.22	3.20	3.18	3.16	3.15	3.14	3.12	3.11	3.10	2.97	2.86	2.81	2.75	16	32.00	2.583
17	3.16	3.14	3.12	3.10	3.08	3.07	3.05	3.04	3.03	3.01	3.00	2.87	2.76	2.71	2.65	17	33.41	2.567
18	3.08	3.05	3.03	3.02	3.00	2.98	2.97	2.95	2.94	2.93	2.92	2.78	2.68	2.62	2.57	18	34.81	2.552
19	3.00	2.98	2.96	2.94	2.92	2.91	2.89	2.88	2.87	2.86	2.84	2.71	2.60	2.55	2.49	19	36.19	2.539
20	2.94	2.92	2.90	2.88	2.86	2.84	2.83	2.81	2.80	2.79	2.78	2.64	2.54	2.48	2.42	20	37.57	2.528
21	2.88	2.86	2.84	2.82	2.80	2.79	2.77	2.76	2.74	2.73	2.72	2.58	2,48	2.42	2.36	21	38.93	2.518
22	2.83	2.81	2.78	2.77	2.75	2.73	2.72	2.70	2.69	2.68	2.67	2.53	2.42	2.36	2.31	22	40.29	2.508
23	2.78	2.76	2.74	2.72	2.70	2.69	2.67	2.66	2.64	2.63	2.62	2.48	2.37	2.32	2.26	23	41.64	2.500
24	2.74	2.72	2.70	2.68	2.66	2.64	2.63	2.61	2.60	2.59	2.58	2.44	2.33	2.27	2.21	24	42.98	2.492
25	2.70	2.68	2.66	2.64	2.62	2.60	2.59	2.58	2.56	2.55	2.54	2.40	2.29	2.23	2.17	25	44.31	2.485
26	2.66	2.64	2.62	2.60	2.58	2.57	2.55	2.54	2.53	2.51	2.50	2.36	2.25	2.19	2.13	26	45.64	2.479
27	2.63	2.61	2.59	2.57	2.55	2.54	2.52	2.51	2.49	2.48	2.47	2.33	2.22	2.16	2.10	27	46.96	2.473
28	2.60	2.58	2.56	2.54	2.52	2.51	2.49	2.48	2.46	2.45	2.44	2.30	2.19	2.13	2.06	28	48.28	2.467
29	2.57	2.55	2.53	2.51	2.49	2.48	2.46	2.45	2.44	2.42	2.41	2.27	2.16	2.10	2.03	29	49.59	2.462
30	2.55	2.53	2.51	2.49	2.47	2.45	2.44	2.42	2.41	2.40	2.39	2.25	2.13	2.07	2.01	30	50.89	2.457
50	2.27	2.24	2.22	2.20	2.18	2.17	2.15	2.14	2.12	2.11	2.10	1.95	1.94	1.87	1.68	50	76.15	2.403
100	2.07	2.04	2.02	2.00	1.98	1.97	1.95	1.93	1.92	1.91	1.89	1.74	1.60	1.52	1.43	100	135.81	2.364
200	1.97	1.95	1.93	1.90	1.89	1.87	1.85	1.84	1.82	1.81	1.79	1.63	1.48	1.39	1.28	200	249.44	2.345
∞	1.88	1.85	1.83	1.81	1.79	1.77	1.76	1.74	1.72	1.71	1.70	1.52	1.36	1.25	1.00	∞	∞	2.326

F-, χ^2-, t-Verteilungen, Fortsetzung

$\alpha = 0{,}025$

F ν_2 \ ν_1	1	2	3	4	5	6	7	8	9	10	11	12	13	14	15	16	17	18	19	ν_2
1	648	800	864	900	922	937	948	957	963	969	973	977	980	983	985	987	989	990	992	1
2	38.5	39.0	39.2	39.2	39.3	39.3	39.4	39.4	39.4	39.4	39.4	39.4	39.4	39.4	39.4	39.4	39.4	39.4	39.4	2
3	17.4	16.0	15.4	15.1	14.9	14.7	14.6	14.5	14.5	14.4	14.4	14.3	14.3	14.3	14.3	14.2	14.2	14.2	14.2	3
4	12.2	10.6	9.98	9.60	9.36	9.20	9.07	8.98	8.90	8.84	8.79	8.75	8.71	8.68	8.66	8.63	8.61	8.59	8.58	4
5	10.0	8.43	7.76	7.39	7.15	6.98	6.85	6.76	6.68	6.62	6.57	6.52	6.49	6.46	6.43	6.40	6.38	6.36	6.34	5
6	8.81	7.26	6.60	6.23	5.99	5.82	5.70	5.60	5.52	5.46	5.41	5.37	5.33	5.30	5.27	5.24	5.22	5.20	5.18	6
7	8.07	6.54	5.89	5.52	5.29	5.12	4.99	4.90	4.82	4.76	4.71	4.67	4.63	4.60	4.57	4.54	4.52	4.50	4.48	7
8	7.57	6.06	5.42	5.05	4.82	4.65	4.53	4.43	4.36	4.30	4.24	4.20	4.16	4.13	4.10	4.08	4.05	4.03	4.02	8
9	7.21	5.71	5.08	4.72	4.48	4.32	4.20	4.10	4.03	3.96	3.91	3.87	3.83	3.80	3.77	3.74	3.72	3.70	3.68	9
10	6.94	5.46	4.83	4.47	4.24	4.07	3.95	3.85	3.78	3.72	3.66	3.62	3.58	3.55	3.52	3.50	3.47	3.45	3.44	10
11	6.72	5.25	4.63	4.27	4.04	3.88	3.76	3.66	3.59	3.52	3.47	3.43	3.39	3.36	3.33	3.30	3.28	3.26	3.24	11
12	6.55	5.10	4.47	4.12	3.89	3.73	3.61	3.51	3.44	3.37	3.32	3.28	3.24	3.21	3.18	3.15	3.13	3.11	3.09	12
13	6.41	4.97	4.35	4.00	3.77	3.60	3.48	3.39	3.31	3.25	3.20	3.15	3.11	3.08	3.05	3.03	3.00	2.98	2.96	13
14	6.30	4.86	4.24	3.89	3.66	3.50	3.38	3.29	3.21	3.15	3.09	3.05	3.01	2.98	2.95	2.92	2.90	2.88	2.86	14
15	6.20	4.77	4.15	3.80	3.58	3.41	3.29	3.20	3.12	3.06	3.01	2.96	2.92	2.89	2.86	2.84	2.81	2.79	2.77	15
16	6.12	4.69	4.08	3.73	3.50	3.34	3.22	3.12	3.05	2.99	2.93	2.89	2.85	2.82	2.79	2.76	2.74	2.72	2.70	16
17	6.04	4.62	4.01	3.66	3.44	3.28	3.16	3.06	2.98	2.92	2.87	2.82	2.79	2.75	2.72	2.70	2.67	2.65	2.63	17
18	5.98	4.56	3.95	3.61	3.38	3.22	3.10	3.01	2.93	2.87	2.81	2.77	2.73	2.70	2.67	2.64	2.62	2.60	2.58	18
19	5.92	4.51	3.90	3.56	3.33	3.17	3.05	2.96	2.88	2.82	2.76	2.72	2.68	2.65	2.62	2.59	2.57	2.55	2.53	19
20	5.87	4.46	3.86	3.51	3.29	3.13	3.01	2.91	2.84	2.77	2.72	2.68	2.64	2.60	2.57	2.55	2.52	2.50	2.48	20
21	5.83	4.42	3.82	3.48	3.25	3.09	2.97	2.87	2.80	2.73	2.68	2.64	2.60	2.56	2.53	2.51	2.48	2.46	2.44	21
22	5.79	4.38	3.78	3.44	3.22	3.05	2.93	2.84	2.76	2.70	2.65	2.60	2.56	2.53	2.50	2.47	2.45	2.43	2.41	22
23	5.75	4.35	3.75	3.41	3.18	3.02	2.90	2.81	2.73	2.67	2.62	2.57	2.53	2.50	2.47	2.44	2.42	2.39	2.37	23
24	5.72	4.32	3.72	3.38	3.15	2.99	2.87	2.78	2.70	2.64	2.59	2.54	2.50	2.47	2.44	2.41	2.39	2.36	2.35	24
25	5.69	4.29	3.69	3.35	3.13	2.97	2.85	2.75	2.68	2.61	2.56	2.51	2.48	2.44	2.41	2.38	2.36	2.34	2.32	25
26	5.66	4.27	3.67	3.33	3.10	2.94	2.82	2.73	2.65	2.59	2.54	2.49	2.45	2.42	2.39	2.36	2.34	2.31	2.29	26
27	5.63	4.24	3.65	3.31	3.08	2.92	2.80	2.71	2.63	2.57	2.51	2.47	2.43	2.39	2.36	2.34	2.31	2.29	2.27	27
28	5.61	4.22	3.63	3.29	3.06	2.90	2.78	2.69	2.61	2.55	2.49	2.45	2.41	2.37	2.34	2.32	2.29	2.27	2.25	28
29	5.59	4.20	3.61	3.27	3.04	2.88	2.76	2.67	2.59	2.53	2.48	2.43	2.39	2.36	2.32	2.30	2.27	2.25	2.23	29
30	5.57	4.18	3.59	3.25	3.03	2.87	2.75	2.65	2.57	2.51	2.46	2.41	2.37	2.34	2.31	2.28	2.26	2.23	2.21	30
50	5.34	3.97	3.39	3.05	2.83	2.67	2.55	2.46	2.38	2.32	2.26	2.22	2.18	2.14	2.11	2.08	2.06	2.03	2.01	50
100	5.18	3.83	3.25	2.92	2.70	2.54	2.42	2.32	2.24	2.18	2.12	2.08	2.04	2.00	1.97	1.94	1.91	1.89	1.87	100
200	5.09	3.76	3.18	2.85	2.63	2.47	2.35	2.26	2.18	2.11	2.06	2.01	1.97	1.93	1.90	1.87	1.84	1.82	1.80	200
∞	5.02	3.69	3.12	2.79	2.57	2.41	2.29	2.19	2.11	2.05	1.99	1.94	1.90	1.87	1.83	1.80	1.78	1.75	1.73	∞

Beispiel: a) $F_{0,975;100;20} = 2{,}17$ b) $\chi^2_{0,975;100} = 129{,}56$ c) $t_{0,975;20} = 2{,}086$

F-, χ^2-, t-Verteilungen, Fortsetzung

$\alpha = 0,025$

F ν_2 \ ν_1	20	21	22	23	24	25	26	27	28	29	30	50	100	200	∞	ν_2	χ^2	t
1	993	994	995	996	997	998	999	1000	1000	1001	1001	1008	1012	1016	1018	1	5.02	12.71
2	39.4	39.5	39.5	39.5	39.5	39.5	39.5	39.5	39.5	39.5	39.5	39.5	39.5	39.5	39.5	2	7.38	4.303
3	14.2	14.2	14.1	14.1	14.1	14.1	14.1	14.1	14.1	14.1	14.1	14.0	14.0	13.9	13.9	3	9.35	3.182
4	8.56	8.55	8.53	8.52	8.51	8.50	8.49	8.48	8.48	8.47	8.46	8.38	8.32	8.29	8.26	4	11.14	2.776
5	6.33	6.31	6.30	6.29	6.28	6.27	6.26	6.25	6.24	6.23	6.23	6.14	6.08	6.05	6.02	5	12.83	2.571
6	5.17	5.15	5.14	5.13	5.12	5.11	5.10	5.09	5.08	5.07	5.07	4.98	4.92	4.88	4.85	6	14.45	2.447
7	4.47	4.45	4.44	4.43	4.42	4.40	4.39	4.39	4.38	4.37	4.36	4.28	4.21	4.18	4.14	7	16.01	2.365
8	4.00	3.98	3.97	3.96	3.95	3.94	3.93	3.92	3.91	3.90	3.89	3.81	3.74	3.70	3.67	8	17.53	2.306
9	3.67	3.65	3.64	3.63	3.61	3.60	3.59	3.58	3.58	3.57	3.56	3.47	3.40	3.37	3.33	9	19.02	2.262
10	3.42	3.40	3.39	3.38	3.37	3.35	3.34	3.34	3.33	3.32	3.31	3.22	3.15	3.12	3.08	10	20.48	2.228
11	3.22	3.21	3.20	3.18	3.17	3.16	3.15	3.14	3.13	3.12	3.12	3.03	2.95	2.92	2.88	11	21.92	2.201
12	3.07	3.06	3.04	3.03	3.02	3.01	3.00	2.99	2.98	2.97	2.96	2.87	2.80	2.76	2.72	12	23.34	2.179
13	2.95	2.93	2.92	2.91	2.89	2.88	2.87	2.86	2.85	2.84	2.84	2.74	2.67	2.63	2.60	13	24.74	2.160
14	2.84	2.83	2.81	2.80	2.79	2.78	2.77	2.76	2.75	2.74	2.73	2.64	2.56	2.53	2.49	14	16.12	2.145
15	2.76	2.74	2.73	2.71	2.70	2.69	2.68	2.67	2.66	2.65	2.64	2.55	2.47	2.44	2.40	15	27.49	2.131
16	2.68	2.67	2.65	2.64	2.63	2.61	2.60	2.59	2.58	2.58	2.57	2.47	2.40	2.36	2.32	16	28.85	2.120
17	2.62	2.60	2.59	2.57	2.56	2.55	2.54	2.53	2.52	2.51	2.50	2.41	2.33	2.29	2.25	17	30.19	2.110
18	2.56	2.54	2.53	2.52	2.50	2.49	2.48	2.47	2.46	2.45	2.44	2.35	2.27	2.23	2.19	18	31.53	2.101
19	2.51	2.49	2.48	2.46	2.45	2.44	2.43	2.42	2.41	2.40	2.39	2.30	2.22	2.18	2.13	19	32.85	2.093
20	2.46	2.45	2.43	2.42	2.41	2.40	2.39	2.38	2.37	2.36	2.35	2.25	2.17	2.13	2.09	20	34.17	2.086
21	2.42	2.41	2.39	2.38	2.37	2.36	2.34	2.33	2.33	2.32	2.31	2.21	2.13	2.09	2.04	21	35.48	2.080
22	2.39	2.37	2.36	2.34	2.33	2.32	2.31	2.30	2.29	2.28	2.27	2.17	2.09	2.05	2.00	22	36.78	2.074
23	2.36	2.34	2.33	2.31	2.30	2.29	2.28	2.27	2.26	2.25	2.24	2.14	2.06	2.01	1.97	23	38.08	2.069
24	2.33	2.31	2.30	2.28	2.27	2.26	2.25	2.24	2.23	2.22	2.21	2.11	2.02	1.98	1.94	24	39.36	2.064
25	2.30	2.28	2.27	2.26	2.24	2.23	2.22	2.21	2.20	2.19	2.18	2.08	2.00	1.95	1.91	25	40.65	2.060
26	2.28	2.26	2.24	2.23	2.22	2.21	2.19	2.18	2.17	2.17	2.16	2.05	1.97	1.92	1.88	26	41.92	2.056
27	2.25	2.24	2.22	2.21	2.19	2.18	2.17	2.16	2.15	2.14	2.13	2.03	1.94	1.90	1.85	27	43.19	2.052
28	2.23	2.22	2.20	2.19	2.17	2.16	2.15	2.14	2.13	2.12	2.11	2.01	1.92	1.88	1.83	28	44.46	2.048
29	2.21	2.20	2.18	2.17	2.15	2.14	2.13	2.12	2.11	2.10	2.09	1.99	1.90	1.86	1.81	29	45.72	2.045
30	2.20	2.18	2.16	2.15	2.14	2.12	2.11	2.10	2.09	2.08	2.07	1.97	1.88	1.84	1.79	30	46.98	2.042
50	1.99	1.98	1.96	1.95	1.93	1.92	1.91	1.90	1.89	1.88	1.87	1.75	1.74	1.69	1.55	50	71.42	2.009
100	1.85	1.83	1.81	1.80	1.78	1.77	1.76	1.75	1.74	1.72	1.71	1.59	1.48	1.42	1.35	100	129.56	1.984
200	1.78	1.76	1.74	1.73	1.71	1.70	1.68	1.67	1.66	1.65	1.64	1.51	1.39	1.32	1.23	200	241.06	1.972
∞	1.71	1.69	1.67	1.66	1.64	1.63	1.61	1.60	1.59	1.58	1.57	1.43	1.30	1.21	1.00	∞	∞	1.960

F-, χ^2-, t-Verteilungen, Fortsetzung

$\alpha = 0,05$

F ν_2 \ ν_1	1	2	3	4	5	6	7	8	9	10	11	12	13	14	15	16	17	18	19	ν_1 / ν_2
1	162	200	216	225	230	234	237	239	241	242	243	244	245	245	246	246	247	247	248	1
2	18.5	19.0	19.2	19.2	19.3	19.3	19.4	19.4	19.4	19.4	19.4	19.4	19.4	19.4	19.4	19.4	19.4	19.4	19.4	2
3	10.1	9.55	9.28	9.12	9.01	8.94	8.89	8.85	8.81	8.79	8.76	8.74	8.73	8.71	8.70	8.69	8.68	8.67	8.67	3
4	7.71	6.94	6.59	6.39	6.26	6.16	6.09	6.04	6.00	5.96	5.94	5.91	5.89	5.87	5.86	5.84	5.83	5.82	5.81	4
5	6.61	5.79	5.41	5.19	5.05	4.95	4.88	4.82	4.77	4.74	4.70	4.68	4.66	4.64	4.62	4.60	4.59	4.58	4.57	5
6	5.99	5.14	4.76	4.53	4.39	4.28	4.21	4.15	4.10	4.06	4.03	4.00	3.98	3.96	3.94	3.92	3.91	3.90	3.88	6
7	5.59	4.74	4.35	4.12	3.97	3.87	3.79	3.73	3.68	3.64	3.60	3.57	3.55	3.53	3.51	3.49	3.48	3.47	3.46	7
8	5.32	4.46	4.07	3.84	3.69	3.58	3.50	3.44	3.39	3.35	3.31	3.28	3.26	3.24	3.22	3.20	3.19	3.17	3.16	8
9	5.12	4.26	3.86	3.63	3.48	3.37	3.29	3.23	3.18	3.14	3.10	3.07	3.05	3.03	3.01	2.99	2.97	2.96	2.95	9
10	4.96	4.10	3.71	3.48	3.33	3.22	3.14	3.07	3.02	2.98	2.94	2.91	2.89	2.86	2.85	2.83	2.81	2.80	2.79	10
11	4.84	3.98	3.59	3.36	3.20	3.09	3.01	2.95	2.90	2.85	2.82	2.79	2.76	2.74	2.72	2.70	2.68	2.67	2.66	11
12	4.75	3.89	3.49	3.26	3.11	3.00	2.91	2.85	2.80	2.75	2.72	2.69	2.66	2.64	2.62	2.60	2.58	2.57	2.56	12
13	4.67	3.81	3.41	3.18	3.03	2.92	2.83	2.77	2.71	2.67	2.63	2.60	2.58	2.55	2.53	2.51	2.50	2.48	2.47	13
14	4.60	3.74	3.34	3.11	2.96	2.85	2.76	2.70	2.65	2.60	2.57	2.53	2.51	2.48	2.46	2.44	2.43	2.41	2.40	14
15	4.54	3.68	3.29	3.06	2.90	2.79	2.71	2.64	2.59	2.54	2.51	2.48	2.45	2.42	2.40	2.38	2.37	2.35	2.34	15
16	4.49	3.63	3.24	3.01	2.85	2.74	2.66	2.59	2.54	2.49	2.46	2.42	2.40	2.37	2.35	2.33	2.32	2.30	2.29	16
17	4.45	3.49	3.20	2.96	2.81	2.70	2.61	2.55	2.49	2.45	2.41	2.38	2.35	2.33	2.31	2.29	2.27	2.26	2.24	17
18	4.41	3.55	3.16	2.93	2.77	2.66	2.58	2.51	2.46	2.41	2.37	2.34	2.31	2.29	2.27	2.25	2.23	2.22	2.20	18
19	4.38	3.52	3.13	2.90	2.74	2.63	2.54	2.48	2.42	2.38	2.34	2.31	2.28	2.26	2.23	2.21	2.20	2.18	2.17	19
20	4.35	3.49	3.10	2.87	2.71	2.60	2.51	2.45	2.39	2.35	2.31	2.28	2.25	2.22	2.20	2.18	2.17	2.15	2.14	20
21	4.32	3.47	3.07	2.84	2.68	2.57	2.49	2.42	2.37	2.32	2.28	2.25	2.22	2.20	2.18	2.16	2.14	2.12	2.11	21
22	4.30	3.44	3.05	2.82	2.66	2.55	2.46	2.40	2.34	2.30	2.26	2.23	2.20	2.17	2.15	2.13	2.11	2.10	2.08	22
23	4.28	3.42	3.03	2.80	2.64	2.53	2.44	2.37	2.32	2.27	2.24	2.20	2.18	2.15	2.13	2.11	2.09	2.08	2.06	23
24	4.26	3.40	3.01	2.78	2.62	2.51	2.42	2.36	2.30	2.25	2.22	2.18	2.15	2.13	2.11	2.09	2.07	2.05	2.04	24
25	4.24	3.39	2.99	2.76	2.60	2.49	2.40	2.34	2.28	2.24	2.20	2.16	2.14	2.11	2.09	2.07	2.05	2.04	2.02	25
26	4.23	3.37	2.98	2.74	2.59	2.47	2.39	2.32	2.27	2.22	2.18	2.15	2.12	2.09	2.07	2.05	2.03	2.02	2.00	26
27	4.21	3.35	2.96	2.73	2.57	2.46	2.37	2.31	2.25	2.20	2.17	2.13	2.10	2.08	2.06	2.04	2.02	2.00	1.99	27
28	4.20	3.34	2.95	2.71	2.56	2.45	2.36	2.29	2.24	2.19	2.15	2.12	2.09	2.06	2.04	2.02	2.00	1.99	1.97	28
29	4.18	3.33	2.93	2.70	2.55	2.43	2.35	2.28	2.22	2.18	2.14	2.10	2.08	2.05	2.03	2.01	1.99	1.97	1.96	29
30	4.17	3.32	2.92	2.69	2.53	2.42	2.33	2.27	2.21	2.16	2.13	2.09	2.06	2.04	2.01	1.99	1.98	1.96	1.95	30
50	4.03	3.18	2.79	2.56	2.40	2.29	2.20	2.13	2.07	2.03	1.99	1.95	1.92	1.89	1.87	1.85	1.83	1.81	1.80	50
100	3.94	3.09	2.70	2.46	2.31	2.19	2.10	2.03	1.97	1.93	1.89	1.85	1.82	1.79	1.77	1.75	1.73	1.71	1.69	100
200	3.88	3.04	2.65	2.42	2.26	2.14	2.06	1.98	1.93	1.88	1.84	1.80	1.77	1.74	1.72	1.69	1.67	1.66	1.64	200
∞	3.84	3.00	2.60	2.37	2.21	2.10	2.01	1.94	1.88	1.83	1.79	1.75	1.72	1.69	1.67	1.64	1.62	1.60	1.59	∞

Beispiel: a) $F_{0,95;30;25} = 1,92$ b) $\chi^2_{0,95;30} = 43,77$ c) $t_{0,95;25} = 1,708$

F-, χ²-, t-Verteilungen, Fortsetzung

α = 0,05

F

ν_2 \ ν_1	20	21	22	23	24	25	26	27	28	29	30	50	100	200	∞	ν_2	χ^2	t
1	248	248	249	249	249	249	249	250	250	250	250	252	253	254	254	1	3.84	6.314
2	19.4	19.4	19.5	19.5	19.5	19.5	19.5	19.5	19.5	19.5	19.5	19.5	19.5	19.5	19.5	2	5.99	2.920
3	8.66	8.65	8.65	8.64	8.64	8.63	8.63	8.63	8.62	8.62	8.62	8.58	8.55	8.54	8.53	3	7.81	2.353
4	5.80	5.79	5.79	5.78	5.77	5.77	5.76	5.76	5.75	5.75	5.75	5.70	5.66	5.65	5.63	4	9.49	2.132
5	4.56	4.55	4.54	4.53	4.53	4.52	4.52	4.51	4.50	4.50	4.50	4.44	4.41	4.39	4.37	5	11.07	2.015
6	3.87	3.86	3.86	3.85	3.84	3.83	3.83	3.82	3.82	3.81	3.81	3.75	3.71	3.69	3.67	6	12.59	1.943
7	3.44	3.43	3.43	3.42	3.41	3.40	3.40	3.39	3.39	3.38	3.38	3.32	3.27	3.25	3.23	7	14.06	1.895
8	3.15	3.14	3.13	3.12	3.12	3.11	3.10	3.10	3.09	3.08	3.08	3.02	2.97	2.95	2.93	8	15.51	1.860
9	2.94	2.93	2.92	2.91	2.90	2.89	2.89	2.88	2.87	2.87	2.86	2.80	2.76	2.73	2.71	9	16.92	1.833
10	2.77	2.76	2.75	2.75	2.74	2.73	2.72	2.72	2.71	2.70	2.70	2.64	2.59	2.56	2.54	10	18.31	1.812
11	2.65	2.64	2.63	2.62	2.61	2.60	2.59	2.59	2.58	2.58	2.57	2.51	2.46	2.43	2.40	11	19.67	1.796
12	2.54	2.53	2.52	2.51	2.51	2.50	2.49	2.48	2.48	2.47	2.47	2.40	2.35	2.32	2.30	12	21.03	1.782
13	2.46	2.45	2.44	2.43	2.42	2.41	2.40	2.40	2.39	2.39	2.38	2.31	2.26	2.23	2.21	13	22.36	1.771
14	2.39	2.38	2.37	2.36	2.35	2.34	2.33	2.33	2.32	2.31	2.31	2.24	2.19	2.16	2.13	14	23.68	1.761
15	2.33	2.32	2.31	2.30	2.29	2.28	2.27	2.27	2.26	2.25	2.25	2.18	2.12	2.10	2.07	15	25.00	1.753
16	2.28	2.26	2.25	2.24	2.24	2.23	2.22	2.21	2.21	2.20	2.19	2.12	2.07	2.04	2.01	16	26.30	1.746
17	2.23	2.22	2.21	2.20	2.19	2.18	2.17	2.17	2.16	2.15	2.15	2.08	2.02	1.99	1.96	17	27.59	1.740
18	2.19	2.18	2.17	2.16	2.15	2.14	2.13	2.13	2.12	2.11	2.11	2.04	1.98	1.95	1.92	18	28.87	1.734
19	2.16	2.14	2.13	2.12	2.11	2.11	2.10	2.09	2.08	2.08	2.07	2.00	1.94	1.91	1.88	19	30.14	1.729
20	2.12	2.11	2.10	2.09	2.08	2.07	2.07	2.06	2.05	2.05	2.04	1.97	1.91	1.88	1.84	20	31.41	1.725
21	2.10	2.08	2.07	2.06	2.05	2.05	2.04	2.03	2.02	2.02	2.01	1.94	1.88	1.84	1.81	21	32.67	1.721
22	2.07	2.06	2.05	2.04	2.03	2.02	2.01	2.00	2.00	1.99	1.98	1.91	1.85	1.82	1.78	22	33.92	1.717
23	2.05	2.04	2.02	2.01	2.01	2.00	1.99	1.98	1.97	1.97	1.96	1.88	1.82	1.79	1.76	23	35.17	1.714
24	2.03	2.01	2.00	1.99	1.98	1.97	1.97	1.96	1.95	1.95	1.94	1.86	1.80	1.77	1.73	24	36.42	1.711
25	2.01	2.00	1.98	1.97	1.96	1.96	1.95	1.94	1.93	1.93	1.92	1.84	1.78	1.75	1.71	25	37.65	1.708
26	1.99	1.98	1.97	1.96	1.95	1.94	1.93	1.92	1.91	1.91	1.90	1.82	1.76	1.73	1.69	26	38.89	1.706
27	1.97	1.96	1.95	1.94	1.93	1.92	1.91	1.90	1.90	1.89	1.88	1.81	1.74	1.71	1.67	27	40.11	1.703
28	1.96	1.95	1.93	1.92	1.91	1.91	1.90	1.89	1.88	1.88	1.87	1.79	1.73	1.69	1.65	28	41.34	1.701
29	1.94	1.93	1.92	1.91	1.90	1.89	1.88	1.88	1.87	1.86	1.85	1.77	1.71	1.67	1.64	29	42.56	1.699
30	1.93	1.92	1.91	1.90	1.89	1.88	1.87	1.86	1.85	1.85	1.84	1.76	1.70	1.66	1.62	30	43.77	1.697
50	1.78	1.77	1.76	1.75	1.74	1.73	1.72	1.71	1.70	1.69	1.69	1.60	1.59	1.55	1.44	50	67.51	1.676
100	1.68	1.66	1.65	1.64	1.63	1.62	1.61	1.60	1.59	1.58	1.57	1.48	1.39	1.34	1.28	100	124.34	1.660
200	1.62	1.61	1.60	1.58	1.57	1.56	1.55	1.54	1.53	1.52	1.52	1.41	1.32	1.26	1.19	200	234.00	1.653
∞	1.57	1.56	1.54	1.53	1.52	1.51	1.50	1.49	1.48	1.47	1.46	1.35	1.24	1.17	1.00	∞	∞	1.645

6. Poissonverteilungen

Beispiel: Für λ = 2 und x = 3

φ(x) = o,18o4

λ \ x	0	1	2	3	4	5	6	7	8	9	1o	11	12	13
o,1	9o48	o9o5	oo45	ooo2										
o,2	8187	1637	o164	oo11	ooo1									
o,3	74o8	2222	o333	oo33	ooo3									
o,4	67o3	2681	o536	oo72	ooo7	ooo1								
o,5	6o65	3o33	o758	o126	oo16	ooo2								
o,6	5488	3293	o988	o198	oo3o	ooo4								
o,7	4966	3476	1217	o284	oo5o	ooo7	ooo1							
o,8	4493	3595	1438	o383	oo77	oo12	ooo2							
o,9	4o66	3659	1647	o494	o111	oo2o	ooo3							
1,o	3679	3679	1839	o613	o153	oo31	ooo5	ooo1						
1,1	3329	3662	2o14	o738	o2o3	oo45	ooo8	ooo1						
1,2	3o12	3614	2169	o867	o26o	oo62	oo12	ooo2						
1,3	2725	3543	23o3	o998	o324	oo84	oo18	ooo3	ooo1					
1,4	2466	3452	2417	1128	o395	o111	oo26	ooo5	ooo1					
1,5	2231	3347	251o	1255	o471	o141	oo35	ooo8	ooo1					
1,6	2o19	323o	2584	1378	o551	o176	oo47	oo11	ooo2					
1,7	1827	31o6	264o	1496	o636	o216	oo61	oo15	ooo3	ooo1				
1,8	1653	2975	2678	16o7	o723	o26o	oo78	oo2o	ooo5	ooo1				
1,9	1496	2842	27oo	171o	o812	o3o9	oo98	oo27	ooo6	ooo1				
2,o	1353	27o7	27o7	18o4	o9o2	o361	o12o	oo34	ooo9	ooo2				
2,1	1225	2572	27oo	189o	o992	o417	o146	oo44	oo11	ooo3	ooo1			
2,2	11o8	2438	2681	1966	1o82	o476	o174	oo55	oo15	ooo4	ooo1			
2,3	1oo3	23o6	2652	2o33	1169	o538	o2o6	oo68	oo19	ooo5	ooo1			
2,4	o9o7	2177	2613	2o9o	1254	o6o2	o241	oo83	oo25	ooo7	ooo2			
2,5	o821	2o52	2565	2138	1336	o668	o278	oo99	oo31	ooo9	ooo2	oooo		
2,6	o743	1931	251o	2176	1414	o735	o319	o118	oo38	oo11	ooo3	ooo1		
2,7	o672	1815	245o	22o5	1488	o8o4	o362	o139	oo47	oo14	ooo4	ooo1		
2,8	o6o8	17o3	2384	2225	1557	o872	o4o7	o163	oo57	oo18	ooo5	ooo1		
2,9	o55o	1596	2314	2237	1622	o94o	o455	o188	oo68	oo22	ooo6	ooo2	oooo	
3,o	o498	1494	224o	224o	168o	1oo8	o5o4	o216	oo81	oo27	ooo8	ooo2	ooo1	
3,1	o45o	1397	2165	2237	1733	1o75	o555	o246	oo95	oo33	oo1o	ooo3	ooo1	
3,2	o4o8	13o4	2o87	2226	1781	114o	o6o8	o278	o111	oo4o	oo13	ooo4	ooo1	
3,3	o369	1217	2oo8	22o9	1823	12o3	o662	o312	o129	oo47	oo16	ooo5	ooo1	
3,4	o334	1135	1929	2186	1858	1264	o716	o348	o148	oo56	oo19	ooo6	ooo2	oooo
3.5	o3o2	1o57	185o	2158	1888	1322	o771	o385	o169	oo66	oo23	ooo7	ooo2	ooo1

Poissonverteilungen, Fortsetzung

λ \ x	0	1	2	3	4	5	6	7	8	9	10	11	12	13	14	15	16	17	18	19
3,6	0273	0984	1771	2125	1912	1377	0826	0425	0191	0076	0028	0009	0003	0001						
3,7	0247	0915	1692	2087	1931	1429	0881	0466	0215	0089	0033	0011	0003	0001						
3,8	0224	0850	1615	2046	1944	1477	0936	0508	0241	0102	0039	0013	0004	0001						
3,9	0202	0789	1539	2001	1951	1522	0989	0551	0269	0116	0045	0016	0005	0002	0000					
4,0	0183	0733	1465	1954	1954	1563	1042	0595	0298	0132	0053	0019	0006	0002	0001					
4,1	0166	0679	1393	1904	1951	1600	1093	0640	0328	0150	0061	0023	0008	0002	0001					
4,2	0150	0630	1323	1852	1944	1633	1143	0686	0360	0168	0071	0027	0009	0003	0001					
4,3	0136	0583	1254	1798	1933	1662	1191	0732	0393	0188	0081	0032	0011	0004	0001					
4,4	0123	0540	1188	1743	1917	1687	1237	0778	0428	0209	0092	0037	0013	0005	0001	0000				
4,5	0111	0500	1125	1687	1898	1708	1281	0824	0463	0232	0104	0043	0016	0006	0002	0001				
4,6	0101	0462	1063	1631	1875	1725	1323	0869	0500	0255	0118	0049	0019	0007	0002	0001				
4,7	0091	0427	1005	1574	1849	1738	1362	0914	0537	0281	0132	0056	0022	0008	0003	0001				
4,8	0082	0395	0948	1517	1820	1747	1398	0959	0575	0307	0147	0064	0026	0009	0003	0001				
4,9	0074	0365	0894	1460	1789	1753	1432	1002	0614	0334	0164	0073	0030	0011	0004	0001	0000			
5,0	0067	0337	0842	1404	1755	1755	1462	1044	0653	0363	0181	0082	0034	0013	0005	0002	0000			
5,1	0061	0311	0793	1348	1719	1753	1490	1086	0692	0392	0200	0093	0039	0015	0006	0002	0001			
5,2	0055	0287	0746	1293	1681	1748	1515	1125	0731	0423	0220	0104	0045	0018	0007	0002	0001			
5,3	0050	0265	0701	1239	1641	1740	1537	1163	0771	0454	0241	0116	0051	0021	0008	0003	0001			
5,4	0045	0244	0659	1185	1600	1728	1555	1200	0810	0486	0262	0129	0058	0024	0009	0003	0001			
5,5	0041	0225	0618	1133	1558	1714	1571	1234	0849	0519	0285	0143	0065	0028	0011	0004	0001	0000		
5,6	0037	0207	0580	1082	1515	1697	1584	1267	0887	0552	0309	0157	0073	0032	0013	0005	0002	0001		
5,7	0033	0191	0544	1033	1472	1678	1594	1298	0925	0586	0334	0173	0082	0036	0015	0006	0002	0001		
5,8	0030	0176	0509	0985	1428	1656	1601	1326	0962	0620	0359	0190	0092	0041	0017	0007	0002	0001		
5,9	0027	0162	0477	0938	1383	1632	1605	1353	0998	0654	0386	0207	0102	0046	0019	0008	0003	0001		
6,0	0025	0149	0446	0892	1339	1606	1606	1377	1033	0688	0413	0225	0113	0052	0022	0009	0003	0001		
6,1	0022	0137	0417	0848	1294	1579	1605	1399	1066	0723	0441	0244	0124	0058	0025	0010	0004	0001	0000	
6,2	0020	0126	0390	0806	1249	1549	1601	1418	1099	0757	0469	0265	0137	0065	0029	0012	0005	0002	0001	
6,3	0018	0116	0364	0765	1205	1519	1595	1435	1130	0791	0498	0285	0150	0073	0033	0014	0005	0002	0001	
6,4	0017	0106	0340	0726	1162	1487	1586	1450	1160	0825	0528	0307	0164	0081	0037	0016	0006	0002	0001	
6,5	0015	0098	0318	0688	1118	1454	1575	1462	1188	0858	0558	0330	0179	0089	0041	0018	0007	0003	0001	
6,6	0014	0090	0296	0652	1076	1420	1562	1472	1215	0891	0588	0353	0194	0099	0046	0020	0008	0003	0001	0000
6,7	0012	0082	0276	0617	1034	1385	1546	1480	1240	0923	0618	0377	0210	0108	0052	0023	0010	0004	0001	0001
6,8	0011	0076	0258	0584	0992	1349	1529	1486	1263	0954	0649	0401	0227	0119	0058	0026	0011	0004	0002	0001
6,9	0010	0070	0240	0552	0952	1314	1511	1489	1284	0985	0679	0426	0245	0130	0064	0029	0013	0005	0002	0001
7,0	0009	0064	0223	0521	0912	1277	1490	1490	1304	1014	0710	0452	0263	0142	0071	0033	0014	0006	0002	0001

7. h_T der hypergeometrischen Verteilungen

n_1	n_2	h_{11}	o,o5	o,o25	o,o1	o,oo5
3	3	3	o	-	-	-
4	4	4	o	o	-	-
	3	4	o	-	-	-
5	5	5	1	1	o	o
		4	o	o	-	-
	4	5	1	o	o	-
		4	o	-	-	-
	3	5	o	o	-	-
	2	5	o	-	-	-
6	6	6	2	1	1	o
		5	1	o	o	-
		4	o	-	-	-
	5	6	1	o	o	o
		5	o	o	-	-
		4	o	-	-	-
	4	6	1	o	o	o
		5	o	o	-	-
	3	6	o	o	-	-
		5	o	-	-	-
	2	6	o	-	-	-
7	7	7	3	2	1	1
		6	1	1	o	o
		5	o	o	-	-
		4	o	-	-	-
	6	7	2	2	1	1
		6	1	o	o	o
		5	o	o	-	-
		4	o	-	-	-
	5	7	2	1	o	o
		6	1	o	o	-
		5	o	-	-	-
	4	7	1	1	o	o
		6	o	o	-	-
		5	o	-	-	-
	3	7	o	o	o	-
		6	o	-	-	-
	2	7	o	-	-	-
8	8	8	4	3	2	2
		7	2	2	1	o
		6	1	1	o	o
		5	o	o	-	-
		4	o	-	-	-

n_1	n_2	h_{11}	o,o5	o,o25	o,o1	o,oo5
8	7	8	3	2	2	1
	7	7	2	1	1	o
		6	1	o	o	-
		5	o	o	-	-
	6	8	2	2	1	1
		7	1	1	o	o
		6	o	o	o	-
		5	o	-	-	-
	5	8	2	1	1	o
		7	1	o	o	o
		6	o	o	-	-
		5	o	-	-	-
	4	8	1	1	o	o
		7	o	o	-	-
		6	o	-	-	-
	3	8	o	o	o	-
		7	o	o	-	-
	2	8	o	o	-	-
9	9	9	5	4	3	3
		8	3	3	2	1
		7	2	1	1	o
		6	1	1	o	o
		5	o	o	-	-
		4	o	-	-	-
	8	9	4	3	3	2
		8	3	2	1	1
		7	2	1	o	o
		6	1	o	o	-
		5	o	o	-	-
	7	9	3	3	2	2
		8	2	2	1	o
		7	1	1	o	o
		6	o	o	-	-
		5	o	-	-	-
	6	9	3	2	1	1
		8	2	1	o	o
		7	1	o	o	-
		6	o	o	-	-
		5	o	-	-	-
	5	9	2	1	1	1
		8	1	1	o	o
		7	o	o	-	-
		6	o	-	-	-
	4	9	1	1	o	o
		8	o	o	o	-
		7	o	o	-	-
		6	o	-	-	-

n_1	n_2	h_{11}	o,o5	o,o25	o,o1	o,oo5
9	3	9	1	o	o	o
		8	o	o	-	-
		7	o	-	-	-
	2	9	o	o	-	-
1o	1o	1o	6	5	4	3
		9	4	3	3	2
		8	3	2	1	1
		7	2	1	1	o
		6	1	o	o	-
		5	o	o	-	-
		4	o	-	-	-
	9	1o	5	4	3	3
		9	4	3	2	2
		8	2	2	1	1
		7	1	1	o	o
		6	1	o	o	-
		5	o	o	-	-
	8	1o	4	4	3	2
		9	3	2	2	1
		8	2	1	1	o
		7	1	1	o	o
		6	o	o	-	-
		5	o	-	-	-
	7	1o	3	3	2	2
		9	2	2	1	1
		8	1	1	o	o
		7	1	o	o	-
		6	o	o	-	-
		5	o	-	-	-
	6	1o	3	2	2	1
		9	2	1	1	o
		8	1	1	o	o
		7	o	o	-	-
		6	o	-	-	-
	5	1o	2	2	1	1
		9	1	1	o	o
		8	1	o	o	-
		7	o	o	-	-
		6	o	-	-	-
	4	1o	1	1	o	o
		9	1	o	o	o
		8	o	o	-	-
		7	o	-	-	-
	3	1o	1	o	o	o
		9	o	o	-	-
		8	o	-	-	-
	2	1o	o	o	-	-
		9	o	-	-	-

Beispiel: Für $n_1 = 9$, $n_2 = 6$, $h_{11} = 8$ und $\alpha = 0,05$

ist $h_T = 2$

8. D-Verteilungen

n α	o.5o	o.o25	o.o1o	o.oo5	α n
1	o.95o	o.975	o.99o	o.995	1
2	o.776	o.842	o.9oo	o.929	2
3	o.636	o.7o8	o.785	o.829	3
4	o.565	o.624	o.689	o.734	4
5	o.5o9	o.563	o.627	o.669	5
6	o.468	o.519	o.577	o.617	6
7	o.436	o.483	o.538	o.576	7
8	o.41o	o.454	o.5o7	o.542	8
9	o.387	o.43o	o.48o	o.513	9
1o	o.369	o.4o9	o.457	o.489	1o
11	o.352	o.391	o.437	o.468	11
12	o.338	o.375	o.419	o.449	12
13	o.325	o.361	o.4o4	o.432	13
14	o.314	o.349	o.39o	o.418	14
15	o.3o4	o.338	o.377	o.4o4	15
16	o.295	o.327	o.366	o.392	16
17	o.286	o.318	o.355	o.381	17
18	o.279	o.3o9	o.346	o.371	18
19	o.271	o.3o1	o.337	o.361	19
2o	o.265	o.294	o.329	o.352	2o
21	o.259	o.287	o.321	o.344	21
22	o.253	o.281	o.314	o.337	22
23	o.247	o.275	o.3o7	o.33o	23
24	o.242	o.269	o.3o1	o.323	24
25	o.238	o.264	o.295	o.317	25
26	o.233	o.259	o.29o	o.311	26
27	o.229	o.254	o.284	o.3o5	27
28	o.225	o.25o	o.279	o.3oo	28
29	o.221	o.246	o.275	o.295	29
3o	o.218	o.242	o.27o	o.29o	3o
31	o.214	o.238	o.266	o.285	31
32	o.211	o.234	o.262	o.281	32
33	o.2o8	o.231	o.258	o.277	33
34	o.2o5	o.227	o.254	o.273	34
35	o.2o2	o.224	o.251	o.269	35
über 35	$\frac{1.22}{\sqrt{n}}$	$\frac{1.36}{\sqrt{n}}$	$\frac{1.52}{\sqrt{n}}$	$\frac{1.63}{\sqrt{n}}$	über 35

Beispiel: $D_{o,975;\ 24}$ = o,269

9. U-Verteilungen

für α = o, o5

n_2 \ n_1	3	4	5	6	7	8	9	1o	11	12	13	14	15	16	17	18	19	2o
3	o	o	1	2	2	3	4	4	5	5	6	7	7	8	9	9	1o	11
4	o	1	2	3	4	5	6	7	8	9	1o	11	12	14	15	16	17	18
5	1	2	4	5	6	8	9	11	12	13	15	16	18	19	2o	22	23	25
6	2	3	5	7	8	1o	12	14	16	17	19	21	23	25	26	28	3o	32
7	2	4	6	8	11	13	15	17	19	21	24	26	28	3o	33	35	37	39
8	3	5	8	1o	13	15	18	2o	23	26	28	31	33	36	39	41	44	47
9	4	6	9	12	15	18	21	24	27	3o	33	36	39	42	45	48	51	54
1o	4	7	11	14	17	2o	24	27	31	34	37	41	44	48	51	55	58	62
11	5	8	12	16	19	23	27	31	34	38	42	46	5o	54	57	61	65	69
12	5	9	13	17	21	26	3o	34	38	42	47	51	55	6o	64	68	72	77
13	6	1o	15	19	24	28	33	37	42	47	51	56	61	65	7o	75	8o	84
14	7	11	16	21	26	31	36	41	46	51	56	61	66	71	77	82	87	92
15	7	12	18	23	28	33	39	44	5o	55	61	66	72	77	83	88	94	1oo
16	8	14	19	25	3o	36	42	48	54	6o	65	71	77	83	89	95	1o1	1o7
17	9	15	2o	26	33	39	45	51	57	64	7o	77	83	89	96	1o2	1o9	115
18	9	16	22	28	35	41	48	55	61	68	75	82	88	95	1o2	1o9	116	123
19	1o	17	23	3o	37	44	51	58	65	72	8o	87	94	1o1	1o9	116	123	13o
2o	11	18	25	32	39	47	54	62	69	77	84	92	1oo	1o7	115	123	13o	138

für α = o, o25

n_2 \ n_1	3	4	5	6	7	8	9	1o	11	12	13	14	15	16	17	18	19	2o
3			o	1	1	2	2	3	3	4	4	5	5	6	6	7	7	8
4		o	1	2	3	4	4	5	6	7	8	9	1o	11	11	12	13	14
5	o	1	2	3	5	6	7	8	9	11	12	13	14	16	17	18	19	2o
6	1	2	3	5	6	8	1o	11	13	14	16	17	19	21	22	24	25	27
7	1	3	5	6	8	1o	12	14	16	18	2o	22	24	26	28	3o	32	34
8	2	4	6	8	1o	13	15	17	19	22	24	26	29	31	34	36	38	41
9	2	4	7	1o	12	15	17	2o	23	26	28	31	34	37	39	42	45	48
1o	3	5	8	11	14	17	2o	23	26	29	33	36	39	42	45	48	52	55
11	3	6	9	13	16	19	23	26	3o	33	37	4o	44	48	51	55	58	62
12	4	7	11	14	18	22	26	29	33	37	41	45	49	53	57	61	65	69
13	4	8	12	16	2o	24	28	33	37	41	45	5o	54	59	63	67	72	76
14	5	9	13	17	22	26	31	36	4o	45	5o	55	59	64	69	74	78	83
15	5	1o	14	19	24	29	34	39	44	49	54	59	64	7o	75	8o	85	9o
16	6	11	16	21	26	31	37	42	48	53	59	64	7o	75	81	86	92	98
17	6	11	17	22	28	34	39	45	51	57	63	69	75	81	87	93	99	1o5
18	7	12	18	24	3o	36	42	48	55	61	67	74	8o	86	93	99	1o6	112
19	7	13	19	25	32	38	45	52	58	65	72	78	85	92	99	1o6	113	12o
2o	8	14	2o	27	34	41	48	55	62	69	76	83	9o	98	1o5	112	12o	127

Beispiel: $U_{0,05;\ 6;\ 8} = 10$

U-Verteilungen, Fortsetzung

für α = o, o1

n_2 \ n_1	3	4	5	6	7	8	9	1o	11	12	13	14	15	16	17	18	19	2o
3					o	o	1	1	1	2	2	2	3	3	4	4	4	5
4			o	1	1	2	3	3	4	5	5	6	7	7	8	9	9	1o
5		o	1	2	3	4	5	6	7	8	9	1o	11	12	13	14	15	16
6		1	2	3	4	6	7	8	9	11	12	14	15	16	18	19	2o	22
7	o	1	3	4	6	7	9	11	12	14	16	18	19	21	23	24	26	28
8	o	2	4	6	7	9	11	13	15	17	2o	22	24	26	28	3o	32	34
9	1	3	5	7	9	11	14	16	19	21	23	26	28	31	33	36	38	4o
1o	1	3	6	8	11	13	16	19	22	24	27	3o	33	36	38	41	44	47
11	1	4	7	9	12	15	19	22	25	28	31	34	37	41	44	47	5o	53
12	2	5	8	11	14	17	21	24	28	31	35	38	42	46	49	53	56	6o
13	2	5	9	12	16	2o	23	27	31	35	39	43	47	51	55	59	63	67
14	2	6	1o	14	18	22	26	3o	34	38	43	47	51	56	6o	65	69	73
15	3	7	11	15	19	24	28	33	37	42	47	51	56	61	66	7o	75	8o
16	3	7	12	16	21	26	31	36	41	46	51	56	61	66	71	76	82	87
17	4	8	13	18	23	28	33	38	44	49	55	6o	66	71	77	82	88	94
18	4	9	14	19	24	3o	36	41	47	53	59	65	7o	76	82	88	94	1oo
19	4	9	15	2o	26	32	38	44	5o	56	63	69	75	82	88	94	1o1	1o7
2o	5	1o	16	22	28	34	4o	47	53	6o	67	73	8o	87	94	1oo	1o7	114

für α = o, oo5

n_2 \ n_1	3	4	5	6	7	8	9	1o	11	12	13	14	15	16	17	18	19	2o
3							o	o	o	1	1	1	2	2	2	2	3	3
4				o	o	1	1	2	2	3	4	4	5	5	6	6	7	8
5			o	1	1	2	3	4	5	6	7	7	8	9	1o	11	12	13
6		o	1	2	3	4	5	6	7	9	1o	11	12	13	15	16	17	18
7		o	1	3	4	6	7	9	1o	12	13	15	16	18	19	21	22	24
8		1	2	4	6	7	9	11	13	15	17	18	2o	22	24	26	28	3o
9	o	1	3	5	7	9	11	13	16	18	2o	22	25	27	29	31	34	36
1o	o	2	4	6	9	11	13	16	19	21	24	26	29	31	34	37	39	42
11	o	2	5	7	1o	13	16	19	21	24	27	3o	33	36	39	42	45	48
12	1	3	6	9	12	15	18	21	24	28	31	34	37	41	44	47	51	54
13	1	4	7	1o	13	17	2o	24	27	31	34	38	42	46	49	53	57	6o
14	1	4	7	11	15	18	22	26	3o	34	38	42	46	5o	54	59	63	67
15	2	5	8	12	16	2o	25	29	33	37	42	46	51	55	6o	64	69	73
16	2	5	9	13	18	22	27	31	36	41	46	5o	55	6o	65	7o	75	79
17	2	6	1o	15	19	24	29	34	39	44	49	54	6o	65	7o	75	81	86
18	2	6	11	16	21	26	31	37	42	47	53	59	64	7o	75	81	87	92
19	3	7	12	17	22	28	34	39	45	51	57	63	69	75	81	87	93	99
2o	3	8	13	18	24	3o	36	42	48	54	6o	67	73	79	86	92	99	1o5

Beispiel: $U_{0,01;\ 6;\ 8} = 6$

10. H-Verteilungen

n	n_1	n_2	n_3	H	Φ_H
6	2	2	2	4,571	o,o67
7	3	2	2	4,714	o,o48
	3	3	1	5,143	o,o43
	4	2	1	4,821	o,o57
8	3	3	2	6,25o	o,o11
				5,139	o,o61
	4	2	2	6,ooo	o,o14
				5,125	o,o52
	4	3	1	5,2o8	o,o5o
	5	2	1	5,ooo	o,o48
9	3	3	3	6,489	o,o11
				5,6oo	o,o5o
	4	3	2	6,444	o,oo8
				5,4oo	o,o51
	4	4	1	6,667	o,o1o
				4,967	o,o48
	5	2	2	6,533	o,oo8
				5,o4o	o,o56
	5	3	1	6,4oo	o,o12
				4,96o	o,o48
1o	4	4	2	6,873	o,o11
				5,236	o,o52
	4	4	3	6,746	o,o1o
				5,727	o,o5o

n	n_1	n_2	n_3	H	Φ_H
1o	5	3	2	6,822	o,o1o
				5,251	o,o49
	5	4	1	6,955	o,oo8
				4,986	o,o44
11	4	4	3	7,144	o,o1o
				5,576	o,o51
	5	3	3	7,o79	o,oo9
				5,649	o,o49
	5	4	2	7,118	o,o1o
				5,268	o,o5o
	5	5	1	7,3o9	o,oo9
				5,127	o,o46
12	4	4	4	7,654	o,oo8
				5,692	o,o49
	5	4	3	7,445	o,o1o
				5,631	o,o5o
	5	5	2	7,269	o,o1o
				5,246	o,o51
13	5	4	4	7,76o	o,o1o
				5,618	o,o5o
	5	5	3	7,543	o,oo9
				5,626	o,o51
14	5	5	4	7,791	o,o1o
				5,643	o,o5o
15	5	5	5	7,98o	o,o1o
				5,78o	o,o49

Beispiel: $H_{0,05;\ 5;\ 5;\ 5} = 5,78$

(genau: $H_{0,049;\ 5;\ 5;\ 5} = 5,78$)

11. r-Verteilungen

n	o,oo5	o,o1o	o,o25	o,o5o	n
4				o,8ooo	4
5		o,9ooo	o,9ooo	o,8ooo	5
6	o,9429	o,8857	o,8286	o,7714	6
7	o,8929	o,8571	o,745o	o,6786	7
8	o,8571	o,8o95	o,69o5	o,5952	8
9	o,8167	o,7667	o,6833	o,5833	9
1o	o,7818	o,7333	o,6364	o,5515	1o

Beispiel: $s_{o,975;\,8} = o,69o5$

12. ζ -Transformationen

ζ	Zweite Dezimalstelle von ζ 0,00	0,01	0,02	0,03	0,04	0,05	0,06	0,07	0,08	0,09
0,0	0,0000	0,0100	0,0200	0,0300	0,0400	0,0500	0,0599	0,0699	0,0798	0,0898
0,1	0,0997	0,1096	0,1194	0,1293	0,1391	0,1489	0,1587	0,1684	0,1781	0,1878
0,2	0,1974	0,2070	0,2165	0,2260	0,2355	0,2449	0,2543	0,2636	0,2729	0,2821
0,3	0,2913	0,3004	0,3095	0,3185	0,3275	0,3364	0,3452	0,3540	0,3627	0,3714
0,4	0,3800	0,3885	0,3969	0,4053	0,4136	0,4219	0,4301	0,4382	0,4462	0,4542
0,5	0,4621	0,4700	0,4777	0,4854	0,4930	0,5005	0,5080	0,5154	0,5227	0,5299
0,6	0,5370	0,5441	0,5511	0,5581	0,5649	0,5717	0,5784	0,5850	0,5915	0,5980
0,7	0,6044	0,6107	0,6169	0,6231	0,6291	0,6352	0,6411	0,6469	0,6527	0,6584
0,8	0,6640	0,6696	0,6751	0,6805	0,6858	0,6911	0,6963	0,7014	0,7064	0,7114
0,9	0,7163	0,7211	0,7259	0,7306	0,7352	0,7398	0,7443	0,7487	0,7531	0,7574
1,0	0,7616	0,7658	0,7699	0,7739	0,7779	0,7818	0,7857	0,7895	0,7932	0,7969
1,1	0,8005	0,8041	0,8076	0,8110	0,8144	0,8178	0,8210	0,8243	0,8275	0,8306
1,2	0,8337	0,8367	0,8397	0,8426	0,8455	0,8483	0,8511	0,8538	0,8565	0,8591
1,3	0,8617	0,8643	0,8668	0,8693	0,8717	0,8741	0,8764	0,8787	0,8810	0,8832
1,4	0,8854	0,8875	0,8896	0,8917	0,8937	0,8957	0,8977	0,8996	0,9015	0,9033
1,5	0,9052	0,9069	0,9087	0,9104	0,9121	0,9138	0,9154	0,9170	0,9186	0,9202
1,6	0,9217	0,9232	0,9246	0,9261	0,9275	0,9289	0,9302	0,9316	0,9329	0,9342
1,7	0,9354	0,9367	0,9379	0,9391	0,9402	0,9414	0,9425	0,9436	0,9447	0,9458
1,8	0,9468	0,9478	0,9498	0,9488	0,9508	0,9518	0,9527	0,9536	0,9545	0,9554
1,9	0,9562	0,9571	0,9579	0,9587	0,9595	0,9603	0,9611	0,9619	0,9626	0,9633
2,0	0,9640	0,9647	0,9654	0,9661	0,9668	0,9674	0,9680	0,9687	0,9693	0,9699
2,1	0,9705	0,9710	0,9716	0,9722	0,9727	0,9732	0,9738	0,9743	0,9748	0,9753
2,2	0,9757	0,9762	0,9767	0,9771	0,9776	0,9780	0,9785	0,9789	0,9793	0,9797
2,3	0,9801	0,9805	0,9809	0,9812	0,9816	0,9820	0,9823	0,9827	0,9830	0,9834
2,4	0,9837	0,9840	0,9843	0,9846	0,9849	0,9852	0,9856	0,9858	0,9861	0,9863
2,5	0,9866	0,9869	0,9871	0,9874	0,9876	0,9879	0,9881	0,9884	0,9886	0,9888
2,6	0,9890	0,9892	0,9895	0,9897	0,9899	0,9901	0,9903	0,9905	0,9906	0,9908
2,7	0,9910	0,9912	0,9914	0,9915	0,9917	0,9919	0,9920	0,9922	0,9923	0,9925
2,8	0,9926	0,9928	0,9929	0,9931	0,9932	0,9933	0,9935	0,9936	0,9937	0,9938
2,9	0,9940	0,9941	0,9942	0,9943	0,9944	0,9945	0,9946	0,9947	0,9949	0,9950
3,0	0,9951									
4,0	0,9993									
5,0	0,9999									

Beispiel: $\zeta(0,95) = 1,84$

genau: $\zeta(0,9508) = 1,84$

LITERATURHINWEISE

Um eine Auswahl aus dem umfangreichen statistischen Schrifttum zu treffen, wurden hier nur methodisch-statistische Werke zusammengestellt, die seit 1968 in deutscher Sprache erschienen sind.

Ahrens, H.: Varianzanalyse. Berlin: Akademie-Verlag; Oxford: Pergamon Press; Braunschweig: Nieweg und Sohn, 1968

Bartel, H.: Statistik für Psychologen, Pädagogen und Sozialwissenschaftler. Als Studienbegleiter zum Selbststudium und als Orientierungshilfe in der empirischen Forschung. Stuttgart: Fischer, 1972

Barford, N.C.: Kleine Einführung in die statistische Analyse von Meßergebnissen. Frankfurt am Main, Akademische Verlagsgesellschaft, 197o

Basler, H.: Grundbegriffe der Wahrscheinlichkeitsrechnung und statistische Methodenlehre. Wien/Würzburg: Physica-Verlag, 1968

Billeter, E.P.: Grundlagen der repräsentativen Statistik. (Stichprobentheorie und Versuchsplanung) Wien/New York: Springer-Verlag, 197o

Billeter, E.P.: Grundlagen der erforschenden Statistik. Berlin/Wien/New York: Springer-Verlag, 197o

Brandt, S.: Statistische Methoden der Datenanalyse. Mannheim: Hochschultaschenbücher Verlag, 1968

Dixon, Y. R.: Grundkurs in Wahrscheinlichkeitsrechnung. Ein programmiertes Lehrbuch (Deutsche Übersetzung von Th. Cornides) München/Wien: Oldenbourg Verlag, 1969

Fabian, V.: Statistische Methoden. Berlin (Ost): VEB Deutscher Verlag der Wissenschaften, 1968

Freudenthal, H.: Wahrscheinlichkeit und Statistik, (2. Auflage) München/Wien: Oldenbourg Verlag, 1968

Gebelein, H.: Statistische Modellbau- und Untersuchungstechnik. Stuttgart/Berlin/Köln/Mainz: Kohlhammer, 1972

Gotkin, L. G. und Goldstein, L. S.: Grundkurs in Statistik, Band 1, 2 (2. Auflage). München/Wien: Oldenbourg Verlag, 1969

Heiler, S. und Rinne, H.: Einführung in die Statistik. Meisenheim am Glan: Verlag Anton Hain, 1971

Henke, M.: Sequentielle Auswahlprobleme bei Unsicherheit. Meisenheim am Glan: Verlag Anton Hain, 1970

Jahn, W. und Vahle, H.: Die Faktorenanalyse und ihre Anwendung. Berlin (Ost): Verlag Die Wirtschaft, 1970

Jeger, M. und Ineichen, R.: Kombinatorik, Statistik und Wahrscheinlichkeit. Zürich: Orell Füssli, 1971

Kafka, K.: Zweiphasige Schichtung ein- und zweistufiger Zufallsauswahlen. Tübingen: Mohr (Siebeck), 1972

Kaiser, H.-J.: Statistischer Grundkurs. Eine Einführung in die deskriptiven Techniken statistischer Analyse. München: Kösel, 1972

Koller, S.: Neue graphische Tafeln zur Beurteilung statistischer Zahlen (4. Auflage). Darmstadt: Steinkopf, 1969

Kreyszig, E.: Statistische Methoden und ihre Anwendungen (4. Auflage). Göttingen/Zürich: Vandenkoeck & Ruprecht, 1971

Marinell, G.: Grundbegriffe der Statistik. Berlin/München: Duncker & Humblot, 1969

Marinell, G.: Statistische Rezeptsammlung. Formeln und Verfahren für Wirtschaft, Technik und Wissenschaft. München/Wien: Oldenbourg Verlag, 1970

Menges, G.: Grundriß der Statistik (Teil 1). Köln/Opladen: Westdeutscher Verlag, 1968

Mittenecker, E.: Planung und statistische Auswertung von Experimenten (8. Auflage). Wien: Franz Deuticke, 1970

Moroney, M. J.: Einführung in die Statistik. Teil 1: Grundlagen und Techniken. München/Wien: Oldenbourg Verlag, 1970

Pawlowski, Z.: Einführung in die mathematische Statistik (Übersetzung aus dem Polnischen). Berlin: Verlag Die Wirtschaft, 1971

Rasch, D.: Elementare Einführung in die mathematische Statistik, Berlin (Ost): VEB Deutscher Verlag der Wissenschaft, 1968

Reichardt, H.: Statistische Methodenlehre für Wirtschaftswissenschaftler. Bielefeld: Bertelsmann Universitätsverlag, 1969

Renner, E.: Mathematisch-statistische Methoden in der praktischen Anwendung. Berlin/Heimburg: Parey, 1970

Sachs, L.: Statistische Auswertungsmethoden. Berlin/Heidelberg/New York: Springer-Verlag, 1969

Schön, W.: Schaubildtechnik. Die Möglichkeiten bildlicher Darstellung von Zahlen- und Sachbeziehungen. Stuttgart: C. E. Poeschel-Verlag, 1969

Slonim, M. J.: Stichprobentheorie - leicht verständlich dargestellt. München: Verlag Moderne Industrie, Wolfgang Dümmer & C 1969

Stange, K.: Angewandte Statistik. Erster Teil: Eindimensionale Probleme. Berlin/Heidelberg/New York: Springer-Verlag, 1970
Zweiter Teil: Mehrdimensionale Probleme, 1971

Stenger, H.: Stichprobentheorie. Wien/Würzburg: Physica-Verlag, 1971

Störmer, H. (Hrsg.): Praktische Anleitung zu statistischen Prüfungen. München/Wien: Oldenbourg Verlag, 1971

Überla, K.: Faktorenanalyse. Berlin/Heidelberg/New York: Springer-Verlag, 1968

Walter, E. (Hrsg.): Statistische Methoden. 1. Grundlagen und Versuchsplanung. Berlin/Heidelberg/New York: Springer-Verlag, 1971

Weinberg, F.: Grundlagen der Wahrscheinlichkeitsrechnung und Statistik sowie Anwendungen im Operations Research. Berlin/Heidelberg/New York: Springer-Verlag, 1968

SACHVERZEICHNIS